基于知识溢出视域的政府、企业与大学协同创新

——以旅游产业集聚区为例

翟玉胜　杨　建　朱向梅　著

湘潭大学出版社

本书为铜仁学院2017年度博士科研启动项目“基于溢出效应的中小企业创新路径与人才培育研究”的结题成果，教育部新农科研究与改革实践项目（协同育人机制创新实践）“新农科视角下校地协同培养卓越农林人才创新研究与实践”和贵州省教育厅高校人文社会科学研究项目“贵州传统村落旅游推进乡村振兴战略的机制与路径研究”的阶段性成果。

前　言

党的十九届五中全会提出坚持创新在我国现代化建设全局中的核心地位，将“进入创新型国家前列”写入2035年基本实现社会主义现代化的远景目标当中，为推动高质量发展提供了重要遵循。贵州围绕“四新”主攻“四化”，明确了新型工业化“工业倍增行动”、新型城镇化“五个大提升”、农业现代化“三个重点”和旅游产业化“四大行动”等具体抓手，奋力谱写新时代贵州高质量发展新篇章。

创新与教育是人类独有的活动，是人类所进行的能动的创造性活动。在创新型国家建设过程中，政府是推动创新发展的重要力量。政府通过基于公共利益的制度安排，提供各种规则、法律程序和行为规范，为促进创新发展提供了强大的直接推动力。企业是技术创新的主体，产业集聚是区域经济增长的主要形态。政府为实现经济可持续增长，需要促进创新要素向企业集聚，增强企业自主创新能力，提升企业经营效益。大学是知识发现和基础研发的主阵地，人才培养、科技研发和社会服务是创新型大学的核心竞争力。知识发现和技术成果转化是实现国家经济增长的必要源泉。旅游产业化需要发挥文化赋能作用，着力推进文旅融合，努力实现创新发展；需要着力推进旅游为民，发挥乡村旅游带动乡村产业振兴的作用。因此，政府、大学和企业都要围绕经济建设中心来构建协同创新生态体系。特别是贵州要坚持发挥旅游资源优势，突出地方特色，丰富旅游人文内涵，开发旅游新业态，探索适应市场需求和消费升级的新模式。

知识溢出是内生增长理论、新经济地理学解释集聚、创新和区域经济增长的重要概念之一。本书旨在对知识溢出现象与创新发展中政府、企业、大学的协同创新路径进行全面解释。在探讨协同创新理论和分析旅游产业创新案例的基础上，通过对企业家精神培育、人力资源管理改革的分析，提出产业集聚过程中的知识溢出是提升企业创新能力、激发人才创新活力的重要路径。依据协同创新机理和知识溢出理论，高等学校是企业技术创新的源头，为企业技术创新提供理论和先导知识。旅游管理专业建设需要产业支持与市场引导，需要深度推进产学研融合发展。

本书认为旅游产业集聚区作为政产学协同创新的特别示范区，关键是建立起与数学经济相协调的科技创新生态，提高旅游相关企业创新的能力和意愿，提升产业创新整体效能。在构建政产学协同创新机制上，需要将旅游知识创新与技术创新、市场引领有效衔接。特别是在旅游产业化中，需要协同创新生态环境、人才队伍、产教融合平台及要素资源投入，从而形成推进旅游经济高质量发展与高校高水平发展的强大合力。

本书是铜仁学院博士科研启动项目“基于溢出效应的中小企业创新路径与人才培育研究”的结题成果，以及教育部新农科研究与改革实践项目（协同育人机制创新实践）“新农科视角下校地协同培养卓越农林人才创新研究与实践”和贵州省教育厅高校人文社会科学研究项目“贵州传统村落旅游推进乡村振兴战略的机制与路径研究”的阶段性成果。上述课题研究过程中，得到了学校领导、科研处、发展规划处、教育处、质量评估处的信息支持和精神鼓励，在此表示感谢！

由于时间和能力有限，本书研究的深度和知识体系都还存在较多不足，欢迎批评指正。

目　　录

第 1 章　绪　论

1.1　研究背景

中国改革开放后的 30 多年间，经济以年均近 10% 的速度持续增长，创造了世界瞩目的发展奇迹。但是 2011 年以来，中国经济依靠大规模要素投入的驱动模式出现了效益不好、质量不高等问题。中国经济增长持续放缓，存在“不平衡、不协调、不可持续”的发展问题，引发可能步入“滞胀”，甚至落入“中等收入陷阱”的担忧。

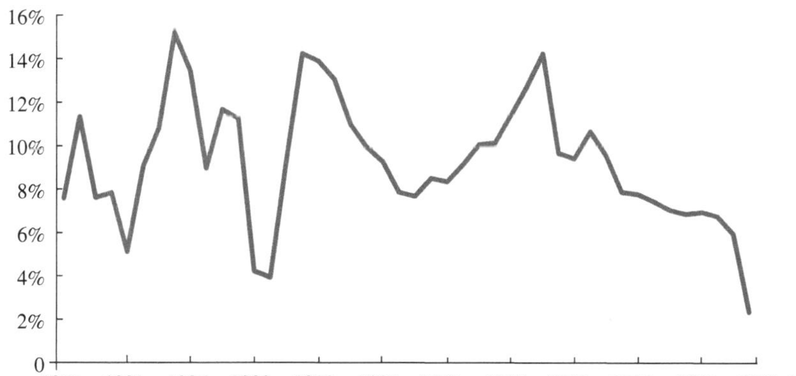

图 1-1　中国 GDP 年度增长率

数据来源：根据历年统计报告整理。

当今世界正经历新冠肺炎疫情全球大流行，世界经济低迷，全球市场萎缩，保护主义上升，使得世界政治经济格局加速演进，不确定性因素此起彼伏。我们必须深刻认识到，中国人口老龄化日趋发展，劳动年龄人口总量下降，通过劳动要素推动经济发展的动力显著减弱；很多产业还处于全球产业链、价值链的中低端，农业富余劳动力减少，使得产业发展成本持续攀升，规模以上企业发展活力也在减弱。改革开放以来，中国主要通过解放生产力、发展市场来实现经济总量高速度发展，而经济发展速度主要受到要素投入程度的影响。人民不断增高的储蓄率为城镇化提供了充裕的投资资金，而农业剩余劳动力的转移推动着城镇产业规模的扩张。农业剩余劳动力充实到生产效率更高的城镇工业与服务业之中，劳动要素活力得到释放。尤其是房地产对总体经济产生了深远的影响，并释放出了大规模的消费需求。中国区域产业格局正在呈现明显分化，重点城市群和都市圈均开始引发人口效应。因此，人口迁移也呈现出了极强的区域特征，其直观表现是低收入区域人口向高收入区域流动。长三角、珠三角、京津冀三大城市群由于产业发达，自然成为最重要的人口流入地。跨省流动人群中有高达 88% 的人口聚集到东部沿海城市。中西部省会城市的流动人口中约 80% 来自省内，人口就近城市化现象明显。这种以“家庭式迁移”为主要方式的人口流动，导致房地产市场出现区域性荣衰分化局面。当前房地产市场的最主要矛盾和问题是房价脱离了普通工薪阶层的购买力，房地产价格对居民消费的挤出效应日益明显。“房住不炒”等一系列政策从深层次上改变了房地产与宏观经济的内在关系，房地产对经济增长的影响将出现减弱的态势。中国工业长期处于全球产业分工的中低端位置，产业规模大而不强。特别是高技术产业的发展、服务业的发展、经济发展的效益、企业的竞争力、产业的竞争力和品牌，这些体现经济发展质量和结构的有效性指标都不够强。我国科技创新的许多领域与国际先进水平相比还有较大差距，一些关键核心技术受制于人的局面尚未根本改变。中国出口产品附加值低，市场规模庞大，带来部分区域的贸易摩擦。党的十九届五中全会把碳达峰与碳中和纳入“十四五”规划和 2035 年远景目标，这将解决资源投入的粗放型发展模式所产生的环境污染问题和资源消耗过大等诸多后遗症。中国经济发展正处于速度变化、结构优化、动力转换的阶段，经济转型升级步入前所未有的压力期。面对资源和环境的倒逼压力，随着劳动力、资源价格等成本的快速攀升，中国经济传统比较优势正在减弱，而新的技术比较优势尚未形成，由此带来了传统产业产能过剩，低端企业经营困难。要素投入刺激既不现实，对长远发展也没有好处。中国经济高质量发展，必须改变粗放的经济增长方式，调整不协调的经济结构。

经济的高质量发展，需要处理好速度和质量的关系，需要对“稳”和“进”的平衡度进行精确把握。经济增长的条件是总需求与总供给的动态平衡。扩大内需是构建以国内大循环为主体、国内国际双循环相互促进的新发展格局的首要任务，也是中国经济寻找动力源的战略选择。解决收入差距过大和地区发展不平衡，逐步实现共同富裕，成为重要的政策导向。中国经济转型升级的新动力来自创新、内需和改革。经济升级的关键在于把改革的红利、内需的潜力、创新的活力叠加起来，形成新动力。改革开放40多年来，经济发展从解放生产力，到发展市场经济，再到创新驱动。从生产要素相对优势看，过去有着源源不断的新生劳动力和农业富余劳动力，劳动力成本低是最大优势，只要引进技术和管理就能迅速变成生产力。当今中国经济必须依靠创新来提升全要素生产率，调整优化科技投入和产出结构，从而推动经济转型升级，促进经济高质量发展。

由于旅游业本身具有民生性、生态性、永续性，相较于其他产业而言有比较优势，而且旅游资源具有独特性、多样性、永续性与变异性的特点，在扩内需、稳就业、促民生等方面有着积极作用。以贵州为例，贵州2016年至2019年接待外省入黔游客人次、旅游总收入年均增长30%以上，旅游产业成为推动全省经济发展的支柱产业、富民兴省产业。贵州强化做深“旅游+”多产业融合发展，打造乡村、避暑、温泉、名酒、红色、非遗、医药康养、体育、桥梁、研学、森林等特色旅游品牌，为推动旅游产业转型发展、助力脱贫攻坚、促进经济社会高质量发展，走出了一条后发赶超的贵州旅游新路。贵州把“旅游产业化”作为重要内容纳入全省“十四五”规划纲要，以文旅融合为根本，以产业链思维做强旅游产业。把千企改造和千企引进“双千工程”整合进旅游产业链。推进“延链”“补链”“强链”，加快实现“三链合一”。形成上下联动、左右协同的工作链，构建“旅游+多产业”融合发展产业链谱系和路径，推动旅游产品和服务迈向价值链高端。通过体制机制创新，促进“政产学研金”各要素集聚，全方位拓展合作广度和深度，共创共享旅游经济发展红利。

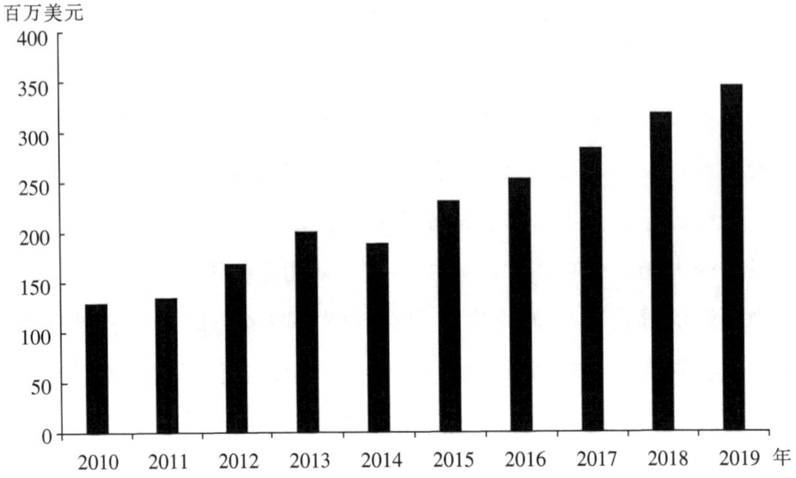

图 1-2　2010—2019 年贵州旅游外汇收入情况

数据来源：根据历年统计报告整理。

2006 年，党中央、国务院提出走中国特色自主创新的道路，努力建设创新型国家。“十二五”规划提出协同创新的概念。2014 年提出“大众创业，万众创新”。2016 年《国家创新驱动发展战略纲要》提出科技创新与制度创新、管理创新、商业模式创新、业态创新和文化创新相结合。党的十九大提出加快建设创新型国家。政府工作报告提出：到 2020 年进入创新型国家行列、2030 年跻身创新型国家前列、到 2050 年建成世界科技创新强国。国家层面将创新作为引领发展的第一动力和推动高质量发展、建设现代化经济体系的战略支撑。“十三五”期间，全国形成了以沿海沿江沿线经济带为主的经济轴带，培育壮大了若干重点经济区。发展共享经济、数学经济，经济发展新动能持续增大。文化和旅游产业创新发展的质量和效益不断提升，数字文旅、创意设计、在线视听、互联网旅游等新业态蓬勃发展。以资源融合、产业融合、服务融合、交流推广融合为重点，形成了优势叠加的良好局面。红色旅游、博物馆旅游、旅游演艺、主题公园、文创产品等文化赋能旅游快速发展。文物、演艺、动漫、文化创意、设计服务等与旅游业各个细分领域、各个服务环节深度融合，文化资源加速转化为旅游者喜爱的产品和服务。2018 年，文化及相关产业增加值达 4. 12 万亿元，旅游及相关产业增加值达 4.15 万亿元，占 GDP 比重分别达到 4.48% 和 4.51%。世界旅游及旅行理事会数据统计显示，2018 年中国的旅游投资额为 1615 亿美元，同比增加了 4.40%，稳居世界第二。2019 年全年国内游客 60.1 亿人次，国内旅游收入 57251 亿元，国际旅游收入 1313 亿美元，旅游经济继续保持高于 GDP 增速的较快增长态势。

如何按照“创新、协调、绿色、开放、共享”的发展理念，夯实国家创新体系的微观基础，是本课题研究的重要切入点。将创新置于新发展理念的首要位置，指明了我国发展的方向和要求①。随着要素质量不断提高，经济增长将更多依靠人力资本质量和技术进步，必须使创新成为驱动发展新引擎。在一个国家的创新体系中，企业应该成为创新的主体。我国在核心的基础零部件、关键的基础材料、新兴的基础材料方面，技术短板问题比较突出，成为我国产业安全和构建新发展格局的制约性因素。技术短板的存在是多方面因素形成的，其中一个重要原因是企业技术创新能力不强。我们必须紧跟新一轮科技革命和产业变革的步伐，充分用好新科技浪潮的“科技红利”，大力提升企业科技创新能力，把科技的力量转化为产业竞争优势。增强市场主体的自主创新能力，提高产品的质量和档次，才能为中国经济社会发展提供新动能，构建新局面。

在国家创新体系中，创新政策环境、研发机构建设、优秀人才培养三个方面协同发力，才能促使企业真正成为技术创新主体，推动科技与经济的深度融合。企业创新需要提供源头支持。大学从基础研究层面发力，推动整个科技体系前进。同时，政府应进一步改革完善科技创新评价体系，加大对中小企业技术创新和专业化发展的支持力度，支持其研发“专精特新”产品，并进一步向中小企业拓宽信贷业务，更好地发挥企业技术创新的生力军作用。这个过程需要政府、企业和大学相互协作、联合推动。

另外，提升产业链水平，利用技术创新和规模效应培育和发展新的产业集群，着力提高发展的质量，才会破解区域发展不均衡难题。创新的根本目标是形成国内市场和生产主体、经济增长和就业扩大、金融和实体经济的良性循环发展

① 任理轩．坚持创新发展——“五大发展理念”解读之一［N］．人民日报，2015-12-18（07）．

模式，解决不同区域的经济发展动能问题。只有坚持创新发展，才能实现共享发展红利。“十三五”期间，中国经济增长在6.5% ~7%的区间，而贵州“十三五”时期的地区生产总值年均增长10%左右。毫无疑问，这是一个相对较高的发展速度。贵州高速度发展，得益于贵州走出了一条不同东部、有别西部的发展道路，就是厚植绿色优势、做大后发产业。贵州决胜脱贫攻坚之后，坚持以高质量发展统揽全局，围绕“在新时代西部大开发上闯新路、在乡村振兴上开新局、在实施数字经济战略上抢新机、在生态文明建设上出新绩”，大力推动新型工业化、新型城镇化、农业现代化、旅游产业化。如何基于创新驱动推动贵州“旅游产业化”发展，是本课题研究的重点内容。

习近平总书记在党的十九大报告中强调，着力加快建设实体经济、科技创新、现代金融、人力资源协同发展的产业体系。2020年4月，习近平总书记指出，要发挥企业主体作用和政府统筹作用，促进资金、技术、应用、市场等要素对接，努力解决基础研究“最先一公里”和成果转化、市场应用“最后一公里”有机衔接问题，打通产学研创新链、价值链①。2017年，《国务院办公厅关于深化产教融合的若干意见》（国办发〔2017〕95号）指出，深化产教融合，促进教育链、人才链与产业链、创新链有机衔接，是当前推进人力资源供给侧结构性改革的迫切要求。将产教融合纳入国家发展战略以及产业经济发展战略框架之中，政府应构建教育和产业统筹融合发展格局，从国家层面使整个教育系统与整个产业系统实现一体化融合，通过人才创新创业加快新旧动能转换。健全高等学校与行业骨干企业、中小微创业型企业紧密协同的创新生态系统，增强创新中心集聚人才资源、牵引产业升级能力。适应以城市群为主体的新型城镇化发展，构建梯次有序、功能互补、资源共享、合作紧密的产教融合网络。支持引导企业深度参与职业学校、高等学校教育教学改革，引导高校将企业生产一线实际需求作为工程技术研究选题的重要来源。围绕产业关键技术、核心工艺和共性问题开展协同创新。产业界蕴含巨大的潜能，需通过设计针对性的科技创新政策与人才政策，充分激活产业界的主体作用，发挥产业界在前沿技术研发以及技术技能型人才培

① 习近平．国家中长期经济社会发展战略若干重大问题［J］．当代江西，2020（11）：3-8.

养和人力资源开发中的资源优势，推动企业创办产教融合型研究院或产教融合型大学或制造业创新中心，以企业为主体打造另一条“基础研究链－技术创新链－产业链”科技创新路径。高校应及时把握科技与产业技术需求，并提前布局。高校应把科技研发与产业需求作为学科专业设置和优化调整的首要准则，优先建设与产业链、创新链、人才链相契合的学科专业体系，主动适应和引领新技术、新产业、新业态、新模式。当前微观层面，校企协同、实践育人的人才培养模式尚未根本形成，校企合作处于浅层次、自发式、松散型、低水平状态。政府、企业、学校、行业、社会各负其责、协同共进的发展格局尚未健全。推动企业多种形式参与办学，由人才“供给－需求”单向链条，转向“供给－需求－供给”闭环反馈，促进企业需求侧和教育供给侧要素全方位融合。促进高校学科和人才优势转化为创新优势和产业竞争优势。深化高等教育产教融合，促进校企协同创新，有助于缩短成果转化链条，加快高校创新力向产业竞争力转换，让高校真正成为催化产业技术变革、加速创新驱动的重要策源地。如何促进高等学校学生的创新创业能力提升，如何促进校企合作、产教融合，这些内容也是课题研究的重要内容。

1.2　研究目的及意义

当前世界正处于百年未有之大变局之中，以人工智能、大数据、虚拟现实、生物技术等为核心的新一轮科技革命和产业革命不断推进，科技同经济、社会、文化、生态的深入协同发展，诸多重大创新和变革正处于临界时期，对人类文明的演进和全球治理体系发展正在产生深刻的影响。随着国家创新体系建设和产业的转型升级，承担推动社会发展的责任，是现代大学走向卓越的大方向。大学、学科、人才与区域、产业、经济发展的良性循环，是提升人力资本质量和打造大学品质的必然选择。比如：斯坦福大学与硅谷的共生互荣，走的是大学融入区域、产业的发展之路；卡耐基梅隆大学通过重点发展计算机和信息技术学科，实现了学校研究实力的实质性飞跃。从一流大学的发展路径看，大学是在适应社会发展需要、解决实际和现实问题中发展起来的。新技术在推动社会生产力和生产方式迅速革新的同时，也对教育改革和发展产生了深刻影响。现代高校必须以新科技改造传统学科，利用新技术和新产业发展机遇，使传统学科更好地适应经济社会发展需求。大学作为创新的领跑者，在区域经济变革中提供创新的知识和人才，带动区域知识生态集聚和产业集聚。中国政府将产教融合上升为国家教育改革和人才资源开发的基本制度安排，是引导大学，特别是应用型大学和区域企业、市场紧密合作，在不断解决企业、市场发展难题中，推进大学迈向高质量和高水平发展新阶段。

2019 年，我国人均 GDP 首次超过 1 万美元，根据十九届五中全会的预测，2035 年我国人均国内生产总值达到中等发达国家水平，中等收入群体显著扩大。在新发展阶段，旅游产业必将对我国国民经济发展，以及满足人民群众日益增长的物质文化需求发挥更为重要的作用。旅游需求不再仅仅是观光旅游，而是观光、度假、休闲、探险、体育等全面的需求，休闲度假消费也将有一个跨越式发展。尤其是城市旅游休闲业态和旅游消费群正在快速崛起，并成为旅游休闲度假的主体，以及各地促进内需消费的重要引擎之一。同时，新技术正加快在休闲旅游服务中的渗透，特别是随着 5G 时代的来临，智慧旅游建设再提速，大数据应用、线上直播、AI 技术、“无接触服务”等在旅游产业中的应用变得越来越常见，进一步打通新科技、新技术在休闲度假领域的应用渠道。这些变化对于休闲度假旅游产业的全面发展具有重要意义。

本研究的目的：一是从理论层面深入探讨知识溢出的分类，研究知识溢出效应和企业创新理论，延展创新生态体系构建的理论内涵。二是通过研究协同创新中政府、企业和大学的行为和作用，探索政产学协同创新的机理，完善旅游管理专业人才培养方案，为区域促进产教融合政策的制定提供参考依据。

本研究的意义：一是探究政府、大学、企业如何形成知识、技术和经济发展的创新驱动共同体。力求完善区域发展中的知识创新理论，以政府作为制度供给主体，大学作为创新源动力和知识创造者，企业作为科技创新主体，建立协同创新的机制。二是构建基于知识溢出的产学研协同创新网络与演进路径。在实践层面，推进产教融合，必须改造大学的专业集群，而专业集群的改造需要借助产业学院、创新平台的搭建，这就需要研究政产学研用的行为模式，从而形成政企学协同效应。在区域发展层面，政产学协同是重塑区域产业链、创新链、人才链、教育链，打造创新驱动发展生态体系。协同创新体系构建应发挥好政府统筹作用，促进教育和产业联动发展；校企协同应促进人才供需两端相向发力，开展人才培养和产业科技创新良性互动。

1.3 研究思路

首先，通过研读相关文献资料，阐释知识溢出的基本理论，初步形成国家创新体系微观基础的创新生态体系理论框架。然后，分析协同创新发展中政府、企业、大学的行为模式和作用，分析贵州围绕“四新”主攻“四化”的协同创新路径，提出改进政产学协同创新的对策建议。最后，对浙江城市创新发展模式、贵州生态旅游与大楼据协同发展案例进行分析。全书致力于理论与实践阐释相贯通，努力达成知行合一。

1.4 创新点

（1）目前政产学协同的系统理论研究成果大多集中于探讨两者之间的关系，本书深化政产学协同创新的理论内涵，通过人力资源管理研究、旅游集聚实践研究，从操作层面上，提高政府、企业、大学创新创业协同机制效能，拓展知识管理、创新成果转化途径，为促进政产学协同创新决策提供参考依据。

（2）本书对东部城市群体创新生态和贵州旅游与大数据协同创新发展的案例进行分析，解析两类资源禀赋不同地区的政产学知识溢出路径和创新创业生态体系，特别分析了旅游集聚、旅游产业化、旅游管理专业人才培养相关问题，为深化政产学协同创新，推动区域产业结构变革、旅游产业大提质、高校产教融合建设提供路径借鉴。

第 2 章　协同创新体系理论基础

2.1　国家创新体系的内涵与主体

创新体系的研究存在着许多研究分支，其中代表性的有国家创新体系、生命周期理论、技术体系、区域创新体系、部门创新体系和产业集群等。对于一个国家来说，创新网络系统涉及多个行为主体之间的相互作用和相互影响。

2.1.1　国家创新体系的内涵

国家创新体系（NIS）是以国家作为研究层面，从宏观的角度来研究创新发展问题，探讨国家内部各要素对创新的影响。英国经济学家克里斯托夫·弗里曼1987年首次提出了国家创新体系的概念，他将国家创新体系定义为“公共部门和私人部门与机构组成的网络系统，其活动及相互作用是激发、引入、改变和扩散着新技术”①。战后，技术相对落后的日本大规模引进以美国为主的先进技术，并加以应用性改造，同时通过自身的组织创新，赢得了在创新上的比较优势，从而在短时间内取得经济上的高速增长。通过对“日本奇迹”的研究，弗里曼认

---

① Christopher Freeman. Technology policy and economic performance: Lessons from Japan [M]. London: Printer Publishers, 1987.

为，后发国家可以通过创新政策的调整以及组织和制度的创新来弥补在技术创新上的不足。

弗里曼的国家创新体系着重分析技术创新与国家经济发展之间的逻辑关系，强调要实现经济增长及平稳跨越，就必须把技术创新与国家职能相结合，形成国家创新体系。弗里曼的国家创新体系特别强调国家对经济发展、技术进步的影响（图 2－1）。在弗里曼的国家创新体系中，技术创新是核心，创新主体是主要推动力，经济增长则是国家创新体系建设的最终发展目标。在弗里曼看来，国家层面的思想创新无疑将成为全国技术创新、制度创新和文化创新的根本动力①。国家思想最终会在本国形成一套完整的、与本国国情相适应的国家创新体系。制度在国家创新体系中是不可或缺的组成部分。政府充分发挥在科学技术方面的决策作用，以政策法规为保障，最大限度地调动所有研发资源，不断进行资源分配、宏观调控和正确引导，形成创新成果。但是必须看到，技术创新与制度创新，都是起源于思想创新。新思想的出现，无疑将推动新知识、新技术的发现，进而会影响政治制度的安排，最终影响创新的成就。弗里曼除了强调思想创新、制度创新等，也充分肯定了体系内多种因素对于经济发展的相互影响、相互作用，强调将技术创新与组织创新和社会创新结合起来的必要性。

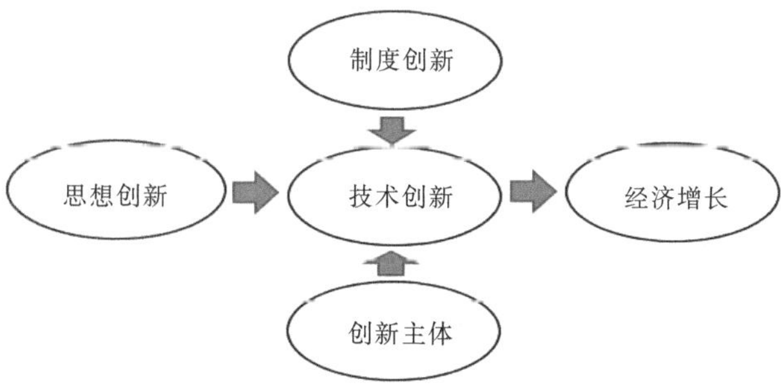

图 2-1 弗里曼的国家创新体系模型

弗里曼基于宏观层面，强调技术行为、制度、大学、政府机构等各种因素是构成现代国家创新体系的基本内涵，强调政府对技术创新的有效干预是提升一国

① 康凯. 技术创新扩散理论与模型［M］. 天津：天津大学出版社，2004.

创新能力的重要因素。伦德瓦尔通过考察用户与厂商的相互作用来研究国家创新体系的微观部分。他从微观经济的角度，认为国家创新系统是由在新发现的、有经济价值的知识的生产、扩散和使用上互相作用的要素和关系所构成的。伦德瓦尔由此被称为“学习型经济”的国家创新系统理论之父，他提出了面向学习型经济的互动式国家创新体系，从国家创新体系的微观层面来探讨企业、大学及科研机构等创新主体之间的相互关系①。他强调通过不同的机制促进产业结构升级，进入以知识为基础的竞争模式，用以摆脱要素成本竞争②。纳尔逊在研究了美国和日本等 17 个国家的技术创新案例后，指出了基于“技术国家主义”制度和政策支持的企业是提升一国技术创新和竞争力的核心要素。他明确指出创新是大学、企业等有关机构的复合体制。制度的主要任务是在技术的私有和公有两方面建立一种适当的平衡，并且研究了大学、政府、企业在新技术生产中的作用③。英国学者佩特尔和帕维特把国家创新系统定义为决定一个国家新知识和新技术的学习方向和速度，由国家制度、激励机制，以及竞争力相互作用而有机结合形成的整体④。国家创新系统的激励结构是对行为主体（包括政府、企业、学校以及金融支持部门）和创新系统制度（包括政府有关政策、对创新进行投资的企业进行的研究与发展、大学和机构提供的基础研究、教育和相关培训、特定的产业机构、有利于促进技术进步的财政金融支持）创新活动的激励，以提高持续创新能力。英国学者库克（Cooke）围绕区域内产业集群的创新活动，提出区域创新系统的概念。他认为区域创新系统主要是由在地理上相互分工与关联的生产企业、研究机构和高等教育机构等构成的区域性组织体系。此体系支持技术进步过程中的大部分交互行为⑤。区域创新系统从本质上看应该只是国家创新系统

① 伦德瓦尔．国家创新系统——建构创新和交互学习的理论［M］．李正风，高璐，等译．北京：知识产权出版社，2016.

② 伦德瓦尔，茵塔拉库纳德，万格．转型中的亚洲创新系统［M］．王海燕，梁洪力，译．北京：科学出版社，2013.

③ 纳尔逊．国家（地区）创新体系比较分析［M］．曾国屏，译．北京：知识产权出版社，2012.

④ Patel P，Pavitt K. The nature and economic importance of national innovation systems［J］. STI Review，1994（14）：9－32.

⑤ Cooke P，Gomez Uranga M，Etxeharria G. Regional innovation systems：Institutional and organisational dimensions［J］. Research Policy，1997，26（4－5）：475－491.

在研究层面上的微观化。1990 年，美国经济学家迈克尔·波特将国家创新系统的微观机制与其宏观运行实际联系起来，在全球经济一体化的大背景下考察国家创新体系，指出一个国家产业竞争力的关键是该国能否有效地形成竞争性环境和推动创新①。波特在《国家竞争优势》中提出了“产业集群”的概念，指出创新是提高企业生产力、产业集群影响力和国家竞争力的动力，所以国家创新体系成为企业发展创新效能的基本保障②。

1997 年，经济合作与发展组织（OECD）提出了迄今广为接受的国家创新体系的定义。国家创新体系是由公共部门和私营部门的各种机构组成的网络，这些机构的活动和相互作用决定了一个国家扩散知识和技术的能力，并影响国家的创新表现。这些机构包括政府、企业、大学、研究机构及中介，机构之间通过建设性地相互作用而构成机构网络，其主要活动是启发、引进、改造与扩散新技术，其互动作用直接影响着企业的创新成效和整个经济体系。其对国家创新系统的运行机制、动力系统等进行了全面的研究。创新系统试图使不同类型的创新行为融合为一个有机的整体，以通过相互之间的协同产生最大的创新绩效。这种相互联系、作用和影响表现为各种知识流动。创新是由不同参与者和机构的共同体大量互动作用的结果，把这种大量互动作用看成整体就称作国家创新体系③。

我国《国家中长期科学和技术发展规划纲要（2006—2020 年）》主要从制度与交互学习的视角对国家创新系统进行了定义：国家创新系统是以政府为主导、充分发挥市场配置资源的基础性作用、各类科技创新主体紧密联系和有效互动的社会系统。

从上述定义中可以看到，国家创新体系与其他创新体系研究不同，其侧重于研究非企业组织和制度对创新绩效的作用及其影响。国家创新系统为处于该系统中的政府治理模式和实施影响创新过程的政策提供了分析框架。作为研究创新的概念框架或政策分析工具，国家创新系统主要以新增长理论与产业经济学和制度经济学为基础。在宏观经济学中，新增长理论认为对知识的投入能够增加其他生

① Porter M E. The competitive advantage of nations [M]. New York: Free Press, 1990.
② 迈克尔·波特. 国家竞争优势 [M]. 李明轩，邱如美，译. 北京：中信出版社，2007.
③ OECD. 以知识为基础的经济 [M]. 北京：机械工业出版社，1997.

产要素的生产力，也可以将它们转化成新产品和新流程。新增长理论彻底改变了人们对经济发展动力源的看法。对国家创新体系的研究集中分析创新体系中的知识流，以利于知识经济性能的改善。知识的流动方式、渠道和内容等指标能够帮助我们进一步认识国家创新体系。或者说，国家创新体系为我们提供了一个分析框架，其目标在于评价和比较国家范围内知识流动的主要渠道，找出制约知识流动的瓶颈，提出使知识流动性能改善和提高的政策和方法。

2.1.2 国家创新体系的主体

国家创新体系理论认为，现代经济增长中，除了以各种商品和产品形式体现出来的物流以及以资金形式体现出来的资金流以外，还存在着以各种技术形式体现出来的知识流。知识流动在现代经济增长中有着巨大作用。国家创新体系是一个诸多因素相互作用的复杂社会网络，保证知识流在经济部门间通畅，推动经济社会持续发展。国家创新体系是一个知识流动之网，主要行为主体是政府、企业、大学和科研机构，主要任务是引导创新性的行为、产生创新的成果，以及将创新的成果应用于实践。

国家创新系统的基本假设是，创新系统的平稳运行依赖于知识在企业、大学和研究机构的顺利流动，创新与技术进步是生产、扩散和应用各类知识的各个创新主体间创造性地交互联系的结果。因此，国家创新系统特别关注创新系统的主要构成要素，并研究它们彼此如何更好地进行交互合作，以及其与该系统所嵌入的社会和制度框架的关系①。这个系统打破了以往那种将知识流动简单描述为“投入－产出”或“上游－中游－下游”的单一线性创新模式而转向一种链环互动的创新整体系统模式。

国家创新体系是一种制度安排，其核心就是技术知识的循环流转及其应用②。国家创新体系建设是对新技术和组织的能力构建过程，以及能够有效选择并能实施的政策制订过程。学习过程是创新过程中最重要的方面，创新思想可以

① Henry Etzkowitz Loet Leydesdorff. The dynamics of innovation: From national systems and “Mode 2” to a triple helix of university – industry – government relations [J]. Research Policy, 2000 (29): 109 – 123.

② 王春法，游光荣．国家创新体系理论的基本内涵 [J]．国防科技，2007 (4): 47 – 49.

有多种来源和渠道：可以来自对新的制造能力和对市场需求的认识，也可以来自研究、开发、营销和推广的任何一个阶段。创新体系内主体都可以用它来分析知识流，分析各种知识的生产、分配和应用，关注学习和创新过程中的“市场失效”和“系统失灵”，以促进知识在系统中正常而有效地运行，最终使经济持续增长①。

国家创新体系由参与技术发展和扩散的企业、大学和研究机构组成，是一个为创造、储蓄和转让知识、技能和新产品相互作用的网络体系。政府对创新政策的制定着眼于创造、应用和扩散知识的相互作用过程以及各类机构间的相互影响和作用。其相互关系如图 2－2 所示。

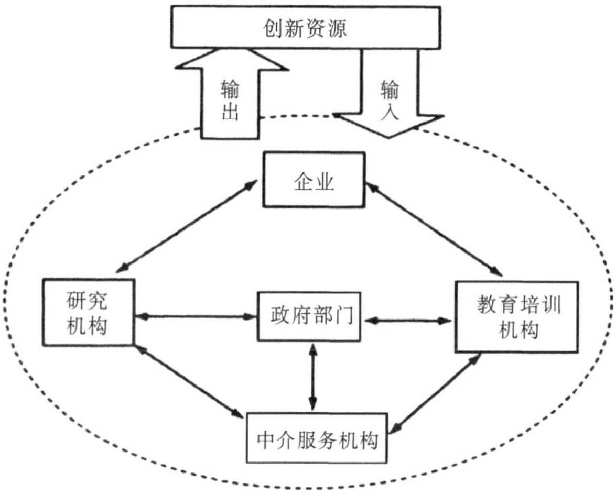

图 2-2　国家创新体系示意

根据上面的研究，创新活动的行为主体由五部分组成：企业、研究机构、政府部门、教育培训机构和中介服务机构。其中最重要的创新主体有三类：政府部门、大学和科研机构，以及企业。

（一）政府部门

在国家创新体系中，政府对于知识流动的方向和效率有着直接的影响。由于创新过程中不仅存在不确定性和风险性，还存在市场失灵与系统失灵。公共部门

① 金吾伦. 怎样理解“国家创新体系”[N]. 光明日报，1999－03－12（05）.

为知识作为公共产品提供制度和机制的保障，主要体现在政策工具和社会环境方面，包括教育、政府创新补贴和技术计划等制度政策以及提供技术上的帮助。政府颁布的一些有利于创新的政策，除税收减免等直接性利好政策外，还有关注外部宏观环境层面和资源层面的创新政策。环境政策包括能够对创新主体的行为产生影响的各类政策；资源政策不仅是指资源的投入，还包括资源的配置结构以及通过政策安排激发第三方资源投入的政策①。微观层面的创新政策，主要体现为能力层面和过程层面。能力政策和过程政策关注创新主体的战略、行为等活动，通过规范约束、激励引导创新主体行为，从而达到提高创新效率的政策目的。大部分学者都认为，政府对创新的干预和支持企业创新是有正向影响的。一是政府所提供的稳定的经济环境，有利于市场经济的发展，也会提高企业家的创新意愿；二是政府在基础设施、商业平台以及科学研究平台方面的投资，会增强企业的创新能力。另外，政府在推动学习社会建设，营造有组织的学习社会氛围也是至关重要的因素。

（二）企业

企业是创新活动的主要承担者，也是创新活动的关键主体。企业的创新活动受市场的引导。决定企业创新的三种因素：创新意愿、创新能力和市场机会。创新意愿是企业创新的原始动力，也是企业家创新行为的前提。创新的成果能否给企业带来利益，是企业创新的最直接动力。有持续创新意愿，则主要源于企业家精神。能力是企业创新的基础，这种能力包括对市场趋势的准确判断、对未来的前瞻性眼光以及具有持续性的要素投入能力。创新本身就是一种高风险的行为，机会是创新不可或缺的一个因素。比尔·盖茨成立了微软公司，乔布斯成立了苹果公司，这些大公司的产生首先契合了互联网兴起的历史机遇。其次，企业家强大的创新能力成就了信息产业的发展迭代。因此，基于国家创新体系的微观视角研究企业创新，其影响因素主要是行业利润率以及企业创新能力。后者包括识别和感知外部环境的能力以及研发能力。

① 陈劲．全球化背景下的开放式创新：理论构建和实证研究［M］．北京：科学出版社，2013.

（三）大学和科研机构

大学和科研机构在创新活动中是十分重要的主体。一方面，大学是知识产生的策源地，是新知识主体人才的聚集地和培养地。人才是经济社会发展的第一要素，尤其是对知识经济的主导行业，影响更为突出。这也就不难理解，为什么世界上著名的高新技术产业园区都分布在高校周围。另一方面，高校也是创新活动的直接参与者之一。这种创新活动，一是与政府合作，参与政府投资的科研项目；二是与企业合作，参与企业的应用科技研发。但也应该看到，大学所传授的知识往往都是成熟理论，存在落后于市场的现实场景的可能。这就需要大学与企业广泛合作，企业享受大学的科研和人才资源，大学也能够贴近企业，培养适合市场的人才。

科研机构是创新活动的另一个承担主体。研究机构与企业不同，其主要职能是实现知识创造、人才培养，推动社会生活质量的改进。研究机构更加注重基础性的研究，开展原创性的知识创造。研究机构主要开展与国家机构紧密相连，涉及民生的高风险、耗资大、企业无力承担或者不愿开展的技术研究。

2.1.3　国家创新体系的基本组成

国家创新体系可以分为三个子系统：以企业为主体的技术创新体系，主要功能是组织科技攻关力量创新技术；以科研院校和高等学校为主体的知识创新体系，主要功能是知识的生产、扩散和转移；以政府为主体的制度创新体系，主要是通过政府现行体制的改革、创新制度，为其他子网络的良好运行提供合理的制度安排。社会化、网络化的科技中介服务体系和企业以及职业培训部门，也是体系不可缺少的组成部门。这些辅助性系统可以培养具有创新能力的技能型人力资源、提高新技术知识的决策能力和金融支持等，促进知识转化为现实生产力。

赵建生等认为，国家创新体系是由一组相对独立又功能相关的机构和部门之间相互作用而形成的开放的网络系统，其构成要素包括创新活动的行为主体，以及各行为主体间的相互作用①。在国家创新体系的相互关系中：知识创新系统是

① 赵建生. 技术经济学［M］. 郑州：河南科技出版社，2010.

技术创新系统的基础和源泉。技术创新是企业发展的根本保障。国家可以通过制度创新系统进行制度安排，以调控产业发展战略，引导大学和科研院所调整知识创造方向，从而保障整个国家创新体系的良好运行。教育培训中介促进科学知识和技术知识转变为现实生产力。

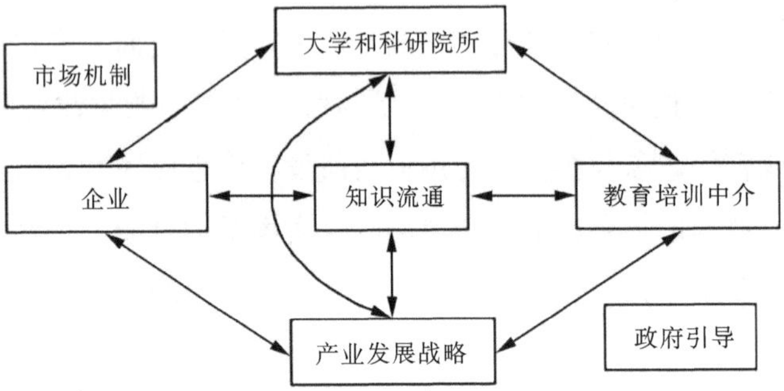

图 2-3　国家创新体系中的知识流通

2.2　知识溢出的内涵与溢出效应

2.2.1　知识溢出的内涵

知识溢出是知识流通的外部性，是指知识接受者将获得的知识与自有知识相融合开发出新的知识，却没有给予知识的提供者以补偿，或者给予的补偿小于知识创造的成本，接受者自觉或不自觉地没有承担全部成本的现象，我们将这一外部性和产生这一外部性的过程统称作知识溢出，即知识溢出不仅是一种结果，而且是一种过程。

Arrow 最早用外部性解释了溢出效应对经济增长的作用①。他假定技术进步或生产率提高是资本积累的副产品。也就是说，新投资具有溢出效应，不仅进行投资的厂商可以通过积累生产经验提高生产率，而且其他厂商也可以通过学习提高生产率。罗默沿着 Arrow 的思路，将知识溢出引入经济理论，使其成为内生经

① Arrow K J. The economic implications of learning by doing [J]. Review of Economic Studies, 1962, 29 (3): 155 - 173.

济增长理论中的重要概念。罗默提出了知识溢出模型，假定知识是追逐利润的厂商进行投资决策的产物，技术知识的非竞争性和部分排他特征是知识溢出发生的根本原因。知识生产与总体经济活动水平有关就表明外部性的真实存在[①]。知识溢出在产业集聚区域表现得更为明显。Keely[②]，Berliant 等[③]在知识溢出与集聚模型化方面取得了进展，论证了知识溢出与集聚的内生互动关系，并为深刻认识外部性与产业集聚的关系做出了贡献。Fomi 和 Paba[④] 通过对产业内和产业间知识溢出的分离实证，发现知识溢出与投入产出紧密相关，知识溢出在产业内与产业间的动态联系促进了产业集群。事实上，经济集聚是由成本外部性和技术外部性（知识溢出）共同作用形成的。这种方法能够清楚地观察知识溢出的路径以及各部门之间复杂的互相依赖过程，但是，该方法难以排除产业间先验的市场规模效应影响。

在关注知识溢出的特质时，Jaffe[⑤]，Greenstone[⑥] 发现知识溢出具有距离衰减特征，企业部门和家庭部门需要确保互相间距离处在一定范围内，享受到知识溢出的效用。Fujita[⑦] 指出信息和知识在外溢的过程中所产生的效用随企业数量增加而扩大。Henderson[⑧] 对集聚的内、外部进行了区分，指出在集聚内部的企业才能获得溢出效用。知识溢出与距离负相关，集聚企业越多则溢出越显著，且处于集聚内部才能享受到知识溢出，所以集聚是促进知识溢出的重要条件。

产业内的溢出效应，是指被引进企业转移的技术对引进企业所在行业的其他

① 张建华，刘仁军. 保罗·罗默对新增长理论的贡献［J］. 经济学动态，2004（02）：77－81.

② Keely L C. Exchanging good ideas［J］. Journal of Economic Theory，2003，111（2）：192－213.

③ Berliant M，Reed R R，Wang P. Knowledge exchange，matching，and agglomeration［J］. Journal of Urban Economics，2006，60：69－95.

④ Forni M，Paba S. Knowledge spillovers and the growth of local industries［J］. Journal of Industrial Economics，2002，50（2）：151－171.

⑤ Jaffe A B，Trajtenberg M，Henderson R. Geographic localization of knowledge spillovers as evidenced by patent citations［J］. The Quarterly Journal of Economic，1993，108（3）：577－598.

⑥ Greenstone M，Hornbeck R，Moretti E. Identifying agglomeration spillovers：Evidence from winners and losers of large plant openings［J］. Journal of Political Economy，2010，118（3）：536－598.

⑦ Fujita M，Smith T E. Additive－interaction models of spatial agglomeration［J］. Journal of Regional Science，1990，30（1）：51－74.

⑧ Henderson J V. Economic theory and the cities［M］. New York：Academic Press，1977.

竞争者产生的影响。当被引进企业与当地企业以同等规模针对同一市场生产产品相互竞争时，从长期来看，当地企业有一种逐步采取与被引进企业相似的生产技术的趋势，而且竞争的加剧往往会比利润驱动更有效地引发对先进技术进行模仿、新技术创新和生产效率提高。由于被引进企业所转移的新技术在当地开拓了新市场，或扩大了市场份额，或有丰厚的利润，使得当地企业意识到该技术的存在，或该技术是有利可图的，因此刺激或诱使他们去模仿该技术，进而推出功能更强，性能更好的相近产品。

产业间的溢出效应，是指所转移的技术对当地供应商和购买商带来的潜在的利益。这主要是通过两种途径产生的：（1）后向联系，跨国公司向当地企业购买加工原料或零部件是其间接影响东道国产业结构的主要方式。通过这种后向联系，可以使东道国上游产业生产效率提高，生产能力得到加强。同时，为保证其产品的质量和竞争力，跨国公司往往会为供应商提供诸如技术援助、咨询、人员培训等服务，以帮助供应商改善经营管理，提高产品质量。这种后向关联能增加供应企业的产出和就业，对于供应商技术的提高更为重要。（2）前向联系。东道国企业通过购买跨国公司较先进的技术产品，能提高自身产品的质量和生产效率，同时，跨国公司产品的维修和操作等技术也会向东道国企业转移，这种前向联系对东道国下游产业技术水平将产生影响。相对而言，通过后向联系产生的溢出效应要比通过前向联系产生的溢出效应显著。

社会的溢出效应，是指外商直接投资的溢出效应对整个社会状况的改变所带来的潜在利益。外商直接投资对社会的溢出效应表现为：绿地投资、扩大投资规模、购并企业、盘活资本存量、购并后追加新投资、刺激东道国资本市场发育、提高国内资本形成效率、提升东道国消费层次、引发国内相关产业投资等。外商直接投资有可能充当一种传播新思想、新技术以及最新工作经验的工具，在外资流入的过程当中，东道国可以通过各种渠道获益。

外商直接投资所带来的资源，不仅有助于东道国建立新兴产业，还能使传统产业升级，使内向型的产业向出口导向型或更具国际竞争力的产业转化，不仅能解决东道国产业结构变迁中的资金、技术、管理等要素供给的瓶颈，而且能通过资本、技术等生产要素的流入，改变东道国的投资结构，进而直接促进东道国的产业结构优化，同时，使得东道国居民的收入水平提高，改变了东道国的消费结构，从而间接地促进东道国产业结构优化，加速东道国产业结构的调整。产业结构优化的过程是现代产业自身不断扩张以及现代产业对传统产业改造的演进过程。成功实现结构进步和产业重组的国家更容易吸引外商直接投资，由此形成了外商直接投资与东道国产业升级正向互动的良性循环。当然，外商直接投资只是为发展中东道国加快产业成长提供了一种机遇和可能，对东道国产业结构优化的效应有赖于外商直接投资的资本和技术密集程度和当地企业的特征和政府政策。

外商直接投资主要从两方面促进新的增长点的形成。一是直接投资的企业总体上比国内企业技术层次高，更有竞争力，能把握市场需求的变化设计和生产产品，能够一定程度上支撑产业结构的升级。“绿地”式投资直接表现为新企业的建立，无疑会直接创造就业机会。二是这些外资企业通过产业间和产业内联系，以及示范、竞争效应提高供给者、消费者和竞争者的技术水平和管理水平，促使类似企业的建立，形成新的产业部门。这些新的产业部门结构紧密，充满活力，以点带面推动经济繁荣。外商直接投资流入后缓解了金融、技术与管理方面的阻碍，有助于促进东道国国内生产扩张和产出增加。

2.2.2　知识溢出与协同创新

内生增长理论的知识外部性认为，知识作为一种创新要素，不仅能使本企业、本区域获得创新收益，还会溢出到其他企业、区域，并带来正向影响。高校是创新性知识和技术生产的重要基地，高校的技术创新水平不仅决定于自身的各种投入，而且受到外部创新主体的影响。其他高校科研过程中产生的知识溢出可以通过多种渠道传导至目标高校，进而影响其创新产出。陈昀等通过剖析加拿大滑铁卢大学推动区域创新生态系统发展的经验，构建了基于大学主导的区域创新生态系统框架模型①。Brodhag 论述研究型大学与区域创新系统中的创新主体的交

① 陈均，贺远琼，周振红．研究型大学主导的区域创新生态系统构建研究［J］．科技进步与对策，2013，30（14）：32 -36.

互作用与合作关系，并提出大学应开展情境化的知识和研发网络等有利于促进创新生态系统建设的活动①。

协同创新是企业、政府、大学等创新主体突破管理壁垒而开展的跨度协调整合的创新组织模式②。其模式的核心目标是最大限度地释放创新主体之间人才、资本、信息、技术、数据等资源要素的活力。埃茨科威滋提出的“三螺旋”③，强调“大学—产业界—政府”这三个领域重叠成的三螺旋结构，逐渐成为国家、区域与跨国创新系统的核心。Butler 等研究发现，正是大学与产业、政府一起形成了促进区域创新生态系统发展的独特创业环境，大学不仅对区域创新生态系统产生直接影响，也会受到来自该生态系统反馈环的影响④。

协同创新条件下，大学是企业可利用的重要知识创新源泉。知识管理逐步揭开了大学与产业的协同机理。结合组织关系理论，大学与企业间的关系紧密度以及信任关系，决定了产学协同创新的绩效，关系越紧密、信任感越强、价值观趋同，产学协同创新绩效也就越高。产学合作中知识管理是核心，合作双方的知识结构、知识特性、知识转移方式会影响产学协同创新的绩效。陈钰芳等从创新要素对创新绩效的影响、整合与相互作用的过程等对产学协同创新机理进行了研究⑤。产学合作方式间接影响了产学协同创新绩效，因为产学合作方式决定了知识转移效率、利益分配机制等问题，并且良好的合作沟通方式也有益于提高产学组织间合作效率。还有学者从产学协同创新的外部环境维度，提出政府政策、中介机构也是影响产学协同创新绩效的重要因素。

产学合作强调了大学与产业异质性资源的整合对创新能力提升的重要性。大学与产业联结对创新起到重要作用。高校有能力承担基础研究，实现从 0 到 1 的突破，对企业技术创新提供原创性成果，通过大学知识创造主体和企业技术创新

---

① Brodhag C. Research universities, technology transfer, and job creation: What infrastructure, for what training [J]. Studies in Higher Education, 2013, 38 (3): 388 – 404.

② 陈劲，阳银娟. 协同创新的理论基础与内涵 [J]. 科学学研究，2012，30 (2)：161 – 164.

③ 亨利·埃茨科威滋. 三螺旋：大学·产业·政府三元一体的创新战略 [M]. 周春彦，译. 北京：东方出版社，2005.

④ Butler J, Gibson D. Research universities in the framework of regional innovation ecosystem: The case of Austin, Texas [J]. Foresigh – Russia, 2013, 7 (2): 42 – 57.

⑤ 陈钰芬，陈劲. 开放式创新：机理与模式 [M]. 北京：科学出版社，2008.

主体间的深入合作和资源整合，形成叠加的非线性效用。政府、金融机构、创新平台等作为辅助性创新组织要素，其功能是协调知识整合和资源优化，以及使创新主体行动同步。因此，协同创新是以大学、企业、研究机构作为核心要素，协同创新的根本目标是促进各种创新要素以及创新资源自由流动。协同创新是围绕知识增值运行来开展合作，通过知识转化为资本，并且形成规模效应和范围效应①。从这个层面来讲，协同创新应该具有以下特点：（1）整体性。创新系统是各种创新要素的有机集合，其具有统一行为方向性、目标确定性。（2）动态性。创新系统随目标和方向而动态变化，主体行为协调包括信息、绩效和行动的整合。（3）非功利性。创新的最终目标是功利的，但具体创新过程应该遵循科学研究本来规律，允许创新失败。这是协同创新中最为重要的特点。在地理距离对知识流动的限制下，区域创新生态系统（RIS）内知识双向流动、网络化合作模式有利于企业创新能力的持续提升和区域长期发展②。因此，必须由政府采取措施，整合互补性资源和协调同步行动。

2.3　知识溢出的环境：政策与市场约束

2.3.1　政府政策的约束

知识溢出受政府政策方面的制约，既包括知识溢出提供者的政府政策，又包括知识溢出接受者的政府政策。

知识溢出提供者从保持自己竞争优势的立场出发，对本企业的投资行为采取鼓励或限制性措施，如鼓励污染严重的产业和个别“夕阳工业”转移，限制以保持自己的比较优势地位的企业。例如，中国争取 2060 年前实现碳中和目标。根据英国标准协会（BSI）颁布的碳中和标准，“碳中和”是指单位标的物相关的温室气体排放，并未造成全球排放到大气中的温室气体产生净增加量，达到二

① 陈劲，阳银娟. 协同创新的理论基础与内涵［J］. 科学学研究，2012，30（02）：161－164.

② Kitagawa F，Lightowler C. Knowledge exchange：A comparison of policies，strategies，and funding incentives in English and Scottish higher education［J］. Research Evaluation，2013，22（1）：1－14.

氧化碳相对“零排放”。目前的“碳中和”相关政策主要包括减少碳排放和提高碳吸收两个互相补充的方面。在减少碳排放方面，从供给侧来看，一是构建清洁低碳安全高效的能源体系，二是实施重点行业领域减污减碳行动。从需求侧来看，则是推广绿色交通，倡导绿色出行，并推行绿色金融与碳排放交易等配套设施，以能源革命、产业结构调整、新能源汽车推广为主要抓手推进节能减排。很显然，这些政策措施直接影响清洁能源、绿色出行等相关产业知识溢出的发生频度和效率。

知识溢出接受者的政府政策也会在某种程度上影响知识溢出的进程。虽然政府一般都鼓励通过各种途径吸收知识溢出，达到促进技术进步的目标，但其制定实施政策的结果却往往与其初衷背道而驰。如设立当地成分要求、股权比例安排和强制性技术转移要求，试图以此促进当地技术水平的提高，但这些政策在很多情况下反而会阻碍更先进技术的溢出。同样，通过创新形成的产品差别和低成本优势与利用权力形成的行政壁垒相比，对企业创新的促动存在着严重的差异。通过创新形成的优势壁垒不仅可以保护创新领先者的利益，而且可以诱导企业在市场竞争中寻找空白点，努力创新，成为新产品、新行业的领先者，通过创新形成的竞争优势可以使企业整体实力不断加强，追随者在竞争压力下必须追随创新，并利用追随者的后发优势赶超领先者，从而使产品水平不断提高。行政壁垒则制约创新领先者的创新溢出，使得领先者因投入过大而遭受损失，同时，使其他企业无心去开拓新领域，使得追随者丧失紧迫感，不愿在赶超上多投入，造成低水平重复生产现象的频繁出现。由于竞争优势在行政壁垒下会丧失其作用，创新者的收益大大降低，创新的机会成本增大，从而迫使企业放弃创新或选择机会成本较少的小项目创新。

从整个社会进步的角度看，积极吸收先进的知识溢出，提高知识存量和增量是关键。其中，基础性、理论性的知识能够为知识发展和技术创新提供不竭的源泉。社会层面的知识流通，教育起着越来越大的作用。教育包括基础性教育和专业化教育（高等教育）。

基础性教育的核心，是在基础理论存量基础上真正形成具有一定整合功能的知识体系，这些理论性知识能在以后接受新知识的能动作用发挥中很好地体现出来，也能满足企业组织更快地吸收创新知识的要求。所以，教育真正的重点并不在于教会学生特定的知识，而在于提高人们的素质。如何使教育的作用逐渐从教学生特定的知识向通过教育发掘每个学生的特质转变？基础性教育应该促进学校之间的良性竞争，使教育的发展尽可能地满足时代发展的需要。

专业化教育（高等教育）是知识传播的重要途径，是生产知识的场所。知识溢出受到认知距离、技术距离和文化距离的影响，认知、技术和文化均与知识存量相关。高校的教育水平必然影响到知识溢出的进程。在经济外部性的条件下，每个生产厂商的知识增长都会使整个社会普遍受益，使得资本的私人边际成本大大低于社会边际成本，社会实现的收益大大超过企业的内部利益，从而使生产出现规模递增收益，经济效率增长得以持续。从理论上说，知识积累和知识溢出效应可以通过两种方式来实现：一是内在效应。通过正规、非正规学校教育，包括正式组织实施的初等、中等及高等教育，使经济活动中每个人的智力和技能得以提高。在一个健全的社会制度中，学校教育应该是个人最直接、基础性甚至有义务参加的一般知识积累方式。二是外在效应。通过生产中的学习、工作中的实际训练和经验积累，提高工人的劳动生产率。只有人力资本达到一定限度的水平，才能产生明显的知识溢出。这一点与基础性教育水平、高等教育普及程度密切相关。

2.3.2　市场竞争的约束

根据技术经济学理论，有效的市场竞争是技术创新的原动力，必然促进经济和技术的繁荣。有效竞争必须建立在两个基础上：第一，竞争主体条件是各方实力相当；第二，竞争各方处于同一竞争环境中，处于同一起跑线上，并遵守同一游戏规则。这两点保证了竞争的公平和有效，这也正是影响知识溢出的宏观因素。

在企业间的竞争中，通常会出现两种竞争：一种是同质产品的竞争，即竞争企业所销售的商品在质量、性能、品种等方面几乎是完全相同的；二是替代产品的竞争，即竞争企业销售的商品可以满足同类需求。它涉及两种情况：其一是代用品之间的竞争，即竞争企业销售的产品尽管在品种、质量、性能等方面不具有直接可比性，但可以满足同类需求。其二是满足同种类需要的商品之间的竞争，消费者使用了一种商品后放弃另一种商品。例如，在一定收入条件下，消费者购买了彩色电视机就必须放弃对高档时装的消费。

2.4 创新生态系统与知识溢出路径

2.4.1 创新生态系统

通过创新培育发展新动能，最要紧的是构建良好创新生态。从全球科技创新的网络体系看，创新资源空间集聚已成为普遍趋势，并形成了若干各具特色的创新集群模式。在国家创新体系中，知识生产的投入不会自动转化为创新产品，对科学研究的大量投资并没有成功地促进经济增长①。世界上创新绩效突出的区域都存在成功的企业和产业集群。此种情况下，对区域层面创新绩效进行比较和分析的区域创新系统方法受到重视。区域创新系统是一个嵌入在制度环境中的企业与其他组织和机构交互学习的系统。其理论基础包括演化经济学、新经济地理理论和学习经济理论等，强调邻近、集聚、集群、惯例、标准、网络、节点、交互学习与创新，以及知识生产与传播的本地嵌入等的重要性。我国要构建良好的创新生态，必须加快建立协同创新机制，围绕产业链部署创新链、资金链，营造开放协同高效的创新环境，形成方式各异的政产学研结合方式，政府和市场的资源配置作用有机结合，从而使科技成果更加有效地实现产业化②。

创新生态系统是嵌入到区域社会、经济和文化环境中，形成创新群落，与其创新环境相互作用、相互依存而共同形成的统一整体。Moore 提出企业生态系统是由一系列生产商、供应商、客户和投资商等利益相关者群体构成的动态结构系

① Jacobsson S, Lindholm – Dahlstrand A. Is the commercialization of European academic R&D weak? —— A critical assessment of a dominant belief and associated policy responses [J]. Research Policy, 2013, 42 (4): 874 – 885.

② 薛其坤. 构建良好创新生态 [N]. 人民日报, 2017 – 07 – 24 (07).

统[1]。企业生态系统组织模式应该成为市场与等级制之外的第三种经济组织模式。借助生态学研究范式，创新生态系统概念逐渐引起较多学者关注[2]。生态系统有物质循环、能量流动和信息传递三大功能。有效的创新生态系统使企业群体创造出远大于各个独立企业所创造的价值之和。

创新生态系统子系统包括知识生产与扩散系统和知识应用与利用系统。知识生产与扩散系统承担知识生产与扩散职能，该系统主要包括公共研究机构、技术中介组织，以及教育机构和劳动力中介组织。大学不只关注直接的技术转移，更应该关注对社会发展更有意义的间接性学术创业[3]。知识应用与利用系统由区域的企业及其客户、供应商和竞争者与合作者构成，这些企业由纵横网络连接起来，进行交互学习。创新发生在具体的制度、政治和社会环境中，创新主体基于联系、互动和动态的关系，形成与创新环境的相互依赖和共生共赢[4]。所以，创新生态系统研究，既关注要素构成和资源配置问题，更强调各创新行为主体之间的交互作用的动态演化，以及更重视知识生产模式的创新范式的共生与协同演化，关注大中型企业、非政府组织和政府组织等各类行动者组成的网络。

2.4.2　知识溢出的路径

创新的每个阶段都充满试错和逐步改进的迭代、演化和非线性过程，特别是那些通常被忽视、但又至关重要和需要高度嵌入知识网络的概念证明阶段[5]。知识溢出路径表示知识从存量较高的企业或区域借助特定的知识载体流向存量较低的企业或区域。如知识存量较高的企业或区域 A 的生产技术、操作流程、经营理念、管理经验等透到知识存量较低的企业或区域 B，刺激 B 知识存量的增长，但

---

① Moore J F. Business ecosystems and the view from the firm [J]. Antitrust Bull, 2006, 51 (1): 31 - 75.

② 梅亮，陈劲，刘洋. 创新生态系统：源起、知识演进和理论框架 [J]. 科学学研究，2014 (12): 1771 - 1780.

③ Wright M. Academic entrepreneurship, technology transfer and society: Where next? [J]. The Journal of Technology Transfer, 2014, 39 (3): 322 - 334.

④ 吴金希. 创新生态体系的内涵、特征及其政策含义 [J]. 科学学研究，2014 (01): 44 - 51.

⑤ 王凯，邹晓东. 美国大学技术商业化组织模式创新的经验与启示——以“概念证明中心”为例 [J]. 科学学研究，2014 (11): 1754 - 1760.

这种增长并没有成为企业或区域 A 获取的全部收益。这种通过知识扩散而引起知识和生产力水平提高的过程，就是我们所讨论的知识溢出路径。

现有对知识溢出路径的研究大多集中研究发达国家直接投资行为，以及东道国引进发达国家先进技术设备后产生的效果。知识溢出的方式主要有引进技术设备和对外直接投资。知识溢出的载体主要是外商直接投资办厂或者直接引进知识含量较高的技术设备。在产业集聚区或产业链，知识溢出存在知识生产者、使用者和产品用户的积极互动与持续反馈，这种知识流通更能促进创新系统不断发展。

知识溢出对知识的供给方和接受方来说可以达到双赢效果，接受溢出者掌握了先进技术，促进了经济更快发展；供给方的新产品开发加快，经济的总体效率提高。从知识创新收益率的分布来看，知识溢出对知识生产者有着正负两方面的影响。一般情况下，知识生产的社会收益率大于知识生产者的个人收益率，在这种情况下，知识生产者就可能不愿意继续生产新的知识。反之，当知识生产的个人收益率大于社会收益率时，知识生产者才会有继续生产新知识的积极性。企业之所以能够生产出满足潜在消费者的消费需求的新产品，是因为其灵活运用知识即智力资本进行知识重新组合，发现了新思路①。大学与企业在知识流动中相互作用，实现协同创新。从区域创新体系层面，可通过改进区域制度环境与提升政产学协同创新能力，促进区域创新生态系统建设。由于中国的产学协同创新已充分彰显“区域性”特征，应通过改进区域制度环境和提升产学合作网络构建能力，促进产学之间交互学习与知识动态流动，从而提高区域创新生态系统建设水平。把传统产教融合框架拓展至创新生态领域，能够更好地激发区域创新生态系统中“物质”“能量”与“信息”的流动②。这就是政产学协同创新的研究目标和意义所在。

---

① Nonaka I. A dynamic theory of organizational knowledge creation [J]. Organization Science, 1994, 5 (1): 14-37.

② 王凯，邹晓东. 由国家创新系统到区域创新生态系统——产学协同创新研究的新视域 [J]. 自然辩证法研究, 2016, 32 (9): 97-101.

2.5　产业集群与知识溢出的相关理论

熊彼特在《经济发展理论》中指出，创新就是一个企业运用其所拥有的资本进行资源重新组合，产生新的生产方式的过程。创新是建立一种新的生产函数或供应函数，是生产要素与生产条件的新组合①。熊彼特强调创新为企业带来利润，由此，其他企业为了获取行业平均利润，也会对其创新行为进行模仿，这种模仿是推动经济增长的动力，而且这种增长呈现周期性。这种周期性增长是大企业在创新过程中的决定性作用所引发的。创新对社会、制度和经济结构的变化有持续动态的作用。从微观上来看，创新是一个行业主导企业在感知外部市场环境和内部资源整合的过程中，对一些沉积事件的反应，并采取行动。对市场反应面采取的企业创新，就类别而言，主要有产品创新、技术创新、组织创新以及过程或工艺创新等方面。技术创新包括新的科技、产品和服务。过程创新代表了新的过程、政策和组织形式。

Porter 在《国家竞争优势》中提出产业集群概念之后，又在《竞争论》中进一步指出："集群是指在某一特定区域下的一个特别领域，存在着一群相关联的公司、供应商、关联产业和专业化的制度和行会。"② Porter 认为，在地理上靠近的相互联系的企业和关联机构，它们同处在一个特定的产业领域，由于具有共性和互补性而联系在一起。集群包括一系列相关联的产业和其他一些与竞争有关的实体，如零部件、机器设备的供应商、专用性基础设施的供应商等。集群也往往向下游拓展到销售渠道和服务客户，横向扩展到互补产品的制造商和在技术、技能上相关的企业。另外，许多集群也包括政府和其他机构，如大学、标准化机构、职业培训机构及商会等在地理上的集中必然会促进创新③。韦伯在分析单个

① Schumpeter J. The theory of economic development [M]. Cambridge (Mass): Harvard University Press, 1934.

② Porter M E. The competitive advantage of nations [M]. London: Macmillan, 1990.

③ Jacobsson S, Lindholm - Dahlstrand A. Is the commercialization of European academic R&D weak? —— A critical assessment of a dominant belief and associated policy responses [J]. Research Policy, 2013, 42 (4): 874 - 885.

产业的区位分布时，首次提出聚集经济的概念①。经济学家通过外部经济、专业化分工、交易成本等理论或概念来解释产业集群的形成和发展机制；社会学家则强调非正式的社会关系网络和人际关系网络以及本地的社会文化环境对区域经济发展的关键影响；地理学家则强调产业柔性专业化基础上的空间集聚对区域经济发展的作用，强调地理空间对产业的集聚和发展过程的影响。Krugman 指出，有不完全竞争和收益递增两种力量决定着经济行为和经济要素在空间上是收敛还是扩散②。

第一个真正意义上提出集群与外部性相关概念的是英国经济学家马歇尔。马歇尔在《经济学原理》中，把专业化产业积聚的特定区域称作产业区③。他认为在历史与自然共同限定的区域中，集中了大量相关的中小企业，产业区内的生产活动是企业劳动分工的不断细化和积极地相互作用，企业群与社会趋向融合。马歇尔的外部规模经济理论认为产业集群是外部规模经济所导致的，这种外部性主要体现在三个方面：一是地方具有专用性的劳动力市场，二是生产专业化而取得的中间产品，三是可获得的技术与信息。间接地表明了企业为追求外部规模经济而集聚。Krugman 继承了马歇尔的思想，即强调产业集聚源于外部性。Henderson④ 认为产业集聚的外部性分为内外两个层面，包括 MAR 外部性和 Jacobs 外部性。行业间的外部性来自行业间的差异性和互补性。知识溢出是水平式知识溢出，知识在同一特殊产业不同企业之间自然地、无意识地扩散，并被其他企业无成本地加以利用。创新知识在不同产业之间流动，形成了相互促进的互惠产业链条。上游企业（或产业）的创新知识产品以低于市场价值的价格转移到下游企业（或产业），下游企业不仅获得了经济实惠，而且对新产品通过逆向工程进行模仿创新，最终也可获得比较优势。事实上，行业内的外部性导致了同一产业内企业的集聚，使行业规模扩大。集聚是促进知识溢出的重要条件。

由于区域资源禀赋、产业基础、主体因素和驱动力等方面的差异，形成了众多

① 韦伯．工业区位论［M］．李刚剑，等译．北京：商务印书馆，2010．

② Paul Krugman. Increasing returns and economic geography［J］. Journal of Political Economy，1991，99（3）：483－499．

③ 阿尔弗雷德·马歇尔．经济学原理［M］．北京：商务印书馆，1987．

④ Henderson J V. Economic theory and the cities［M］. New York：Academic Press，1977．

不同类型的产业集群。美国区域学者马库森提出著名的四种典型产业区类型：马歇尔式产业区、轮轴式产业区（区域结构围绕一种或几种工业的一个或多个主要企业）、卫星平台式产业区（由跨国公司的分支工厂组成）和依赖国家力量型产业区。产业集群的形成是集群内外部各个要素之间共同作用的结果。内部条件包括集群的运行机制、集群内企业间的联系程度、劳动分工程度。根据集群的关键驱动力来源，可分为内生性产业集群和外生性产业集群。前者主要由区域内部力量或者由区域内部资源、技术、市场等因素驱动而发展起来，如浙江的区域“块状经济”是内生式集群的典型代表；后者主要是由区域外部力量或要素驱动而发展起来的产业集群，通过将外地资金、技术、人才引进集聚区而形成，如我国珠江三角洲地区发展起来的“三来一补”形式的外商投资密集型的产业集群就是这种外生式集群的典型代表。Audretsch 发现行业的 R&D 投资、熟练型员工和大学科研机构雇员越多，该行业的集聚越明显①。企业集群内的企业家网络对知识的累积、扩散和传播具有特殊优势。同时，集群企业和成员都有较高的稳定性，知识资源的地区分布、流动性和区域环境决定了学习具有集体性与地方性的特点。国内学者研究发现，文化、信任、规范、规则和制度等对集群结构变化具有一定的影响。产业集群中的社会资本，具体表现为集群内部的规范、信任与合作、知识的流动机制，以及自增强的社会网络等，也包括企业获取并利用这些关系来摄取外部信息和其他资源的能力的总和②。而系统的研究正是把握构成创新体系的不同因素间复杂的交织作用的关键③。例如日本企业组建的促进信息传播一体化的研究体制被定义成日本公司 R&O 活动，但实际上这是国外相关技术的返求工程④。魏江等认

① David B Audretsch, Maryann P Feldman. R&D spillovers and the geography of innovation and production [J]. The American Economic Review, 1996, 86 (3): 631 - 640.

② 朱允卫，黄祖辉. 社会资本与产业集群成长：一个文献综述 [J]. 中大管理研究，2007，2 (3): 95 - 107.

③ 埃德奎斯特，赫曼. 全球化、创新变迁与创新政策 [M]. 胡志坚，王海燕，译，北京：科学出版社，2015.

④ Nelson R R. National innovation systems: A comparative study [M]. Oxford: Oxford University Press, 1993.

为集群创新体系的核心是拥有知识流动机制的互动创新网络①。他提出了集群创新系统的三要素模型：核心价值链要素（包括供应商、竞争企业、用户和相关企业四类创新主体），可控支持要素（即基础设施要素，包括硬件技术基础设施、集群代理机构和公共服务机构），不可控的支持要素（政府、正式和非正式规制、外部市场关系）。林健认为，相关组织地理上的集聚、资源和能力的相互依赖、企业自身的核心能力以及政府的公共政策是有效促进产业集群形成的四大要素②。这些观点从产业集群形成的前提、内在原动力、推动力和保障方面分析了产业集群的形成。

产业集群自主创新系统包括创新主体子系统和创新环境支撑子系统。创新主体子系统反映了主体层面的结点及其联结关系。产业集群内的企业是自主创新的主体，也是产业集群创新系统的关键要素和主要结点。这些企业在集群内的联结主要有垂直网络关系（如供应商－用户关系）和水平网络关系（如竞争合作关系）。垂直网络关系主要包括供需关系，水平网络关系中包括市场开发上的互动，要素投入上的资源共享关系等。产业集群的技术创新在水平网络和垂直网络的企业中进行。创新环境支撑子系统的主要结点是高校、科研机构、技术扩散服务中心、教育机构和职业培训中心、金融机构、政府机构和行业协会等，这是产业集群技术创新的直接支撑因素。这些机构为集群创新系统提供了知识、信息、人力资源、资金和政策规制等支持，通过资源支持方式参与、促进新知识的创造和应用。区域创新体系是由企业、高校、科研机构、政府、金融及中介服务机构等主体构成的复杂系统，各主体间（尤其是企业与高校之间）知识的互动程度决定着整个系统的绩效。主体间的协同合作对创新产出的促进作用被称为协同创新效应。

综合上述研究成果，本书认为知识溢出首先是知识扩散的重要方式之一。如果说知识传播是原生知识的复制，那么知识溢出就是原有知识的再造整合。知识溢出是区域经济增长的源泉之一。特别是新经济增长理论和新贸易理论都把知识

① 魏江，申军．传统产业集群创新系统的结构和运行模式——以温州低压电器业集群为例［J］．科学学与科学技术管理，2003（1）：14－17.

② 林健．产业集群的理论及其对集群规划的启示［J］．科技进步与对策，2003（12）：94－95.

溢出和经济增长联系起来。罗默更是强调知识与其他经济要素的不同之处，就是知识有溢出效应。知识溢出是由知识的稀缺性、流动性和扩散性的本质特征所决定的。从公共利益的角度看，大量的知识溢出推动了整个社会的发展和进步。对于区域经济社会发展来讲，知识溢出也为区域产业创新提供了源头支撑。当然，作为知识拥有者而言，知识外溢带来了知识权益流失、竞争优势丧失等市场风险。知识溢出的客观性与知识资产的有价性、私有性之间的矛盾，使得协同创新生态体系的保障机制、利益分享机制更为重要。

从协同创新的具体实践出发，知识溢出更多发生在区域性创新生态体系之中，在产业集聚过程中更能促进知识溢出效应。知识溢出效应主要发生在协同创新主体行为和产品市场交换过程中。知识溢出过程中的创新主体行为的主动性、持续性可以显示知识资产所有权人的类型。知识供给主体将自身类型与其他供给主体进行能力差异和意愿能动性区分，就是促进合作和共享行为的基础。协同创新主体中，企业尤其是创新型中小企业，是创新体系的市场需求者；研发机构和高等院校作为知识生产者和供给者，在与集聚企业的合作互动中共同促进新知识的创造，具备创新策源能力。尤其是国家一流大学为关键共性技术、前沿引领技术、现代工程技术、颠覆性技术创新提供了重要战略支撑。政府机关等为创新提供政策、市场、信息等方面的支持服务。协同创新主体要素和创新环境支撑要素，决定着创新行为模式选择和创新路径选择。创新就是发现新思想、新技术并不断商业化的过程。产业集群中的学习速度主要是受整个行业而不是企业的推动。教育教学改革同样是适应行业需求而选择主动或者被动进行。围绕“结构性潜能”，促进生产要素特别是创新要素的流动聚集，是区域性创新中心的必然选择。区域性创新中心是在竞争中通过生产要素特别是创新要素的流动逐步形成的。适应这种创新发展趋势，要由政府牵头，以企业为主体，以市场为基础，形成一种新型的政府市场合作新机制，要加快弥补高水平大学教育、基础研发、源头创新等滞后的短板。政府的政策要跟随市场创新动态，以公共政策来规范市场，引导企业创新行为，并有效地推动企业之间的知识外溢。通过企业间互相的知识溢出，形成区域产业集群“蜂聚型”增长态势。

第 3 章　协同创新中的政府作为

经济合作与发展组织（OECD）提出了国家创新体系的一个概念框架：知识的创造、扩散和利用是经济增长的至关重要的因素。创新驱动的经济是建立在知识创造、扩散和利用的过程之上的。与这个过程相关的重要性概念，就是创新系统的知识分配力，即确保创新者及时接近和获得相关知识存量的能力。知识分配力决定着知识流动和创新过程模式。知识分配力的思想与政策观念相结合的理论，可以帮助我们从知识的生产和利用相互整合的战略出发，来思考政府调整国内经济增长政策的目标和手段，也有助于加强创新绩效的潜在的国际经济合作的机会。

从我国创新发展的实践历程来看，1988 年邓小平提出了“科学技术是第一生产力”的重要论断，随后国家提出科教兴国战略。2006 年 1 月，胡锦涛在全国科学技术大会上提出 2020 年建成创新型国家的重要目标。2007 年 10 月，党的十七大把建设创新型国家作为国家发展战略的核心。2011 年 4 月，胡锦涛在清华大学百年校庆大会上首次提出协同创新，鼓励大学与企业、科研院所开展深度合作。教育部、财政部于 2012 年 5 月正式启动《高等学校创新能力提升计划》（“2011 计划”）。2012 年 9 月，中共中央、国务院《关于深化科技体制改革加快建设国家创新体系的意见》明确，加快建立企业为主体、市场为导向、产学研用紧密结合的技术创新体系。2013 年 9 月 30 日，习近平总书记指出：“要围绕使企业成为创新主体、加快推进产学研深度融合来谋划和推进。”2014 年 6 月，习近平总书记提到："老路走不通，新路在哪里？就在科技创新上，就在加快从要素驱动、投资规模驱动发展为主向以创新驱动发展为主的转变上。"2015 年 3 月《中共中央国务院关于深化体制机制改革加快实施创新驱动发展战略的若干意见》鼓励构建以企业为主导、产学研合作的产业技术创新战略联盟。2016 年 5 月，中共中央、国务院印发《国家创新驱动发展战略纲要》，提出了创新驱动发展的"三步走"战略目标：第一步是在 2020 年进入创新型国家行列，基本建成中国特色国家创新体系；第二步是到 2030 年跻身创新型国家前列；第三步是到 2050 年建成世界科技创新强国。

为实现经济转型发展，必须实现新旧动能的转换，从主要依靠投资拉动向主要依靠创新驱动转换，实现经济从粗放增长到集约增长的发展。2012 年，党的十八大强调，要坚持走中国特色自主创新道路、实施创新驱动发展战略。创新驱动与转型发展战略的提出，是基于长期结构性因素和短期周期性因素的现实作出的重大战略转移。在经济增长新常态下，要素投入结构开始转型，由主要依靠土地、劳动力等一般性生产要素，转向主要依靠技术、人才等高级要素来拉动经济增长。产业结构转型，由低附加值逐渐向高附加值升级，产业集群化形成规模经济、范围经济。经济增长动力结构，由主要依靠"三驾马车"转向主要依靠制度变革、结构优化、要素升级"三大发动机"拉动经济增长。尤其在碳达峰、碳中和的愿景下，产业逐步实现绿色低碳化、信息化，生态文明建设更加得到全社会的重视。

中国创新驱动，是以全球视野来谋划和推动创新发展，要提高原始创新、集成创新和引进消化吸收再创新能力，更加注重协同创新。这是基于中国劳动要素变化趋势做出的科学调整。从人口长期结构性因素来看：过去粗放增长阶段的人口红利逐步消失，中国能够成为劳动力的 15～59 岁人口绝对规模自 2012 年以来呈负增长；从产业结构长期趋势来看，服务业比重将继续上升，由此导致资本/劳动密度和投资率降低。服务业虽有利于吸纳人口就业，但经济增长速度会降低，对低知识依赖的就业岗位存在较大转型压力。这些因素的存在，使中国经济增长的质量、动力、效率发生重大变革。

效率是经济发展的永恒主题。推进效率变革，要坚持创新驱动发展，提高生产效率、协同效率等。无论质量、动力、效率如何变化，都需要实体经济、科技创新、现代金融和人才资源的有效融合。国家创新体系中利益相关者之间目标动机不同，公共部门的基础研究与工业界的应用研究之间配置不当，技术转移机构的失效，以及产业部门信息获取与吸收能力的不足，都会限制创新和知识的扩散。要改善创新系统失灵，就需要政府制定政策措施，为系统中各要素之间有效的合作提供制度基础。经济合作与发展组织国家创新系统项目的研究表明，创新系统的管理需要综合的、连贯的政策，这种政策以单个的手段与整体的目标配合为特征，也以不同政策领域中手段与目标的兼顾、协调为特征①。

3.1 政府在创新体系中的地位与职责界定

1987 年，英国克里斯托弗・弗里曼在《技术政策与经济绩效：日本国家创新系统的经验》中谈到技术创新不只是企业、高校、科研机构三方的合作行为，更应是一种政府行为、国家行为②。亨利・切萨布鲁夫（Henry Chesbrogh）提出了开放式创新，强调“企业有目的地让知识流入和流出以加快企业内部创新”，并重点指出外部知识资源对于企业创新的重要性③。从理论层面阐述了开放式创新生态系统理论以及政府在推动和引领开放式创新生态系统运行中发挥的重要作用与功能。

“三螺旋”是埃茨科威滋用来解释大学、产业与政府等创新主体在创新活动中作用关系的概念④。三螺旋理论认为，产业、大学与政府之间是一种相互协同

① 李正风，曾国屏. OECD 国家创新系统研究及其意义——从理论走向政策［J］. 科学学研究，2004，22（2）：206－211.

② Freeman. Technology and economic performance：Lesson from Japan［M］. London：Printer Publishers，1987.

③ Chesbrough H W. Open innovation：The new imperative for creating and profiting from technology［M］. Boston：Harvard Business School Press，2006.

④ Etzkowitz H. Innovation in innovation：The Triple Helix of university－industry－government relations［J］. Social Science Information，2003，42（9）：293－337.

的“互动”与“自反”的三重螺旋协同模式①。如图3－1所示，大学、产业与政府部门相互关联，相互促进。高校科研活动以基础知识与共性技术研发为主，为企业开展应用型技术研发提供基础知识与共性技术。政府鼓励和支持基础研究与共性技术开发，增加基础知识与技术供给，为企业开展实用性研发创造知识条件。由于基础知识与共性技术的直接经济效益小，研发过程风险较大，导致企业缺乏基础知识与共性技术研发的意愿。高校是基础知识的供给者，研发活动距离市场端较远，基础研究与共性知识开发活动面临较大的资金缺口。高校基础技术研发周期长，短期经济效益不显著，并且基础研发活动的外部性强，研发产品具有公共物品属性。因此，高校研发资金一部分来自政府部门资助，政府往往以科研项目等形式直接参与到高校、科研院所等创新主体的科技创新活动中。另一部分来源于急需该项技术的企业，即企业以项目形式委托高校或科研机构开展企业急需技术研发，以降低企业自行研发的成本。企业需求同时引导高校科研成果转化，从而推进全社会技术水平向前发展。

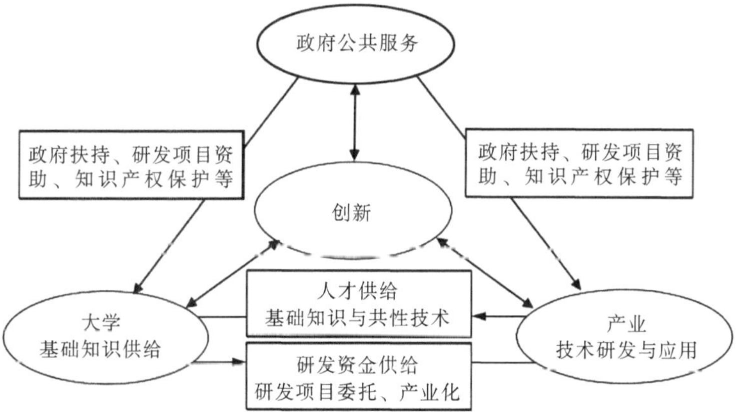

图3-1　三螺旋理论结构图

从“三螺旋”机制过程来讲，创新不仅是市场选择的结果，也是政府推动的结果。完善的区域创新系统是市场机制及其支配下的经济系统在运行过程中无

① 张秀萍，卢小君，黄晓颖．基于三螺旋理论的区域协同创新机制研究［J］．管理现代化，2015，35（3）：28－30.

法内生形成的，因此，区域创新活动的开展对政府力量具有内在依赖性。作为创新活动的重要主体，政府行为会对创新质量和创新效率产生重要影响。张凤和何传启在《国家创新系统——第二次现代化的发动机》[①] 中指出，国家经济的进步发展单纯依靠市场经济和产学研各方的自发合作是远远不够的，还必须依靠政府的扶持和干预。在区域创新活动中，创新主体对政府力量具有内在依赖性，即使是较为发达的西方国家也同样经历了政府为主导的区域创新体系建设历程[②]。这些研究表明政府职能在产学研合作中发挥着至关重要的作用。总之，政府要在市场机制不能发挥作用，以及企业无力或是不愿意投入创新领域时，起到对市场资源配置的引导和补充作用，合理发挥政府在完善区域创新体系建设、提高地区创新质量和效率的重要保障作用[③]。

从产学研协同创新层面看，"三螺旋"理论为我们提供了崭新的视角，其行为主体包括以大学为主体的科学研究部门、以高端企业为主的产业部门以及以政府部门为主体的促进和监管机构。协同创新的顺利开展很大程度上取决于大学、产业、政府三者的高效协同能力，而创新驱动的经济需要有效市场和有为政府两个引擎。利用好市场引擎，就是要让市场机制充分发挥引导资源配置的决定性作用，充分发挥企业作为创新主体的作用；发挥政府的引擎作用，就是要根据经济发展的不同阶段，与时俱进地改变政府发挥作用的重点和方式。

3.1.1 政府在协同创新中的战略引领职责

19 世纪 70 年代，德国物理学家哈肯创立了协同理论。经济学家熊彼特最早提出创新理论。杨玉良院士综合两种理论提出，协同创新是相同或相似单元之间通过合作，产生相互作用关系和共振放大效益，形成高效有序的创新机制的行为过程。协同创新就是使资源和要素有效汇聚，通过突破创新主体间的壁垒，充分释放彼此间创新要素活力而实现深度合作。陈劲和阳银娟认为"协同创新是

① 张凤，何传启．国家创新系统——第二次现代化的发动机［M］．北京：高等教育出版社，1999.

② 余泳泽．政府支持、制度环境、FDI 与我国区域创新体系建设［J］．产业经济研究，2011（1）：47－55.

③ 杨思莹．政府在创新驱动发展中的职能与行为研究［D］．长春：吉林大学，2019.

科技创新的新范式，是一种大跨度整合的创新组织模式。”① 所以，协同创新是高等院校、研究机构和企业等各类创新主体围绕创新目标，突破原有的界限壁垒，优势互补，深度合作，从而建立起完整的技术创新链条，实现人才、知识、技术、资本等创新要素的无缝对接，更好地把科技第一生产力转化为现实生产力。王焰新认为协同创新是以创新资源和创新要素的有效汇聚为基础，为突破重大科学技术问题而进行的知识增值和价值创造活动②。

协同创新体系的建立是实现创新型国家的标准范式和实践途径。其具体实现途径为：国家通过政策引导和机制建设，促进企业、大学、研究机构、中介机构和用户等为了实现重大科技创新而开展大跨度整合组织模式。政府大幅度地促进企业、大学、研究机构发挥各自的能力优势，整合互补性资源，实现各方的优势互补。协作开展产业技术创新和科技成果产业化活动。协同创新体系是各要素为实现共同的目标而建立动态互补的持续稳定合作关系。

在国家创新发展过程中，由于市场机制无法解决创新活动的外部性问题，使得市场机制在调节创新资源配置等方面存在着效率损失。政府在创新要素集聚对区域协同创新的影响中起到正向调节作用，并且存在双重门槛，超过门槛值时会削弱其在创新要素集聚和区域协同创新之间的调节作用③。政府掌握着经济社会发展的大量资源，是高科技产业协同创新中的重要角色④。因此，政府直接参与创新活动，弥补市场失灵，提高企业创新激励，成为配置创新资源的“看得见的手”。政府是区域创新系统的高效运转的重要保障，政府主导创新环境建设以及直接参与能有效提升区域创新效率⑤。政府是创新项目的组织者甚至承担者。政府在协同创新体系中的职责，包括制定创新战略、引领创新方向、塑造创新环境、协调创新主体间经济和社会利益、为创新主体开展应用研究提供基础知识与

---

① 陈劲，阳银娟．协同创新的理论基础与内涵［J］．科学学研究，2012（2）：161－164.

② 王焰新．大力推进协同创新——加快高水平行业特色大学建设［J］．中国高等教育，2014（2）：49－51，63.

③ 刘兵，张荣展，梁林．创新要素集聚对区域协同创新的影响——政府控制的调节作用［J］．技术经济，2019，38（12）：60－66，76.

④ 谷建全．充分发挥政府在高科技产业发展中的推动作用［J］．红旗文稿，2003（11）：24－26.

⑤ 李政，杨思莹，路京京．政府参与能否提升区域创新效率？［J］．经济评论，2018（6）：3－14，27.

共性技术等。

第一，战略规划是政府实施创新发展的首要职责。政府战略引领实质就是政府发挥自身的信息优势，实施“最优干预”措施，保障创新资源配置的整体效率。尽管各国政治体制、管理方式不同，但是政府在科技创新布局、技术和产业发展规划中的作用都是至关重要的。美国的《创新战略》从国家发展路径上强化创新；美国竞争力委员会发表《创新美国》报告，指出创新是美国的灵魂，是确保其在21世纪领导地位的非常重要的手段。2016年，《美国创新与竞争力法案》表决通过，法案要求美国国家标准与技术研究院（NIST）制定和实施其实验室计划战略规划，内容包括基础研究成果、测量与标准研究成果向产业界传播的绩效度量标准，并明确说明NIST的技术转移方法。允许非美国国家科学基金会（NSF）资助的获得其他联邦机构资助的研究人员、学生和其他机构参加NSF的创新联盟计划（I-Corps），并要求NSF为I-Crops计划参与者的原型和概念验证系统开发提供竞争性赠款①。欧盟通过《欧洲2020战略》，致力于成为最具国际竞争力的国家联合体。2009年《数字日本创新计划》提出，日本进入科学技术立国与战略调整阶段。显然，政府部门在进行重点创新领域的战略布局时，既要制定发展方向，又要加强统筹管理。中国同样深刻认识并准确把握了经济发展新常态的新要求和国内外科技创新的新趋势，制定了“十三五”国家科技创新规划，系统谋划创新发展新路径。如围绕构筑国家先发优势，启动“科技创新2030－重大项目”；构建具有国际竞争力的产业技术体系，加强现代农业、新一代信息技术、智能制造、能源等领域一体化部署，推进颠覆性技术创新，加速引领产业变革；围绕增强原始创新能力，培育重要战略创新力量；围绕提升产业竞争力、改善民生和保障国家安全的战略需求，加强重点领域的系统部署。政府需要发挥开放引领创新的重大职责。为打造创新发展高地，2010年，重庆政府在重庆大学建设加拿大QNX软件系统公司和得克萨斯州仪器公司联合投资的QNX/TI联合实验室。2018年9月，重庆两江新区与新加坡国立大学共同签署了关于共建新加坡国立大学重庆研究院的战略合作框架协议，未来将围绕高端研发平

① 周海源．国家创新体系立法的美国实践及其启示［J］．中国软科学，2019（03）：13－19．

台、产业孵化基地和教育培训开展项目合作。国际化的合作项目以及外资资助给重庆产学研合作提供了新的技术市场和资金来源①。

第二，政府需要从研发管理向创新服务转变。研发管理更多面向的是科研单位，更多运用的是管理手段，更多聚焦的是研发环节，更多着力的是组织科研活动；创新服务面向的是产学研用、大中小微等各类创新主体，围绕从研发到产业化应用的创新全链条，采取的主要方式是服务。区域创新体系由主体要素、功能要素和环境要素三个部分构成。主体要素主要是指区域内的企业、高校、科研院所、创新中介机构和地方政府；功能要素主要由技术创新、服务创新、制度创新等构成；环境要素包括基础设施建设、体制、机制等。加强构建区域创新体系建设和产学研合作是相辅相成、缺一不可的。对于国家创新体系而言，知识系统、技术创新系统、制度创新系统是最重要的奠基石，将体系内各主体相互融合，是符合科学发展与经济发展共同需要的做法。科技知识是国家创新系统中各子系统间相互作用的内生变量要素。要构建以企业为主体、市场为导向、产学研资介相结合的创新体系，实现产业创新和技术融合之间的系统对接。同时，引导企业、高校和科研院所共建各种形式的战略联盟，例如技术联盟、专业联盟等。政府还需要集中社会各领域的资金和资源，加快公共技术服务平台的搭建，引导和保障基础技术、公共技术的研发和创新，推动构建基础研究与应用研究相结合的合作平台。如重庆两江新区地方政府通过不同形式搭建沟通交流的平台，有效地将高校、科研机构的基础性研究与市场需求相结合。通过举办高校、科研机构研发成果展示会、推介会、交易会、洽谈会和各种论坛等形式，引导高校、科研机构倾听市场的声音。在开展基础型研究的同时，也要针对市场的需求，开展应用型研究，努力推动科技成果产业化。此外，重庆市地方政府鼓励部分有能力的地方企业自主开展以需求为导向的应用基础研究，鼓励和吸引处在行业技术前沿的企业参与地方基础研究计划项目的制定，共同开展一些能够满足两江新区产业发展需求的基础型研究②。坚持战略和前沿导向，集中支持事关发展全局的基础研究和

① 毛媛园. 重庆市两江新区产学研合作模式中政府职能研究 [D]. 成都：西南交通大学，2019.

② 刘军. 重庆市产学研合作模式与创新机制研究 [D]. 重庆：重庆大学，2012.

共性关键技术研究。瞄准瓶颈制约问题，制定系统性技术解决方案。以区域创新战略落地为例，政府着力解决创新与产业、技术、资源、资产、资金等要素的全面整合，加快它们之间的链接配套，以科技园区布局为核心，实现科技管理组织结构扁平，科学技术成果转化提升，产业链接拉长成群，真正实现科技产业的做大、做强。通过科技企业的核心竞争优势，提升科技标准含量和产品技术附加值。同时，加快科技产业领域的链接、衍生与跨界，推动基于价值链的科技产业创新和业态创新科技产品结构调整，由此进一步提升产业结构优化水平。面向市场需求的技术创新，既包括上游的基础性、原理性研究，还包括中游的技术突破、产品研发和下游的产品生产、市场应用，是一个环环相扣、缺一不可的完整链条，势必涉及多个相关部门。为了保障地方产学研合作可持续发展，地方政府要合理整合企业、高校、科研机构和政府的力量，努力实现区域资源优化配置，构建具有地方特色的创新平台。

第三，产学研合作中地方政府政策的引导表现。一是地方政府设立专门负责科技成果创新和转化的组织和机构，制定符合当地发展需求的产学研政策和法规。地方政府综合考虑产学研合作发展的客观过程和当地各方面实际情况，并针对产学研合作的变化趋势做出相关预测，提出产学研合作发展所要达到的目标。为实现这个目标，地方政府会制定出具体方针、步骤、方法、行为准则等，以此来规范产学研合作中各方的行为，最终引导校企合作朝着良好的方向发展①。二是地方政府通过制定相关产学研政策，引导相关产学研合作主体的形成，统一产学研合作各方的观念和协调各方行为，优化合作方式，明确体制机制，界定合作范围，促使地方产学研合作达到预期目标。不仅要建立健全相关组织机构，还需要建立健全法律法规，比如科学的人才评价、考核制度。在产学研合作项目中，要对参与的各方人员在职责、奖惩、绩效、考核方面进行准确的评价和监管。在合作项目利益成果分配问题上，要制定出科学合理的分配制度，保障各组织和机构的积极性，保障科研资源不被浪费。

① 王龄旋. 贵州高职院校校企合作中的政府作用研究［D］. 贵阳：贵州大学，2021.

3.1.2　政府在协同创新中的协调职责

部门协调是政府实施创新发展的重要职责。创新工作是一项复杂的系统活动，它涉及人才、资金、技术、数据等要素的互动集成，不同主体、层级与部门的协作配合，以及不同制度机制的协调对接。政府部门在扫除创新障碍、打通创新渠道、帮助建立技术创新链条上发挥重要作用。实现创新驱动、科技产业转型升级与结构调整，必须通过破除创新发展的瓶颈，积极寻找创新驱动、转型升级与结构调整的联结点，从而建立产学研合作的可持续发展的长效机制，实现企业、高校和科研机构资源共享、优势互补、风险共担、共同发展的良性状态。相关政府部门应在扫除创新障碍、打通创新渠道、帮助建立技术创新链条上加强协同。围绕搭建完整的技术创新链条，从用户端拉动科技经济融合发展①。

首先，协调好产学研用各类创新主体的利益关系。在大学与产业企业相互联系和协同关系构建中，必须充分发挥政府的促进、催化和支持作用，以实现知识界与产业界的协同创新，服务于国家、区域社会经济协调发展。这要求地方政府从产学研合作的对象、主体和要素三方面实施协调职能。产学研合作对象中的高校本质上属于非营利性组织，然而企业是典型的营利性机构，高校、科研机构和企业在利益上存在着一定的矛盾。因此，地方政府必须发挥协调作用，协调好产业发展和人才培养的关系。地方政府要以优势互补作为出发点，建立渠道和平台，引导产学研合作各方的沟通和合作，促进参与者利用各方优势资源，合作开发核心技术，联合各方力量解决制约地方产业发展的关键问题。政府需要在企业和高校、科研机构的合作中，起到沟通协调的桥梁作用，创造更多合作机会，拉近产学研合作参与者之间的距离，建立企业与高校、科研机构的信任平台，同时推动高校的培养和科研更符合社会经济发展的现实需求。针对产学研合作的主体，地方政府要坚持市场机制与政府引导相结合的原则，通过明确各方权责和建立成果分配机制等手段，协调各合作主体的关系；通过共建高新技术中心和技术产业联盟等方式，推动建立以企业为中心的创新合作联盟，促进产学研合作长效

① 闫傲霜. 协同创新，政府要主动作为［N］. 人民日报，2013-10-28（20）.

运行；针对产学研合作的要素，地方政府要积极引导产学研合作中技术、资金和人才等要素的合理配置。在地方科技政策上，把推动产学研合作作为重要目标，促进各高校、研发机构与重点产业的合理集聚，从而形成强大的区域竞争优势。在地方资助政策和财税机制上，适当向促进产学研合作的方向倾斜，从资金投入、硬件设施设备方面对产学研合作加以扶持。加强各主体之间的产学研合作是推动科技成果转化的有效途径①。政府应为其提供必要的资金支持和服务保障，激发各主体参与科技成果转化的积极性。充分发挥政府“有形之手”的作用，针对不同主体、不同需求的科技企业，量身定制扶持措施，引导企业加快科技成果转化。

其次，建立政府层面和部门之间的协调机制。产学研合作的协同创新是一个复杂的系统工程，包括市场、科技、人才、管理等方面的相互协调。因为经济效率的不确定，单纯依靠市场机制无法促进知识创新，也不能激励科技成果转化为现实生产力。地方政府要加强各职能部门之间的合作，不断创新管理体制，明确各部门的权力和职责，努力实现产学研合作管理和服务的正规化、高效化，避免因为各职能部门权职不清而影响产学研合作的有序发展。创新引导政策主要是指行政机关、立法机关和司法机关通过权威形式所制定的目标、任务以及必须遵循的规定、方法和步骤等②。目前，无论是中央还是地方，科技主管部门和产业、行业主管部门都掌握着或多或少的政策资源，都有与技术创新相关的立项安排，但在项目资金统筹、政策统筹方面沟通衔接不够。各相关部门应着眼全局，围绕搭建完整的技术创新链条，营造市场环境，促进创新要素的自由流动与有机整合，从用户端拉动科技经济融合发展。通过推出大型科技发展计划，促进系统要素流通，特别是政府与企业、研究机构之间知识要素的互动。政府应通过不断推出企业、大学和研究机构共同参与的大型科技发展计划，增强创新系统要素的互动，促进国家创新系统网络的不断完善；同时，加强创新组织之间、创新组织与相关支撑机构之间的联系，形成联系密切的、互动的知识流动网络，从而提高创

---

① 任远．产学研合作模式下科技成果转化的政策支持［J］．中国高校科技，2018（06）：77－78．

② 翟建国．产学研战略联盟发展与政府责任研究——以内蒙古自治区为例［D］．呼和浩特：内蒙古大学，2010．

新系统的运行效率。

3.1.3　政府在协同创新中的制度建设职责

经济学意义上的制度，是守法程序和行为的道德伦理规范，旨在约束追求主体福利或效用最大化的个体行为。道格拉斯·诺思认为，制度是一系列被制定出来的规则。制度的内涵可归纳为：（1）存在许多规则，从而使人类活动具有重复性、稳定性，并提供可预测的秩序；（2）存在大量的观念，它对人类活动及各种规则加以解释和评价。所以，新制度经济学中，制度的构成要素被分为正式制度与非正式制度。正式制度包括法律、政治规则等，这是由国家规定的、具有强制性的规则。非正式制度包括价值信念、伦理规则、风俗习惯、意识形态等。这两方面的结合及相互作用构成了国家创新系统的制度保障体系。为了使企业以技术创新为主体，政府应通过一系列的制度安排，使技术创新在私有和公有之间建立一种适当的平衡，既保持足够的私人刺激以鼓励创新，又保持足够的公有性以促进技术的广泛运用。

第一，规定创新各个子系统对应的核心机构和特定功能。高等院校和科研部门对应知识创新系统，扮演知识活动中的生产者角色，主要实现知识的生产、扩散和转移。企业对应技术创新系统，扮演知识应用和再创新的需求者、生产者双重角色，主要实现技术知识的应用生产过程。政府部门、企业、科研机构和其他机构对应知识应用系统，扮演使用者角色，主要功能是应用新知识和新技术，提高决策能力。企业、科研机构与大学等以政府为核心共同组成网络，对应制度创新系统，政府通过对现行体制的改革、制度创新，为其他子网络的良好运行提供合理的制度安排。创新系统的机构角色对应于各自的创新系统，形成相互作用的学习机制。各子系统之间存在的边界限制又影响了子系统要素之间的流动效率和方向，即交易成本带来的机制障碍，最终效应反应于国家的经济增长。技术创新系统依托知识创新系统，技术创新是企业发展的核心要素，企业通过知识传播系统培养高素质、高技能人才，知识应用系统促使科学知识和技术知识转变为现实生产力，而国家可以通过制度创新系统进行制度安排，以调控整个国家创新体系的良好运行。

第二，制定符合产学研协同创新模式的政策工具。政策工具是一种用以实现政策目标的手段或措施。国外学者欧文·E. 休斯在《公共管理导论》中将其理解为“政府的行为方式，以及通过某种途径用以调节政府行为的机制”。胡德将政策工具理解为“实现公共政策目标的行为活动”。Rothwell 和 Zegveld① 将国家创新政策分为供给、需求和环境三个层面。供给层面的政策工具主要有财政方面的支持、技术方面的支持、社会方面的支持；需求层面的政策工具主要有合约研究、技术标准和贸易代理组成的干预市场的政策；环境层面的政策工具主要有公共服务、专利和奖励等。这些创新政策都会对创新活动起到引导、扶持和监督的作用。适当的政府补贴显著促进企业研发投资，而高额政府补贴对企业研发投资的激励效果显著下降，企业更注重“权利寻租 ”等“寻补贴”活动②。Kleer 还发现，政府研发补贴会引导私人投资方向，优化投资结构，促进创新活动开展，提高企业乃至于产业与城市创新水平③。政府补贴激励企业加大研发支出规模，提高创新活跃度，进而对企业创新产出产生积极作用④。政策工具作为政府将实质目标转化为具体行动的路径和机制，是政府治理的核心。在区域创新系统理论架构中，政策制定和实施的主要出发点是通过资源配置来改善合作环境，促进创新系统内部主体之间加强沟通和合作，并协调主体间的关系，以此推动与专业化资源相关的区域形成比较优势，从而提高区域内企业的经济效益和整个区域的综合竞争力。因此，产学研合作政策内容包括：（1）财政、税收、信息等政策。通过制定与地方产学研合作配套的财税政策、金融政策、贷款政策等鼓励性政策措施，激发企业、高校和科研机构的合作意愿，引导和促进产学研合作关系的形成。（2）产业政策和科技政策。地方政府通过制定产业政策和科技政策，引导产学研主体明确合作发展领域，从而保障产学研合作的发展。（3）行为规范和

① Rothwell R, Zegveld W. Industrial innovation and public policy: Preparing for the 1980's and the 1990's [M]. London: Francis Pinter, 1981.

② 韩国高，张倩. 政府补贴、制度环境与企业研发投资——基于面板门槛模型的实证检验［J］. 投资研究，2017，36（10）：19－33.

③ Kleer R. Government R&D subsidies as a signal for private investors [J]. Research Policy, 2010 (39): 1361－1374.

④ 巫强，刘蓓. 政府研发补贴方式对战略性新兴产业创新的影响机制研究［J］. 产业经济研究，2014（6）：41－49.

协调体系。通过制定相关行为规范和协调体系，对产学研三方的行为进行规范，协调主体关系，指导产学研合作持续健康发展。

政府以财政科技支出的形式资助企业、高校和科研机构等创新主体，协调创新主体之间的利益关系，是实施政策工具的最重要方面。

首先，地方政府需要提高对地方产学研合作的资金投入。资金投入不仅包括前期的科研经费和末期的生产投入，还包括将科研成果转化为生产力过程中的资金投入，以此加快科技成果转化的效率和质量。在实际工作中，地方政府对产学研合作投入的资金是非常有限的。这需要地方政府发挥财政杠杆的引导作用，通过各种渠道引导企业主动投入资金。可以通过制定专项扶持或优惠政策，引导社会各领域主体参与到地方产学研合作中去，共同扶持产学研合作项目的发展。同时，地方政府还需要开辟多重资金来源渠道，加强对产学研合作的专项金融服务，推动银行业、保险业以及证券业等各种金融机构参与产学研合作，保障产学研合作资金能够及时到位。

其次，地方政府需要根据具体的产学研合作项目制定出相配套的一系列财税政策、贷款政策、优惠政策、资助计划、市场规范等鼓励性政策。政府在推动产学研协同创新中，要使法规管制、中介组织建设、绩效评估体系建设、财税金融支持体系建设、政府采购体制机制建设等政策工具的运用同步、协调，形成一种具有自组织特征的协同创新机制。地方政府要正确引导和鼓励创新风险投资，引导企业、高校、科研机构联合建立科技成果转化中心，对科研成果进行孵化，并引导社会各领域、各部门充实产学研合作，支持科研成果的产业化和企业的自主创新。地方政府要设立扶持地方企业尤其是扶持产学研合作企业的专项基金，设立孵化器专项资金，利用银行贷款绿色通道、风险投资、民间风险投资等渠道，带动社会各方面资金参与产学研合作企业的发展。地方政府要重点完善对参与产学研合作的企业的金融服务，引导银行金融机构创新投融资体制，创新金融产品、服务和借贷抵押方式，同时，完善担保机制，将资本注入、风险补偿和鼓励性补贴等方式相结合，提高金融担保机构对产学研合作企业的融资担保能力。政府通过发挥财税政策的作用，引导金融资本和风险资本对科技创新和创新成果转化进行投资。如重庆市地方政府设立风险投资基金和技术创新贷款绿色通道，解决校企合作过程中的资金瓶颈问题。目前，重庆多家银行相继推出了扶持微小型企业技术创新的“微企通”，促进了高校、科研院所和企业全方位的深度融合，推动产学研协同创新可持续发展。

3.1.4 政府打造有利于创新的制度环境职责

制度环境是指建立生产交换与分配基础的基本的政治、社会和法律基础规则。良好的制度环境与合理的制度安排能为国家创新系统中的创新行为主体的创新活动提供激励与保护功能。地方政府要积极发挥自身保障职能，从法律法规、体制、机制以及政策引导等方面为企业打造一个良好的发展环境，促进企业从技术创新中获取现实和长远的利益①。地方政府要将科技政策与产业、经济政策相结合，制定出符合当地实际的产学研合作政策，为产学研合作起到指导和保障作用。

一是创造合作环境。合作环境是落实创新发展的必要条件。良好的创新环境是创新主体开展创新活动、提高创新效率的重要保障。创新环境建设是政府的重要职责。创新环境因素包括物质因素（硬件环境），即协同创新所需要的物质条件、设施设备等；也包括非物质因素（软件环境），即制度、法规、行为准则、社会舆论等。企业、高校和科研机构间建立良好的交流渠道是协同创新的前提条件。营造全社会支持产学研合作的外部氛围，有利于地方政府、企业、高校和科研机构更好地认识产学研合作②。在补齐创新硬环境基础设施的短板方面，第一，各级政府需要依据当地实际情况和发展需要建设高新技术产业园区、高速公路、网络通信等设施设备。地方政府要对当地交通、网络和生态环境等方面作出合理规划。特别是要建设具有地方特色的大学科技园区，充分发挥大学科技园区培养创新人才、转化技术成果、孵化高新技术企业的作用。第二，政府需要建设可以支撑不断创新的知识基础设施，如图书馆、博物馆、计算机网络、通信网络、资料采集处理中心以及教育培训机构等③。需要说明的是，知识对经济的增

① 杨平.“官产学（研）”合作模式研究［J］. 产业与科技论坛，2010，9（02）：79－83.

② 马黎. 共生关系的产学研协同创新运行探析［J］. 商丘职业技术学院学报，2019，18（2）：55－58.

③ 余鹏翼. 重建国家创新系统的分析框架［J］. 软科学，2001，15（5）：64－67.

长并不是简单的线性过程，知识生产的投入不会自动转化为创新产品，这正如著名的“知识悖论”——很多欧洲国家对科学研究的大量投资并没有成功地促进经济增长。第三，政府需要构建地方产学研合作创新平台。目前，企业、高校和科研机构的合作方式主要有业务咨询、委托培养、联合开发等。企业、高校和科研机构之间建立以资源和技术共享为基础，以共同开展项目为特征的合作方式已成为我国技术产业化的常见形式。要保障产学研合作可持续发展，需要地方政府将目前的合作方式逐渐转化为联合共建研发基地和稳定的产学研战略联盟。联合开展技术创新、建设产学研合作创新平台已经成为提高区域自主创新能力的重要手段。地方政府要努力构建应用型基础研究、技术研发和产业化研究相结合的合作平台，在保障高校和科研机构开展基础研究的同时，还要引导他们根据市场需求，开展应用性基础研究。同时，通过建立研发中心、工程中心等，激励企业加强创新研发，并不断提高企业自身产品的竞争力和附加值。通过建设企业产业化基础，积极研发适应市场需求的新产品，以及成套的工业化技术和装备等，促进具有市场竞争力的自主品牌的形成，实现产业技术的更新升级。政府通过完善知识经济基础设施配置和构建社会舆论资源，来弥补市场机制在某些领域资源配置中的失灵。

二是打造健康、良好的社会舆论环境。政府基于公共利益的制度安排，通过提供各种规则、法律程序和行为规范，为促进创新发展提供了强大推力。创新动机并非都是自发的，许多创新动机潜藏于人的深层次意识当中，政府有义务通过创设外部环境，如提供完备的法制体系、利好的政策导向、持续的科研投入、宽松的社会环境以及畅通的信息平台等，来充分调动人的积极性，发挥人的创造潜能；充分利用各种宣传渠道和新联媒介，针对产学研合作的概念、模式、意义、作用以及成果进行宣传，更好地促进地方企业、高校和科研机构加强对产学研合作的认识。在新发展阶段下，社会舆论要大力宣传“大众创业、万众创新”理念，弘扬敢为人先、敢为天下先的创新精神，高举以改革创新为核心的时代旗帜。为激发创新动机，激励合作参与者的积极性，地方政府需要根据当地实际情况制定相关融资补贴、知识产权保护、税收财政等制度，大力培育科技示范企业，充分发挥科技作为第一生产力的作用。各类企业要通过培养自主创新习惯、创新人才激励机制、优化合作创新机制、处理好技术引进与消化吸收的关系，来加强自身的核心技术开发。地方政府可以设立产学研合作专项计划，并构建产学研合作项目及参与组织的评价、考核、统计系统。

三是建立公民创新素质提升的有效机制，健全中介组织。创新的社会文化基础在于人们普遍具有甘冒风险的意愿、寻求机遇的积极态度和对未来充满信心的心态。要建立政府主导、全民参与的创新素质教育机制，营造创新素质教育氛围，为促进当地产学研合作发展提供软环境。通过举办企业、高校和研发机构的产学研合作交流论坛，为参与者提供合作机会；搭建产学研合作平台，同时向社会广泛宣传产学研合作。通过全面加强创新素质教育，培养具备独立思考、积极进取精神的创新型人才。从我国目前产学研合作发展态势来看，政府部门应当通过政策以及法律法规，完善和发展各种创新中介服务组织，努力构建专业化、网络化和科学化的创新中介服务体系。地方政府要在提供设施设备、搭建服务平台、引进和培养人才等方面对创新中介体系的建设给予扶持。同时，政府要努力提升中介服务机构的服务质量和服务能力，通过培养专业的技术服务人才，向产学研合作提供专业、高效的服务保障。产学研合作中介服务机构建设主体应当多元化，既可以是政府，也可以是政府联合社会其他组织、机构，还可以调动相关科技协会、非营利机构向产学研合作提供中介服务。地方政府可以建立产学研中介服务机构信用档案，优先扶持服务评分高、信誉度高的产学研中介服务机构，推动区域内的产学研中介服务机构更加专业、更加规范，推动产学研中介服务形成竞争有序、运行规范、机制灵活、诚信可靠的中介服务市场。

3.2　激发创新人才活力是政府的根本任务

创新驱动根本要靠人才。从经济发展长周期来看，经济发展根本动能取决于人的智力和技术。马克思的创新思想中，创新主体主要包括劳动工人和企业家①。马克思从企业家对相对剩余价值追求的动机出发，讨论了资本家进行创新

① 汪澄清. 马克思与熊彼特创新思想之比较［J］. 马克思主义与现实，2001（3）：42－47.

活动的目的。一些资本家通过设备革新、科技进步、新机器的投入应用等，降低生产商品所需要的个别必要劳动时间，从而降低产品的个别价值，由此获得竞争优势和超额利润。即便如此，也不意味着科技进步和技术变革源于资本家，即资本家并非创新活动的唯一主体，工人在生产过程中的经验总结与发明创造是资本主义社会创新的重要来源。工人在劳动生产过程中产生了新的技术、新的工艺和新的生产工具，并将其转化为现实生产力，推动了创新和生产力快速发展。诺贝尔经济奖得主舒尔茨教授说："经济发展主要取决于人的质量，而不是自然资源的丰富贫瘠或者资本存量的多寡。"经济学对人力资本与经济增长的研究过程，证明了人才对经济社会发展的价值。新古典增长理论：$Y(t) = F[K(t), L(t)]$ 表明，经济存在平衡增长解，即总产出增长率、消费增长率、资本增长率都等于外生的劳动力增长率。经济处于平衡增长路径时，人均产出增长率和人均消费增长率都为 0；总产出的长期增长率与储蓄率无关，储蓄率的变化只改变收入水平，储蓄率的变化只具有水平效应，不具有增长效应。经济的长期增长必然离不开收益递增，而新古典增长理论中，假定人均投资收益率和人均产出率是人均资本存量的递减函数，随着时间推移，各国工资率和资本产出比将会趋同。因此，如果不存在外生的技术变化，经济就会收敛于一个人均水平不变的稳定状态。

20 世纪 80 年代，罗默开始在"索罗模型"的基础上进一步优化和反思，提出了内生增长理论。内生增长理论在引进技术创新、专业化分工和人力资本之后得出以下结论：技术创新是经济增长的源泉，而劳动分工程度和专业化人力资本的积累水平是决定技术创新水平高低的最主要因素。内生增长理论指出，经济增长的动力来自对人力资本、创新和知识的投资。罗默在《收益递增和长期增长》（1986）中强调，知识或技术是私人厂商进行意愿投资的产物，私人厂商进行知识投资也将导致知识资本的边际收益递减。罗默假定：知识生产的私人收益率递减，新知识的社会收益率递增，知识具有正的外部性，经济是完全竞争的，生产者是价格接受者。罗默证明：在上述假定下，知识溢出足以抵消固定生产要素存在引起的知识资本边际产品递减的趋势，从而使知识投资的社会收益率保持不变或呈递增趋势。因此，知识积累过程不会中断，经济能够实现长期增长。罗默在《内生技术变迁》（1990）中构造了一个更加完整的增长模型：产量是技术、人力资本、物质资本和劳动的函数，即 $Y(t) = [K(t)]^\alpha[(1 - a)L(t)A(t)]^(1 - \alpha)$。公式中，$a$ 是指投入研发的劳动力比例，$A*(t) = BaL(t)A(t)$，B 为常数，$A*(t)$ 指 A 的变动率，$K*(t) = sY(t)$。罗默认为，技术和人力资本对经济增长都具有决定性的作用。技术具有非竞争性和部分排他性。技术的非竞争性表现在：一个厂商或个人对技术的使用并不阻止其他人同时使用该技术，技术的复制成本很低甚至为零。技术的部分排他性保证了行为者可以从技术创新中得益。经济持续增长的主要原因是知识的外部性引起的规模收益递增。对于研究部门而言，知识具有正的外部性；对于中间产品部门而言，新知识引起分工深化；这两个效应都造成最终产品生产的规模收益递增。人力资本的增加不仅导致产量增加，还引起知识与资本比率增加，以及研究部门人力资本占总人力资本的比率增加。经济的增长均衡是一种社会次优。均衡时，研究部门的人力资本投入将过少。知识的外部性和新知识为垄断定价部门购买这两个因素，使得新知识生产者仅获取了知识的社会净利益的一部分，这使研究部门的人力资本不能获得充分补偿。政府可以采用的政策是对知识积累提供补贴，使新知识的收益增加，这些政策将增加用于研究的人力资本，进而使经济增长率提高①。因此，技术进步是经济增长最主要的动力，投资、教育和提高研究开发的人力资本存量等促进技术进步的政策措施十分必要。

巴罗在《一个简单内生增长模型中的政府支出》（1990）中使用了包括人力资本和非人力资本的广义资本概念，他假定政府向每个生产者提供公共服务（即政府支出），广义资本和公共服务在生产中具有不变规模报酬，政府支出经费用税收来维持。随着政府效用型支出的增加，人均消费增长率和储蓄率下降；但随着政府生产性支出的增加，人均消费增长率和储蓄率开始时上升而后下降。因此，政府可选择最优的税收和生产性支出，刺激个人对公共服务的潜在需要，实现持续的人均消费增长。政府维护经济基础和保护财产权利的职能对个人的资本积累是很重要的，另外，自利的政府肯定会降低消费增长率和福利。

卢卡斯强调人力资本在经济增长中的关键作用，并界定了人力资本的外部效

① 张建华，刘仁军. 保罗·罗默对新增长理论的贡献［J］. 经济学动态，2004（2）：77－81.

应。他在《论经济发展机制》中，提出人力资本外部性模型，人力资本增长率是非工作时间的线性函数，人力资本投资所产生的收益没有全部被投资者获得，投资具有正的溢出效应。由于存在人力资本的外部性，经济中最优产出增长率高于均衡增长率。另外，整个经济生产具有规模收益递增的性质，经济可以实现内生的增长。如果不存在人力资本的外部性，经济甚至将以更高的增长率增长。这一结论很重要，它意味着增长的发动机是内生的人力资本投资而不是外生的技术变化。

巴罗强调政府服务是与私人投入一样的生产性支出，如果离开了它的作用，生产关于私人投入只会具有递减收益，而一旦生产性政府服务进入，生产就具有不变规模收益，持续增长就成为可能。在这里，政府支出是增长的催化剂，政府活动被完全内生化了。政府在经济增长的作用是一把双刃剑，它既可以带来“增长奇迹”，也可以使一国陷入“马尔萨斯陷阱”。巴罗 - 萨拉 - 伊马丁模式显著的特点是把公共部门引入线性技术内生增长模式中，从而完全把政府活动内生化。在这一模式中，政府服务是增长的催化剂，它提供私人厂商无法提供的公共资本品。这些公共资本品会提高私人投入的生产率，最终它们以与私人投入一样的比例增加，进而与私人投入一起共同构成经济增长的源泉。可见，内生增长理论认为，通过政府这只“看得见的手”消除市场机制造成的资源配置扭曲，即通过政府和市场两者的共同作用使经济实现帕累托最优①。

通过经济理论观点回顾可以看出，创新要牢牢抓住人才这一根本内生动力。Mason 和 Brown 提出了创业生态系统的定义，即在当地的创业环境中，一组相互关联的创业参与者、创业组织、机构和创业过程通过正式和非正式的结合从而连接、调节和控制绩效②。Isenberg 提出了适于经济发展的创新与创业生态系统战略模型③。他认为，创新与创业生态系统中包含六个要素：有益于创业的文化、

① 彼得·伯奇·索伦森，汉斯·乔根·惠特 - 雅各布森．高级宏观经济学导论：增长与经济周期（第 2 版）［M］．王文平，赵峰，译．北京：中国人民大学出版社，2012.

② Brown R，Mason C. Looking inside the spiky bits：A critical review and conceptualisation of entrepreneurial ecosystems ［J］. Small Business Economics，2017，49（1）：11 - 30.

③ Isenberg D J. How to start an entrepreneurial revolution ［J］. Harvard Business Review，2010，88（06）：40 - 50.

良好的政策和领导力、合理经费的可得性、高品质的人力资本、风险友好的产品市场以及一系列的制度支持。上述六个要素均与政府具有密切关联。其中，高品质的人力资本是创新生态系统中最为关键的因素。

习近平总书记指出："人才强国战略是科教兴国战略与创新驱动战略的重要内容，创新驱动战略以人力资源为第一资源，人是科技创新最关键的因素。""人才是创新的根基，创新驱动实质上是人才驱动，谁拥有一流的创新人才，谁就拥有了科技创新的优势和主导权。"开发运用人才资源，政府要主动破除体制机制障碍，充分保障科研人员的合理权益，调动科学家和科技人员、企业家、技能型人才和大众创新创业者等各类人才的积极性。政府要充分提供创新激励、融资、人才开发、文化培育、服务体系建设等方面的平台，推进管理创新，强化创新资源配置能力。

政府要培养人才的创新意识，激发科技人才的创新潜能。爱国奉献、勇于超越是滋养科研发展进步的养分，要鼓励人才爱国家、讲奉献、敢为天下先，全力发挥创新才能，在为国奉献中实现创新价值。习近平总书记强调，具有强烈的爱国情怀，是对我国科技人员第一位的要求。科学没有国界，科学家有祖国。广大科技人员要牢固树立创新科技、服务国家、造福人民的思想，把科技成果应用在实现国家现代化的伟大事业之中，把人生理想融入为实现中华民族伟大复兴的中国梦的奋斗之中。政府倡导"大众创业、万众创新"，本质上是倡导一种认同创新、尊重创新、保护创新和参与创新的价值理念。政府可以凭借其强大的动员和宣传教育能力，有效促进创新理念的培育与普及，为创新发展营造有利的社会氛围。

3.3 人工智能时代的政府创新行为

大数据、云计算和认知技术的突破，加之物联网等层面信息交互的日益紧密化，为政府治理数智化提供了绝佳的外部环境①。根据中国电子信息产业发展研

① 陈晓红. 数字经济时代的技术融合与应用创新趋势分析［J］. 社会科学家，2018（08）：8－23.

究院的相关统计，2018 年，中国人工智能市场规模由 2015 年的 203.9 亿元增加到 2018 年的 360 亿元，复合增长率达到 21%。中国人工智能产业的发展速度要高于全球平均水平，给社会生活和生产发展带来了积极效应。人工智能时代的到来，也为深化政府治理变革提供了全新途径，在优化升级政府治理模式的过程中，带来了不可忽视的积极价值。

3.3.1　人工智能推进政府行为变革

首先，人工智能的崛起为有效控制政府规模提供了现实可能。所谓政府规模，即基于一定组织原则所组成的各级政府和各个部门的总和，是由政府的机构、职能、权力和人员等各类有形和无形要素构成的有机整体。既有研究已经表明，政府规模过小极易诱发市场失灵，政府规模过大则不利于居民幸福感的提升。在强化政府治理能力的进程中，必须建构适度性的政府规模，这也是现代政府治理模式变革的基本取向。政府规模很大程度上取决于其对治理范围、数量的界定及相关事务的复杂程度，其间任一层面的实现都要以相关数据的分析和把握为基本前提。在人工智能环境下，多部门的协同治理因智能终端的嵌入而变得更为简洁，这不仅使得治理主体从简单劳动中解放出来，达到降低人力成本的治理目标，而且有助于推进治理过程的扁平化①，在打破行政壁垒的过程中，更好地理顺了政府与市场的关系。

其次，人工智能的崛起为强化政府效率提供了技术支撑。政府效率，即政府投入和产出之间的比率。作为公共行政学的核心命题，政府效率既是政府发展的基本要义，也是政府治理模式变革的重要目标。政府效率的强化不仅需要制度的完善，也需要政府在治理工具上的突破创新，人工智能的发展恰恰为此提供了便利。以办公自动化为例，德勤报告的数据显示，通过自动化计算机执行的常规任务，在全球低端范围内每年可节省 9670 万小时和 33 亿美元，在高端范围内每年甚至可节省 12 亿小时，并因此省下 411 亿美元。可见，人工智能在控制政府规模的同时，也为节省财政支出和提升政府灵敏度提供了有效载体。另一方面，人

① 王坚. 在线：数据改变商业本质，计算重塑经济未来［M］. 北京：中信出版社，2016.

工智能的使用也有效强化了政府治理主体的能力。高素质的参与主体是政府效率提升的基本前提，人工智能的嵌入打破了以往事事亲力亲为的主体运作模式，深度学习、遗传算法等的介入赋予了机器本身一定程度的自主研判和自主决策能力，在人工智能环境下，传统行政模式下的人浮于事、素质低下等问题将逐步得以化解。

最后，人工智能的崛起也极大地提升了公共服务的有效性。作为公共行政的核心理念，公共服务同样也是政府治理变革的价值目标。人工智能对于政府公共服务质量的提升，其价值主要体现在两方面：一是拓宽了政府的公共服务渠道。在传统模式下，政府公共服务主要通过建构固定平台的途径得以实现，受人力、物力和工作区间的限制，往往存在服务供给不融洽、不及时的现实问题。人工智能的嵌入在政府与民众之间形成了一个全新的连接点。通过创建综合的决策树算法模型，并将其同公共服务大数据进行结合，人工智能可对服务内容做出基本判断和调整，并确保一些技术性难题在远程终端实现自动解决，由此就能打破公共服务的时空局限，让民众对公共服务的接收变得唾手可得。二是提升了政府公共服务的个性化。公共服务的过程也是民众诉求信息不断集聚的过程。面对海量的诉求信息，人工方式很难做出准确归类，借助于神经网络和遗传算法等程序，人工智能可便捷地实现对相关信息的收集和整理，并形成个体性的数据档案，这就解决了传统模式下的信息盲区，为改进公共服务流程，构建个性化的公共服务模式提供了必要准备。

3.3.2　政府治理行为的创新方向

随着人工智能时代的到来，政府作为公共管理主体，应积极推进人工智能与政府治理的深度融合，以建构适应时代诉求的“智能政府”。人工智能时代对政府治理模式的创新提出了新的诉求。

其一，以行动理念创新促进政产学协同实践。理念是行动的先导，人工智能能否在政府治理层面发挥最大功效，就取决于多元治理主体对其的认知态度。从人与科技关系的当下境况看，人工智能本质上是附属人本身的。各级政府是实现公共治理和公共服务的根本性主体，也是推进社会经济发展的主导力量。将人工智能嵌入政府治理实践是方向，也就是各级政府机构综合运用人工智能和现代信息技术，以提升政府服务绩效为根本点，推进公共治理和服务实现科学化、精细化的实践活动。显然，这一目标的实现，对于创新生态系统建设就是一次伟大的实践。增强各级政府机构的智能治理意识，实现治理过程由数字化向智能化的跃进提升，进而形成以人工智能为支撑的公共政策导向。在这个实践进程中，政府需要高校、研究机构提供知识支持，需要企业提供技术支撑，借助科技企业的智力优势，形成政府人工智能人才的培育机制。如聘任企业研发人员担任政府智能治理的技术顾问，或邀请企业研发团队开展技术培训、知识讲座等，帮助政府提升人工智能的应用能力和水平。在知识输出促进政府接受新技术、新管理模式的同时，又提升了政府管理引领创新驱动战略的实施能力。

其二，建构人工智能嵌入政府治理的配套管理机制。正如诺斯指出的，制度是社会的游戏规则，规定了人与人之间的行为范式。这其中首要的就是政府作为主导主体在管理机制上的跟进创新，建构形成多元主体间的信息共享机制。人工智能对数据和信息的依赖性，决定了其科学嵌入政府治理的过程必定是政府在数据和信息上实现有效连通和安全共享的过程。智能化系统建构的根本取向在于应用，政府善治的实现及其优势的发挥也必须以智能处理流程的创新为保障。如通过人工智能对政府治理数据进行优化处理，将传统办公自动化系统改造为智能办公系统，实现对政府监管对象和服务对象的自动感知、智能识别和跟踪，并针对性地提出解决方案等。由此，政府在实现智能化的办公、监管、服务和决策的过程中，推进政府创新管理能力实现不断提升。提升政府治理的智能化水平，迫切需要形成政企间深度协作机制，以达到借势运力和借智发展的重要目标。同样，人工智能的嵌入将推进政府管理创新，推动“双创”公共治理范式的逐步转型，以尽可能地提升治理科学性和全面性，提高政府治理能力，推进政府治理体系的现代化。

3.4　美国创新体系中政府作为及其启示

随着人口数量、国土面积等传统国力组成变量的重要性相对衰减，以及技术迭代的时间间隔变短、速率加快，科技创新能力已经成为国家实力的决定性因素。美国玛丽安娜·马祖卡托在《创新型政府：构建公共与私人部门共生共赢关系》中论述了“企业家国家”，也就是政府在技术发展中扮演积极的角色。澳大利亚的政治经济学者琳达·维斯在《美国公司》中指出，美国政府在安全竞争压力下积极发展了军民融合技术，极大地推动了美国赢得世界技术优势。以国防技术开发牵引产业与技术，美国的国防技术开支远不是负担，而是资产。美国国防部高级研究计划、美国小企业创新研究计划都是政府用美国特色的“举国体制”，每年动用几十亿美元，帮助企业拓展技术前沿，抢占世界科技制高点。2005 年，美国国家科学院发布《在即将到来的风暴中崛起》研究报告，这份报告指出：为了让美国保持全球创新的领导地位，国家干预是必要的、关键的。因此，不仅技术赶超离不开政府，保持技术优势仍需要政府发挥积极的作用。美国的创新政策在任何时期都离不开政府的扶持和帮助，政府在创新的过程中始终都扮演着一个引导者的角色，而不是创新的参与者。美国政府不直接参与创新行为，但是通过投资、政策以及教育影响着创新的决策和创新系统的走向。美国政府像企业家一样，将半导体制造商、大学研究所聚集在一起，成立了美国半导体制造技术战略联盟，政府每年提供上亿美元的补贴。1999 年，美国国家研究委员会发布报告《资助革命：政府对计算研究的支持》，承认美国政府启动并促进了计算机革命。从 1971 年到 2006 年，根据《研发杂志》公布的年度颁奖排名，入选了 88 项最重要的创新，其中有 77 项（占 88%）受到了美国联邦政府的大力支持。大学和科研机构是美国创新体系的技术支撑，任何一个创新产业集聚的地区都有大学环绕。全球知名的斯坦福大学，是硅谷成功之源。而另一个著名的创新企业集聚的城市——波士顿，拥有 35 所大学，其中包括哈佛大学和麻省理工学院等一流学府。美国十分注重教育方面的投入，1990 年教育开支占 GDP 的 6.8%，首次超过军费开支，此后，美国的教育开支一直维持在 GDP 总量 7% ~ 10% 的水平上。除了教育方面的投入，美国还十分注重教育体制的改革和创新，借助创新教育体制，培养创新人才。美国的学校注重对学生的动手能力和创新意识的培养。在大学的形式上，美国有研究型大学、四年制的学院和两年制的社区学校。研究型大学侧重于培养少数研究型的精英，对美国研究型创新人才的培养做出了巨大的贡献，也是美国创新成果的集聚地。美国的诺贝尔奖得主大都毕业于研究型大学。而社区学校主要进行普识性的教育，任何人，在任何的年龄，只要你想读，交钱就可以读社区型学校。而介于两者之间的四年制学院，既有培养精英人才的计划，也进行普识型教育。

3.4.1　美国政府对科研和开发（R&D）的资金投入偏好

根据国际经济与发展合作组织的定义，R&D 是系统进行的旨在增加人类知识储备以及利用这些知识储备设计新的应用品的创造性活动，这些知识包括有关人、文化和社会的全部知识。R&D 是衡量一个国家科技竞争力的重要指标，可以反映出一个国家对科技和研发的支持程度和支持力度。美国在 R&D 上的投入是世界上最高的，并且呈现逐年增长的趋势。美国 R&D 资金来源比较多元化，主要来自五个部分：联邦政府、州政府、大学和科研机构、非营利组织和公司的研发基金。美国政府不直接参与企业的科研创新，而是对企业的创新提供积极的鼓励与引导。在美国，2/3 的 R&D 资金用于提高产品技术，即进行产品创新，1/3 的 R&D 资金用于过程创新。这种倾向使美国在突发性、激进性的技术创新上更有优势。而日本在 R&D 资金的使用偏向上则与美国相反。日本将 2/3 的研发资金用于过程创新，产品创新只占了 1/3，这就决定了日本更擅长过程创新，美国则擅长产品创新。

中小企业是美国经济最具活力的一部分，也是创新最重要的一部分。根据 OECD 等机构在 2021 年公布的数据，美国研发支出持续位居全球第一，2019 年为 6127 亿美元。表 3－1 是 2006 年美国不同规模公司的数量以及 R&D 的资金投入量。以雇佣工人的数量来衡量企业规模，员工人数在 5 人至 24 人的占了很大的比重。美国没有中小企业的说法，将企业雇佣人数在 500 人以下的统称为小企业，雇佣人数在 500 人以上的称为大企业。从表 3－1 的数据来看，虽然大公司在 R&D 资金的投入数量上占了绝对优势，但是从人均投入来看，小企业在 R&D 上的投入一点也不比大企业少。

表 3-1 2006 年美国不同规模公司的 R&D 投入

公司规模（员工人数）	5~24	100~249	500~999	1000~4999	5000~9999	10000~24999	25000以上
公司数	21153	4372	1441	1065	195	145	105
R&D 投入（百万美元）	7207	13306	13360	37866	20434	37865	92925

数据来源：美国国家科学基金会（NSF），http：//www. nsf. gov/statistics/iris/search_ hist. cfmindx =2。

美国政府正是像企业家一样，帮助美国企业开拓市场。历史上，美国政府一直为新技术产品开拓国内与国际市场。下面以苹果公司的发展历程展示美国政府如何为其开拓国际与国内市场。美国公立学校是苹果产品的忠实用户。1994 年，美国公立中小学的电脑有 58% 来自苹果公司。在 20 世纪 80 年代，苹果产品难以进入日本市场，公司呼吁政府提供帮助，美国联邦政府甚至让日本接受一项简单粗暴的条款：五年内美国生产的半导体要占到日本市场份额的 20% 。美国波音、英特尔、微软、谷歌等一系列高科技企业，都离不开政府开拓的国际市场。

3.4.2 美国安全创新基地建设过程中的政府行为

美国在科学、技术和创新方面的领导地位一直是美国国家安全的基础。第二次世界大战后，罗斯福总统的科学顾问 Vannevar Bush 提出了一个富有远见的《科学：没有止境的边疆》的报告，将美国的科学研究事业形容为在无限边疆上的开拓。Vannevar Bush 为美国创建了第一个科技体系，实现了联邦政府、企业和学术界之间的正式合作。2017 年推出的《美国国家安全战略》文件中，美国政府提出了国家安全创新基地的概念。国家安全创新基地是指“美国的知识、能力和人员的联动网络，包括学术界、国家实验室和私营领域在内，它将创意转化为创新，将发现转化为成功的商业产品和企业，保护并提高美国的生活方式”。围绕这一概念，美国相继发布了系列研究报告，美国立法机构也推出了系列相关立法。2020 年 5 月，美国参议院推出了旨在提升美国科技实力的《无限边疆法案》。2020 年 9 月，国会民主党议员提出的《美国领导法案》列出的技术清单与《无限边疆法案》几乎完全重合，另附加了一项“同其他关键技术相关的金属与材料生产”，与《关键技术与新兴技术国家战略》一致。根据美国政府相关战略文件以及科技战略研究界的相关建言，可以归纳出国家安全创新基地拥有三项重要的内容要旨，包括关涉领域、主导角色和机制模式。这些内容要旨连同大国竞争的战略环境，决定了国家安全创新基地具有特殊的战略底色。其中，主导角色就是强调美国政府在战略制定和基础研究中的主导性地位，即由政府布局宏观战略，统筹协调各方合作，加大研究投入。美国政府通过继续支持增加基础研究资金、制定战略性移民和签证政策以及投资于教育等优先事项，重点提高美国的竞争力，确保美国持续的经济实力和技术领导对于维持美国竞争力的至关重要性。2021 年 3 月 3 日，拜登政府颁布《过渡性国家安全战略指导方针》，明确将加大对研究和开发、基础计算技术和国内先进制造业等领域的投资，确保美国的创新优势；通过投资 STEM 教育，扩大美国科技队伍；调整移民政策，激励优秀人才在美国学习、工作和停留；为新兴技术制定技术标准，以提升美国的安全、经济竞争力和价值观念的影响力和吸引力。与特朗普政府相比，拜登的民主党政府在科技创新领域更加强调政府的主导性。

本质上，国家安全创新基地体系是科技创新方面的一种“举国体制”，因为其核心内容就是动员美国全社会的力量。在国家安全创新基地的理想概念中，提升和巩固美国在科技创新层面的全球领先地位已经上升至一种无可置疑的国家意志。政府在国家安全创新基地体系中制定宏观战略，加大研发投入，吸引和挽留人才，与私营领域保持合作，且外联盟友，组建科技创新和安全的国际联盟。与此同时，私营企业界充分理解科创实力对国家安全的深刻影响，增加研发投入。以大学、国家实验室为代表的科研机构充分利用包括人才在内的研究优势，努力攻关克难，占据技术前沿。上述三方代表了美国科创领域的全部力量，囊括了创新进步所需的全部要素机构。理论上完善的创新生态系统所需的要素机构包括企业家、公司、产业、大学、研究实验室和政府机构。政府扮演着协调中心和重要投资者的角色，企业界和学术研究机构扮演着创新主体角色，它们之间通力合作，提升美国科创实力，符合举国体制的判断标准。

无论怎样强调联邦政府对科技事业投入的重要性，都必须看到，美国私营部门在研发投入中始终占据着美国研发总体投入的大部分。在高度强调市场作用的美国，科技事业的进步离不开商业资本和私营部门人才。据信息技术与创新基金会2018年的调查，从1980年到2016年，美国商业资本的研发投入一直呈现大幅度上升的趋势。20世纪80年代，商业资本占总体研发投入的50%，这一数据20世纪90年代、21世纪第一个十年、21世纪第二个十年，都超过了60%（第二个十年约65%）。如表3-2所示，为全球主要经济体研发投入变化情况。

表3-2 全球主要经济体研发投入变化情况（单位：亿美元）

年度	美国	中国	德国	欧盟27国	日本	韩国	英国
2000年	3675	398	791	2302	1333	224	346
2005年	3927	930	824	2550	1547	340	380
2010年	4464	2083	977	3011	1533	552	412
2015年	4959	3661	1141	3416	1685	769	457
2019年	6127	5148	1319	3905	1726	1001	517

数据来源：根据OECD统计报告整理。

美国政府通过采购私营企业的技术，促进创新发展。自二战以来，政府已经利用采购和大规模的研发预算来驾驭市场力量，促进尖端技术的发展。20世纪50年代和60年代，联邦政府的初始投资以及与斯坦福大学签订的研究订单合同帮助建立了硅谷。阿波罗项目和民兵洲际导弹项目促进了美国半导体行业的发展。从2015年到2018年，全球经济增长的强劲步伐助推了私营部门在技术投入和创新产出方面持续增长，与之相反，美国政府的研发投入却在逐渐降低。从1962年到2017年，因为政府投入模式逐渐让位于商业投资模式，联邦研发投入占联邦预算的比重已经下降了68%。但商业投资模式存在专注于短期效益，忽视长远安全效益，同时对基础研究的投入动力不足等缺点，无法抵消联邦资金缺位引发的后果，无法替代联邦研发支出的重要作用。联邦政府的资金投入集中在基础研究和应用研究领域，都符合这种高风险、回报慢的类别，又基本都是事关科技竞争成败和国家安全的关键技术和新兴技术。面对第四次科技革命的新科技领域和创新需求，美国政府计划在全美设立10~15个区域性技术中心（每个技术中心包含高等教育机构、地方政府、州政府、聚焦科技创新创业的经济发展组织、风险发展组织、金融机构、人才培训组织、关键技术企业、联邦实验室等要素机构，地点选在那些有巨大潜力和相关资产、但尚未成为技术中心的地方)，目的是将创新能力扩展至美国各地，在关键技术领域促进更高质量的、有广泛基础的增长，提高竞争力，确保美国在关键技术领域的领先地位。

3.4.3　美国创新体系及对中国的经验启示

美国创新体系主要包含三个支柱：一是相对自由、宽松的营商环境以及由此产生的企业家精神；二是包含税收、贸易、市场规制和知识产权保护等方面的相对完备的制度体系；三是由政府研发支持、教育投入和采购支出等组成的创新政策体系。这个创新体系支撑了美国自二战结束以来的科学技术大发展和创新能力的持续提高。其创新体系的基本特点，对中国创新体系建设有非常重要的借鉴价值①。

（一）美国政府科研经费预算高，尤其重视对小企业的投资

美国的创新体制离不开政府的参与，但是政府并不是直接参与企业的创新，而是从多个角度对美国的创新体系进行积极的引导。在美国的创新体系中，政府的积极作用一方面体现在 R&D 的资金投入上，另一方面则体现为在政策上对创新企业进行扶持和帮助。和中国的政府支持相比，美国政府不仅在 R&D 方面投入巨大，而且更加注重对小企业的投资和引导。美国小企业众多，也是创新的真正活力所在。

（二）创建了科学的人才培养机制和人才引进政策

美国的教育是全球知名的，这种创新的教育方式吸引了来自全球各地的留学生。美国政府不仅在教育方面的投入是最多的，而且对教育的重视也是其他国家所不及的。在人才引进方面，美国拥有最多的世界一流大学，这是美国吸引全球人才的一个十分有利的条件。美国用高薪来吸引人才，美国的人均收入是世界平均水平的 7 倍，同时也通过不断创新的移民政策吸引外来人才。

---

① 严锦梅，刘戒骄．系统视角下国家创新体系中的政府作用——基于美国和日本的创新实践综述[J]．中国科技论坛，2022 (02)：50－58.

（三）建立了较为完善的创新体制和机制

美国创新体制的一大亮点是其较为宽松的融资渠道。美国的风险资本充足，在硅谷有大批持有风险基金的风险管理人，只要有新颖的并且有市场的创新产品或创新技术，就有可能获得风险投资家的支持。即使最后的创新产品或者是创新企业以失败而告终，美国也有比较完善的风险退出机制。这是对创新人才的保障，也为创新成果进一步走向市场提供了优质的渠道①。

OECD 的报告指出，中国要成为创新方面的世界领导者，必须解决区域差距并促进企业加大投入。2015 年，中国研发投入超过了欧盟，研发投入占国内生产总值的比重持续上升，2017 年底达到 2.13%，超越欧盟国家的平均水平；科技论文总量在 2016 年超越美国，成为世界第一。北京于 2018 年取代硅谷，成为全球人工智能投资活跃度最高的区域。企业研发投入占全社会研发投入比重超过 70%，创新主体的地位日益巩固，涌现了中车、华为、格力、海尔、小米、阿里巴巴、徐工、中集、吉利等一大批国际知名的领军企业。借鉴发达国家创新生态成功做法，中国创新体系建设需要做到以下两点：

一是保持政府对研发投入的增长势头，逐步增加基础研究投入比重。著名的"微笑曲线"将全球价值链分为研发、制造和市场三个主要环节。其中发展中国家和地区一般先切入低成本制造环节，然后向两端持续迈进。2012 年启动的"2011 协同创新中心"，就是推进高校、科研院所、行业企业和地方政府合作的协同创新模式。这种协同创新中心是根据不同需求而开展的协同，主要有面向科学前沿、面向文化传承创新、面向行业产业和面向区域发展四种类型。在组织和运行实践中，高校从事基础研发，企业从事产品化和商品化活动，创新活动分别由高校和企业组织来完成。这必然形成技术创新过程的不连续性，技术创新过程可能出现中断和阻碍。政府鼓励开展校企合作、产教融合，实际上鼓励高校参与企业技术创新，发挥高校知识再造的积极作用。

二是坚持开放创新，更高水平地利用发达国家创新要素。建设新发展格

① 李哲，杨晶，朱丽楠．美国国家创新体系的演化历程、特点及启示［J］．全球科技经济瞭望，2020，35（12）：7－11．

局，我国应继续坚持开放创新的大方向，通过双边谈判降低技术、资本、人才等创新要素国内外流动的制度性壁垒。一方面要坚持“引进来”，为海外技术来华转化提供便利和激励；另一方面要支持“走出去”，支持我国企业到海外收购高技术中小企业和建立研发中心，支持国内风险基金到海外投资高技术创业企业，支持国内科技人员和企业家到海外学习、工作和交流①。在全球创新的时代，国家、产业和企业竞争不再是单一维度的竞争，而是基于创新生态系统的竞合。相应地，国家创新系统建设的思路亟须从开放走向基于自主的整合，借助整合式创新这一符合中国历史和国情的创新理论，构建中国特色的新型国家创新生态系统②。

3.5　旅游产业集聚发展中的政府行为

3.5.1　旅游集聚发展中的政府角色

从政治学角度来看，政府行为是指政府为了实现预期目标，采取各种手段调节经济社会生活的有意识、有目的的活动。1974 年，艾登发表的《旅游业与政府》中首次对发展中国家旅游业的政府行为进行了分析。斯沃特等提出了政府干预旅游的规划和政策模型，借助信息系统模型为旅游部门提供规划预测③。实施政府主导型发展战略是我国旅游业发展的一条重要经验，对我国旅游业产生了深远影响④。1996 年，旅游界出现了“政府主导”一词。吴必虎在《地方旅游开发与管理》中指出，政府主导型的旅游发展战略应该科学地处理政府、市场和企业三者之间的关系⑤。

---

① 田杰棠．美国创新体系出现两大新变化，如何应对？［EB/OL］．［2017－05－11］．新华网．

② 陈劲，尹西明．国家创新系统演化与中国探索［N］．经济参考报，2019－04－01（07）．

③ Swart W W，Var T，Gearing C E．Operations research applications to tourism［J］．Annals of Tourism Research，1978（10/11）：414－428．

④ 张赛赛．全域旅游发展中的政府行为研究——以河南省巩义市为例［D］．杭州：浙江工商大学，2018．

⑤ 吴必虎．地方旅游开发与管理［M］．北京：科学出版社，2000．

由旅游资源大国发展为旅游大国期间，政府的角色定位是开拓者、市场培育者、规制者；在由旅游大国建设为旅游强国的进程中，政府的角色定位是规制者、服务者、市场调控者；在建成旅游强国之后，政府的角色定位为公益人、管制人和守夜人[①]。在旅游集聚开发的过程中，在市场运作非常成熟的大环境下，政府应当是旅游综合开发的引导者、控制者和监管者。政府作为引导者和监管者，需要通过规划、政策、公共工程、区域营销、招商、监管等来推动区域开发。政府行为的产生是政府职能的体现。在旅游产业集群中，政府职能体现为市场的维护者、公共产品的提供者、利益协调者以及经济生产者（见表3－3）。

表3－3　旅游产业集群中的政府行为维度划分

政府职能	政府行为	释义	影响旅游产业集群的主要因素
市场维护者	集群环境维护优化	通过政策法规，维护市场秩序，优化集群环境	旅游政策法规、政府财政投资、政府调控、开发规划
公共产品提供者	提供公共产品	通过基础设施建设、科研机构组织扶持、信息公开、人才培养等提供集群所需公共产品	基础设施建设、人才培养、环境优化
利益协调者	利益协调	通过税收等方式进行集群利益主体的协调	旅游产业集群中各利益相关者的关系
市场生产者	直接生产活动	通过政府投入进行直接经济活动	旅游产业集群中经济主体

3.5.2　旅游集聚发展中的政府职责

旅游产业是一个关联性极强的产业，旅游产业集群的形成关系到很多的旅游核心企业、相关企业和辅助企业。旅游业是天生的开放行业，而发展全域旅游更加要注重构建开放空间，政府应打破地域分割、行政分割，打破各种制约，走全方位开放之路。地方政府应在整合旅游资源方面，发挥主导作用。

（一）以规划方案的把控为前提

旅游产业集聚是通过优化集群环境、诱导企业进入而产生。政府行为并不能

① 王红．我国旅游业发展中的政府角色变迁研究［M］．天津：南开大学出版社，2014.

代替市场行为，政府行为必须在遵循市场规律的基础上实施。在旅游产业集群的形成发展中，政府对集群的整体规划显得尤为重要。近年来，越来越多的成功实例证明，旅游引导的区域综合开发模式，即以旅游休闲为引擎，实现区域产业聚集、区域土地升值与休闲地产开发，最终带动区域综合开发的发展模式，已经成为带动区域经济社会综合升级的有效模式。对于任何旅游综合开发项目，政府对规划方案的把控是前提。按照协同理论，地方政府需要对旅游业进行宏观调控和规划，就必须推动全域旅游规划与城乡总体规划、国民经济和社会发展规划、土地利用总体规划、区域旅游发展规划等之间的相互融合，形成全域旅游在内的各类城乡规划“多规合一”，实现空间全覆盖，建设一盘棋。政府从区域科学与持续发展的角度出发，一是通过规划，对区域生态环境、资源提出明确的保护要求；二是通过规划，对旅游综合开发项目的旅游休闲、特色产业、休闲地产的科学配比、开发强度与协调发展提出战略层面的明确方向。在规划层面确保旅游综合开发项目真正发挥区域引擎的作用，带动区域形象与吸引力提升，有效促进区域泛旅游产业的发展升级，并在保护与优化区域生态及耕地等资源的前提下推进区域城乡融合步伐，最终实现区域经济社会的突破发展。应通过规划来合理安排旅游业态空间，完善相应的基础配套，形成旅游度假区、特色小镇、高等级景区、大型旅游综合体、乡村旅游集聚区五位一体的产业集聚大平台。瑞士被称为“旅游业摇篮”和“世界公园”，瑞士政府展现了系统性的全域旅游发展理念：以旅游业推动城镇化发展，建设了一批特色旅游小镇，使全国城乡几乎变成了一个有机结合的大景区和大度假区。打造长达1000英里的瑞士环游之路，游客沿环游之路游走将深入了解瑞士，全面领略美丽的景色和文化珍宝，在每个区域，都可以享受到当地独特的旅游体验。政府在旅游业发展的每个环节中都非常重视保护环境，旅游发展坚持依靠“山、水、城、乡”完美结合的优势，坚持保护与开发并重，注重人与自然和谐发展。

（二）以相关政策的支持为重点

旅游产业集群依赖于旅游资源，而旅游资源大多具有公共物品的属性。政府在旅游产业集群中，其公共物品提供者的职能更为凸显。旅游产业集群很难形成的一个原因是旅游企业之间缺乏自然的经济联系，企业间竞争多于合作。马歇尔的外部经济理论是解释旅游产业集群能够存在的有效理论。马歇尔认为，规模经济能够带来更多的经济效益，这就促使企业在地理空间进行集聚以获得更多的经济效益。马歇尔在《经济学原理》中对规模经济进行了分类：由于生产的规模扩大，引起两种经济，一种是由工业的一般发展规模所引起的“外部经济”，另一种是由单个组织内部引发的“内部经济”。外部规模经济是指企业以相似的经营特点、目标市场或某一地理空间为联系，通过在某一地理空间进行集聚形成规模。旅游产业集群中的企业多为中小企业，行业壁垒相对较低。在旅游产业集群的发展中，缺乏龙头式的旅游企业进行示范引导，政府也无法通过作用于某一个大型龙头企业来进行市场的调节。政府行为在旅游产业集群中的作用主体是分散的中小企业。政府对旅游项目的相关支持主要包括以下两个方面：其一，从资源整合、土地流转、基础设施建设、税收优惠及专项产业基金扶持等方面给予大力支持；其二，针对项目成立由主管领导挂帅，土地、规划、建设、发改、财政、旅游、交通、农业、林业、水利等相关部门负责人组成的领导小组，协调项目的相关工作。

产业政策是针对市场经济可能出现的市场失灵和错误导向，政府为修正市场机制作用和优化经济发展过程，对产业发展、产业结构和产业组织所采取的各种经济政策的总和。旅游产业政策是国家总体产业政策的一部分。旅游产业是一个涉及食、住、行、游、购、娱等多个行业的产业，与其他产业的关联度较高。由于它依托多个产业的发展，是一个弹性大、季节性很强的产业，这就要求政府结合当地旅游业的具体状况制定出适合当地现实的旅游产业政策。以政府主导为模式，加强旅游公共管理与营销①。瑞士政府按照“政府扶持、协会管理、企业主体、市场化运作”的方式发展全域旅游，积极为旅游业的市场化运营创造有利环境。主管部门只对旅游业进行宏观性管理，协会性事业机构——瑞士联邦旅游局负责对外宣传和促进工作，旅游企业负责具体的旅游业运营以及产品开发。瑞士政府对旅游资源的保护、基础设施的建设、旅游政策和旅游法规的制定不断给予政策与资金的支持。河南栾川县有“洛阳后花园”和“洛阳南大门”之称，形成以“政府主导、部门联动、市场化运作、产业化经营”为内涵的全域旅游发

① 熊元斌. 旅游业、政府主导与公共营销［M］. 武汉：武汉大学出版社，2008.

展“栾川模式”，在全国具有引领作用。栾川县政府以旅游富县为目标，政府部门齐抓旅游，共推全域旅游发展，编制《智慧全域旅游规划设计方案》，实施智慧旅游项目，建设全域旅游大数据中心，全域旅游公共服务平台系统等。

（三）以公共工程建设和公共产品供给为核心

旅游产业具有公共行业的属性，其对大交通、旅游交通的需求，需要政府投资进行支持。在旅游开发项目上，基础设施投入是必不可少的。公共工程的建设不是与开发企业争夺营利性项目，而是通过非营利性公共工程投资，创造企业投资盈利的条件，形成区域旅游综合开发的基础，完善要素配置，突破薄弱环节，达到整体快速发展的效果。在旅游引导的区域综合开发上，政府一项重要的工作就是利用政府财政或城市建设资金，通过城投公司运作，进行公共工程的建设。政府公共工程主要包括基础设施建设工程，标识、信息咨询与游客中心等游客服务系统建设工程，公共景观与环境建设工程等，充分利用互联网、人工智能等现代高科技手段，大力推进智慧旅游服务的运用，实现无线网络全覆盖。

公共产品的非排他性和非竞争性的特性，要求公共产品生产必须有公共支出予以保证，而且经营管理必须由非营利组织承担。政府对当地居民的基础教育、本土文化的传承和保护、环境保护、治安等方面的投资，配以适当社会福利措施，能够为本地旅游经济的持续发展带来很大的利益。

旅游是一种美学体验行为，旅游经济也是一种颜值经济。除了需要打造优质的核心产品，养眼、养心、养颜、养身、养生的美丽环境也不可或缺①。旅游目的地形象是旅游者在整个旅游过程中形成的对旅游目的地的总体印象和评价。目的地的旅游形象塑造离不开政府的主导，政府要对目的地形象进行系统化的塑造，打造颜值环境体系。对旅游产品进行营销时，应该结合旅游产业的特点，通过公共营销模式，对旅游目的地和目的地内的旅游产品进行全面、系统的营销。公共营销是由政府、非营利组织等公共组织主导的，包括企业私人部门及个人等在内的、多方共同参与的、对公共产品或准公共产品进行的市场营

① 张孟蛟．旅游目的地建设，政府如何作为［EB/OL］．［2019－01－26］．光明网．

销活动，其目的在于促进公众对（准）公共产品的形象认同，保证公共利益的实现。旅游目的地建设需要品牌，要精心包装好区域旅游形象，与城市整体品牌形成联动。政府要通过区域发展战略规划或区域营销规划的编制，梳理出区域的核心竞争力，形成凸显区域特色的品牌、形象口号及相关的产业支撑体系。通过创新营销渠道与活动开发，实现区域营销的突破，提升区域的知名度与吸引力。

旅游综合开发项目从建设开始到成熟经营到真正发挥对区域旅游、特色产业、城镇化发展的综合带动作用有一个长期的过程。在这个过程中，政府必须有持续的监管保障。尤其是旅游产业集群步入成长期，资金和专业人才是最大的问题。资金和人才靠市场调节反应的速度太慢，不能满足集群的需要，这就要求集群所在地的政府要建立一个专业人才培养的服务体系，为中小型企业培训专业人才，并通过交流平台，加强企业之间的交流互动。政府还可以通过旅游产业集群、大学、培训机构和科研机构的联合，有针对性地为集群企业培养专业人才，建立常态化的人才培养、技能培训机制和人才激励机制，通过招、引、育等多种途径来实现人才储备和更新。对于建设资金问题，政府应该加强信用担保体系的建设，并鼓励金融企业给集群企业发放贷款，必要的时候可以由政府出面亲自调控，确保集群内的短期融资。鼓励帮助企业通过上市发行股票或发行债券等形式进行社会融资，简化上市等程序，为企业融资开通绿色通道。建立产业基金，通过引进金融资本和财政资金合作来扶持旅游业的发展。

综上所述，政府主要通过直接经济活动、公共产品提供、利益协调、集群环境维护优化等政府行为，参与旅游产业集群发展。政府通过搭建信息共享平台、保证要素充足供给、制定政策等对生态环境、竞争环境进行监督维护，创造良好环境。政府对旅游市场经营行为进行行业监管，构建旅游行业信用体系，拟定旅游市场的经营场所、设施、服务、产品等标准并监督实施，监管旅游市场服务质量并指导服务质量提升，监测旅游经济运行状况，对旅游市场、旅游安全进行综合协调和监督管理（图3－2）①。依据相关法律、法规，规范涉旅企业、景区管

① 石书慧．政府行为对旅游产业集群的影响及效果研究［D］．秦皇岛：燕山大学，2016．

理机构等主体的经营活动，对不合规的投资、开发、经营行为进行有效整治，切实维护旅游者的权益，保障旅游业的健康有序发展。通过建立旅游数据分析平台、涉旅决策支持平台、相关产业引导平台和国际交流合作平台，实现对旅游市场的精准管理和市场发展引导。

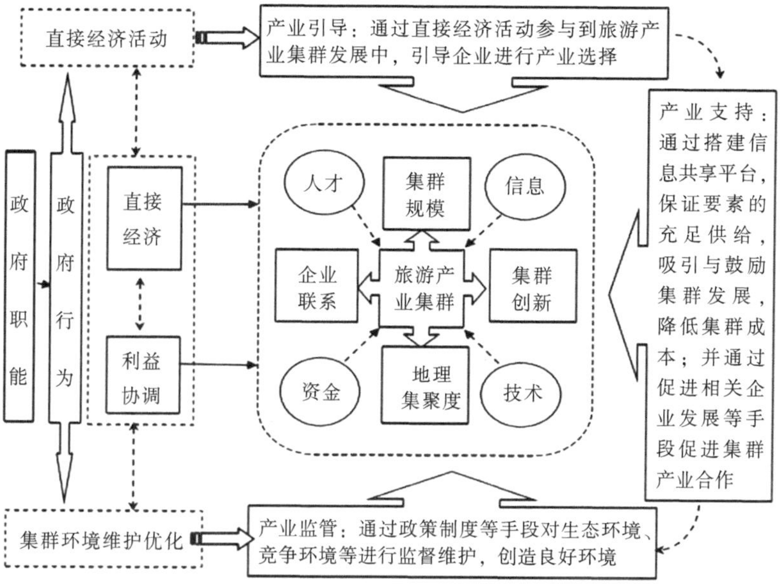

图 3-2　政府行为对旅游产业集群的影响机制

3.5.3　旅游集聚发展中的政府行为避让

（一）避让过于注重短期政绩

地方政府对旅游的发展，受政绩考核体制的影响，表现得较为急躁，政府官员为了追求任期政绩最大化，追求眼前的经济效益和经济发展速度，通过各种招商会、洽谈会等形式引资，招商项目贪大求快。部分地方政府以发展旅游业为噱头，建设各种小镇、文化产业园、景区提质升级项目等，造成旅游资源的严重浪费；注重局部利益和短期利益，市场效率低，更为区域旅游产业协同发展制造了壁垒。

（二）避让权力制约和监督机制不够

美国经济学家布坎南在公共选择理论论述中，假设政府和市场经济主体一样，政府在决策行为中也会追求自身利益最大化，追求权力的最大化，过度地干预经济，损害到相关旅游经营者的利益。除此之外，监督监管部门在执行监督的过程中普遍流于形式，加之政府工作人员因人员素质、责任感、使命感、部门重视程度不同和身兼数职等因素的影响，在旅游监管中，不可避免地存在“寻租”行为，不利于规范市场。完善旅游市场监管体系。首先解决谁来管的问题。强化旅游行政部门统筹协调、牵头抓总的职能作用。例如：如何规范招商准入的企业的行为？如何确保当地居民的利益不受侵害，确保环境不受损害？如何规范、履行相关合同？政府要制定旅游突发事件应急处理机制，加大高科技手段的运用，防患于未然。要加大旅游文明诚信经营的日常教育，把好口碑建设落实到旅游产业各个环节和各个领域。面对当下旅游发展中存在的难点，强化游客投诉无小事的服务理念。如何解决旅游景区黑车问题？如何让旅游产业的发展成为一项幸福工程，为人民群众带来更多的福祉？政府应该精准发力、有效作为，运用法律、行政、经济等综合手段，创造一个文明有序的旅游环境。

政府主导型旅游发展战略，是国外旅游业成功经验的借鉴，也是中国国情的现实选择。旅游业是国民经济幸福产业之一，是人民日益增长的美好生活的重要组成部分。旅游业是典型的跨界产业，需要调动各种资源和要素的配置利用。尤其是旅游目的地建设，需要构建全产业链，必须依靠各级政府的行政手段进行资源的有效配置。旅游业通过集聚化实现规模化，这也是政府抓旅游业发展的重中之重。作为旅游公共产品的生产者，政府理所当然承担着区域旅游公共营销主体的角色，各级政府领导要为旅游代言，旅游部门要搭建旅游市场营销的各种平台和渠道。要建立线上线下推广的渠道机制、内外联动的常态化活动机制、长线和短线结合的市场开拓机制、政府专项投入和企业联合的经费保障机制。政府更为重要的是旅游产业的管理者，要加强政策引导，通过制定、实施旅游产业政策，不断扩大产业规模，推进产业结构的均衡发展，促进产业结构的升级。

第4章　协同创新中的企业行为模式

当前，我国社会主要矛盾已经转化为人民日益增长的美好生活需要和不平衡不充分的发展之间的矛盾，这对科技创新提出了新的更高的要求。提升企业技术创新能力是我国经济社会实现高质量发展、全面建设社会主义现代化国家的必然要求。大力提升企业自主创新能力，尽快突破关键核心技术，是关系我国发展全局的重大问题。

以企业为主体的创新系统是国家创新系统的主要特征。企业是经济活动的主体，技术创新本质上是一个经济过程。企业创新主体地位能否确立，主导作用能否发挥，很大程度上决定了创新驱动战略的成败。国家“十四五”规划提出：强化企业创新主体地位，促进各类创新要素向企业集聚；发挥企业家在技术创新中的重要作用，鼓励企业加大研发投入，对企业投入基础研究实行税收优惠；发挥大企业引领支撑作用，支持创新型中小微企业成长为创新重要发源地，加强共性技术平台建设，推动产业链上中下游、大中小企业融通创新；支持企业牵头组建创新联合体，承担国家重大科技项目。

4.1　发挥企业家在技术创新中的重要作用

4.1.1　企业家的特质与企业家精神

现代意义上的企业家概念，是由法国人理查德·坎蒂隆在其著作《商业概论》中提出的，认为企业家是从事不确定性市场交换的生产者或组织者，追求的是经营风险收益。法国经济学家萨伊在18世纪30年代用经济学思维概述企业家的内涵，认为企业家是使得经济资源的生产效率由低领域转化到高领域的冒险者。古典经济学家阿尔弗雷德·马歇尔在《经济学原理》中系统论述了企业家作为生产要素的作用，即企业家是消除市场交换不均衡性的特殊力量①。显然，经济学家赋予企业家提高生产产出的特定职责。约瑟夫·熊彼特首次系统阐释企业家的创新性。他在《经济发展理论》中指出，企业家是能够实现生产要素的重新组合的创新者②。企业家创造性地破坏市场均衡状态，获取超额利润。实现市场均衡的突破，就是从市场交换中不断拥抱不确定性，在不确定和变化中寻求产业技术或者组织方式的自我革新，其本质就是创新。企业家在经营企业中提供产品（服务）、创造就业机会、满足社会期望价值③。企业家是高质量发展的关键主体。充分发挥企业家的积极性，有利于实现社会资源的有效配置，提高企业的全要素生产率，进而带动我国经济质量和效率提升。要强化创新企业培育，把发展培育壮大创新型企业放在更加突出的位置，打造数量多、质量优、潜力大、成长快的创新型企业集群；加大对“专精特新”中小企业的支持力度，鼓励中小企业参与产业关键共性技术研究开发，持续提升企业创新能力。

实践创新应该是企业家最基本的特质。创新是企业家精神的根本灵魂和实质特征。从产品创新到技术创新、市场创新、组织形式创新等的“创造性破坏”，凸显了企业家活动的典型现象。做别人没做过的事，或是以别人没用过的方式做事，这是熊彼特定义的企业家精神。如果创新成为企业家一个基本的工作形态，那么企业的工作品质就是执着而不固执。他们很清楚自己的状态，欣赏自己的长处，也不回避自己的短板，一方面开放学习，一方面坚守自己的价值追求。“去冲，去拼，去赶，去闯，去试，不要怕犯错误”，这是新希望集团董事长刘永好

① 阿尔弗雷德·马歇尔．经济学原理［M］．北京：商务印书馆，1987．

② 约瑟夫·熊彼特．经济发展理论［M］．何畏，易家详，张军扩，等译．北京：商务印书馆，1990．

③ 陈春花．中国企业创新与企业家精神［J］．企业管理，2019（6）：22－25．

对企业家素质的评价标准。王石说，企业家最擅长的领域，就是远见、规划、管理、组织、协调、说服、动员、妥协。企业家创新就是认识到现有模式的问题，重新组织要素，并成功为社会创造价值。上述观点包含市场实践和管理实践。市场实践是把创意转化为产品，经历市场的认可检验，绩效是最直接的结果，也是短时间内容易看到的结果。管理实践则是价值链中支持性、间接性的工作。德鲁克认为企业家创新是有目标的实践性创新，总是围绕企业愿景有目的地寻找创新来源，始终关注那些预示成功创新机会的变化和征兆，寻找创新机遇。管理企业、管理管理者、管理员工和工作是管理实践创新不可分割的三个部分[①]。为此，企业家总是把想法付诸实践，企业家对每一个部分，都是找影响最小、涉及面窄、最有绩效的角度来进行思考。其中，管理员工和工作是最难点，要求员工要主动积极，以企业的目标为努力的方向，同时要求员工要自愿接受改变。如何成功地将创新产品推入市场，是企业家思考企业战略的核心。企业家做创新发展的探索者、组织者、引领者，就要勇于推动生产组织创新、技术创新、市场创新，重视技术研发和人力资本投入，有效调动员工的创造力，努力把企业打造成为强大的创新主体。

冒险精神应该是企业家最核心的特质。企业家不断承担不确定性的关键力量是意志和品质的特殊性，即企业家精神。冒险是企业家的天性。理查德·坎蒂隆和奈特将企业家精神与风险或不确定联系在一起。企业家精神是企业家特殊技能（包括精神和技巧）的集合，或者说企业家精神是企业家组织建立和经营管理企业的综合才能的表达方式，它是一种重要而特殊的生产要素。熊彼特指出了企业家对创新，乃至于对资本主义社会发展的重要作用，企业家自身所具有的敢于创新、不断突破的精神和对自我价值的追求等构成了企业家创新的根本动力。习近平总书记强调，改革开放以来，一大批有胆识、勇创新的企业家茁壮成长，形成了具有鲜明时代特征、民族特色、世界水准的中国企业家队伍。从中国改革开放过程中产生的企业家来分析，中国最早的创业者都具有强大的冒险精神、学习能力以及创新能力。如任正非之于华为、张瑞敏之于海尔、曹德旺之于福耀、李东

① 彼得·德鲁克. 管理的实践［M］. 齐若兰，译. 北京：机械工业出版社，2006.

生之于 TCL、刘永好之于新希望等，他们用一生的艰辛、际遇和智慧创造出这些企业的辉煌。企业家与普通员工的最大区别就是企业家要具备承担一切问题和责任的勇气、信心及能力。企业家把永不休止地处理问题作为自己的职业，正是如此职业特质，任何一所大学都无法从课堂教学中传授这种知识或理论。理性对待现象，科学分析现象，在失败中总结发现问题的产生因素，在成功中提炼形成良好效果的因素，这些思维习惯和基本素养是可以在学习过程中逐渐培养的，但更多适应市场变化的职业能力和素质，还是要脚踏实地去实践，在市场风雨历练中去养成。对于企业家而言，由于有限理性，不可能完全规避风险，任何决策都带有不可预知性，可能会诱发损失，但企业家通过发挥冒险精神使企业成长。在科学决策、理性分析的基础上拥有适度的冒险精神，有助于企业抓住难得的市场机遇，促进企业快速成长。企业的出现和成长不仅会通过满足市场需求而直接增加市场的规模，同时还能通过诱发新需求来促进新企业的出现，从而进一步扩大市场的规模。因此，企业在本质上是市场的微观化，企业的成长在本质上是市场的成长微观化。各类企业通过对各种生产要素的优化配置，能够促进整个社会资源配置的优化，进而实现国家经济增长。

企业家精神是企业成长制度体系中不可或缺的重要因素。企业家精神所包含的内在品质多数是在企业家创业打拼过程中形成的、强化的，与环境高度相关。合作是企业家精神的精华，正如艾伯特·赫希曼所言：企业家在重大决策中实行集体行为而非个人行为。尽管伟大的企业家表面上常常是一个人，但真正的企业家其实是擅长合作的，而且这种合作精神需要扩展到企业的每个员工。产业集群是以关系网络，尤其是企业家个人的关系网络为基础的地区性企业群。产业集群的产生与持续创新需要良好的相互依存的企业网络（企业之间结成长期、稳定、互惠的合作关系）①。市场中永远存在不易发现的机会，企业家靠敏锐度使企业成长。敬业精神则体现了一个企业家的职业道德。敬业也是企业家精神的动力。马克斯·韦伯在《新教伦理与资本主义精神》中写道，这种需要人们不停地工作的事业，成为他们生活中不可或缺的组成部分。学习、执着和诚信也是企业家

① 彼得·斯旺. 创新经济学［M］. 韦倩，译. 上海：格致出版社，2013.

精神不可或缺的要素。要发挥企业家在技术创新中的重要作用，培养富有创新精神、冒险精神、科学头脑和国际化视野的优秀企业家队伍，带领企业在世界经济的大海中游泳，鼓励和引导企业家开展基础性前沿性创新研究，重视颠覆性和变革性技术创新，加快科技成果从实验室走向市场，形成鼓励创新、宽容失败的激励机制，激发企业家创新活力，降低企业家创新活动风险。硅谷的企业家们勇于创新和冒险、崇尚开拓进取以及敢于承受失败的精神支撑着硅谷地区企业的推陈出新①。市场主体是经济的力量载体，政府保市场主体就是保社会生产力。要千方百计把市场主体保护好，激发市场主体活力，弘扬企业家精神，推动企业发挥更大作用，实现更大发展，为经济发展积蓄基本力量②。

企业家精神是一系列素质特征的集合体，绝大多数人都或多或少地具备企业家精神的某个或某几个方面的特征，并在企业家精神特征的强弱程度上存在差异。全面具备企业家精神素质特征的企业家是少数，是“关键少数”和特殊人才。欧洲创新环境研究组（UREMI）在研究企业家精神的时候，提出了创新环境的概念，认为企业家精神与人力资本、教育体系、地方经营文化等创新环境密切相关，研究企业家精神应该将其置于特定的创新环境中进行系统研究。在全国“万众创新，大众创业”的大环境下，政府继续推动发展各省、各地区的创新、创业小环境，要引导尊重企业家的社会价值取向，在全国范围内营造有利于培育企业家精神，尤其是创新精神的社会价值取向，在社会上树立一些创业、创新成功的企业家榜样。要为企业家创造一个稳定的政策制度环境，政策的前后一贯性可以促使企业家在企业发展方向和抉择上更加趋向理性并积极进取，有利于企业家精神的培育和企业创新措施的实施③。培养企业家创新精神，法治环境是保障，营造公平竞争、诚信经营的市场环境是根本。要使优秀企业家能够获得更高的薪酬以及各种荣誉，从而激励企业家在经营过程中更加爱惜自己的声誉，成为社会正能量的典范。要建立政府重大经济决策主动向企业家问计问需的程序性规

① 胡曙虹，黄丽，杜德斌．全球科技创新中心建构的实践——基于三螺旋和创新生态系统视角的分析：以硅谷为例［J］．上海经济研究，2016（03）：21－28.

② 习近平．在企业家座谈会上的讲话［EB/OL］．［2020－07－21］．新华网.

③ 王一鸣，陈虎．企业家精神与我国企业创新主体建设研究［J］．科学管理研究，2020，38（1）：101－105.

范，政府部门应听取企业家或企业家代表的意见建议，这是企业家应该承担的改善经营环境的责任。培育企业家精神要尊重客观规律，要构建容错帮扶机制，推动形成崇尚干事、鼓励开拓、保护创新的环境。

4.1.2 提升企业技术创新能力的基本要求

习近平总书记强调，创新发展注重的是解决发展动力问题。创新要实，就是要推动全面创新，更多地靠产业化的创新来培育和形成新的增长点。创新不是发表论文、申请到专利就大功告成了，创新必须落实到创造新的增长点上，把创新成果变成实实在在的产业活动①。只有大力推动企业技术创新，加快关键核心技术攻关，提升产业链供应链现代化水平，才能下好先手棋、打好主动仗，把竞争和发展的主动权牢牢掌握在自己手中②。

（一）强化企业创新主体地位，促进各类创新要素向企业集聚

按照创新发展规律、科技管理规律、市场经济规律，加大企业在创新资源配置中的主导权，加强创新资源统筹工作。人才（talent）、技术（technology）和包容性（tolerance）是催生创新、促进区域创新发展的关键要素。解决好创新要素向企业集聚的信用和利益问题，建立产学研长期合作的信用和约束机制，坚定各方合作信心和投入决心。把知识产权作为解决利益分配机制问题的中心环节。引导建立产学研深度融合的利益分配机制和风险控制机制，充分考虑创新联合体各方的贡献，有效应对成果转化风险、创新失败风险等，有效减少企业创新主体的损失。创新驱动的本质是人才问题，科技已经从过去主要在大学和科研院所的小众范围，逐步扩展到与大众经济相结合。打造市场化、法治化、国际化营商环境，让有创新意愿、有创新能力和取得创新成果的人，得到社会更多的尊重，包括在物质和精神层面上得到社会的认可。加强知识产权保护，激发人的创新活力，培养造就具有国际水平的战略科技人才、科技领军人才、青年科技人才和高水平创新团队。

---

① 中共中央文献研究室. 习近平关于科技创新论述摘编［M］. 北京：中央文献出版社，2016.

② 本刊编辑部. 提升企业技术创新能力［J］. 中国人才，2021（04）：8.

（二）强化企业创新主体地位，促进创新体系协同高效

产学研深度融合是强化和突出企业的创新主体地位的关键路径。推进产学研深度融合，培育产学研结合、上中下游衔接、大中小企业协同的良好创新格局，解决好“由谁来创新”“动力在哪里”“成果如何用”等问题，建立高效协同的创新体系。促进创新主体充满活力、创新链条有机衔接、创新效率大幅提高。要让企业既扮演科研项目的“出题人”，又能成为合作项目的管理者，负责决定研究方向和参与成员，有效组织开展创新活动。大型企业的技术创新具有显著的知识外溢和带动效应，尤其是借助重大科研项目或工程，组织吸纳产业链上下游企业、高校、科研机构等参与，带动产业链相关企业联合开展工程科技攻关。企业可以与大学、科研机构建立多种形式的合作关系，构建产学研协作新模式。比如，支持行业骨干企业牵头组建创新联合体，与大学及科研机构建立产业联盟、联合实验室/研发中心、联合技术中心，打造统一开放、竞争有序的产学研协同创新网络。有条件的企业可以与高校、科研机构共同开展前沿性创新研究。优化和完善社会支持体系，特别是针对涉及国家安全、国民经济命脉的重要产业，吸引多元投资，鼓励加大研发投入。制定普惠性税收减免政策，推动企业研发费用税前加计扣除、合理扩大加计扣除范围、改进计核方法等优惠政策落地。

（三）发挥大企业引领支撑作用，支持中小微科技企业成长为创新重要发源地

大企业积极开放供应链资源，支持各类市场主体融通创新。大中小企业采取研发众包、“互联网 + 平台”、大企业内部创业和构建企业生态圈等模式，研发“专精特新”产品。通过大中小企业协同联动，形成良好的产业链互动机制，促进上中下游协作的大中小企业之间业务协作、资源共享和系统集成。鼓励大企业积极探索、加快发展供应链金融模式，广泛聚合企业内外资金与信用资源，在行业内建立高效授信、融资便利的大中小微企业协同创新发展格局。金融机构应为产业链上下游配套的中小微企业拓宽信贷业务，鼓励行业协会为中小微企业提供产品认证、培训等服务。

4.2 企业人力资源管理的创新行为模式

创新本身就是极具风险的行为，每一次的创新行为都带着极大的不确定性。创新最重要的要素是人，能够留住人才，并且使员工在公司能够最大限度地发挥自己的禀赋是企业成功的关键。管理创新是企业创新体系中一个子系统工程，从产品设计开发到上线生产、从市场开拓到售后服务、从卓越的管理人员到高素质的普通员工、从企业追求目标实现到个体理想成真，这个过程最重要的是尊重员工的个性发展。人力资本是一个组织无形的经济财富，是组织创新的源动力，是企业取得长远性和总体性成功的必备要素，对企业的生存和发展有着不可或缺的影响力，也是企业成为创新主体必不可少的一环。

人力资本是体现在人身上的技能和生产知识的存量。斯密把工人的技能增强视为经济进步和经济福利增长的重要源泉。马歇尔认为，知识是我们最强有力的生产动力，强调把知识分成公众和私人财产是非常重要的。在某些方面，对知识的这种划分，比对物质的东西进行这样的划分更为重要。瓦尔拉斯在《纯粹经济学要义》的第四版序言中提到“个人的能力”，在一般均衡理论体系中特别突出了“企业家”的角色和职能，瓦尔拉斯把人力资本等同于人本身，在数量上等同于“人口的数目”，而且把它看作是一种无须人工所产生的“自然”资本。萨伊突出探讨了专业技术人员的专业化人力资本和经营管理者（企业家）的创新性人力资本的基本问题。

西奥多·舒尔茨和加里·贝克尔，因为对人力资本理论的开拓性研究而分别获得 1979 年和 1992 年的诺贝尔经济学奖。

舒尔茨在《人力资本投资》中首次区分了物质资本和人力资本，指出同质资本的简单化假设对资本理论是一个灾难，并把增长余值归功于人力资本投资：通过对人力资本投资，人口的质量能够得到不断改进，并由此提高劳动的生产率。舒尔茨在《穷人的经济学》中强调，改进穷人的福利的关键因素不是空间、能源和耕地，而是提高人口质量，提高知识水平。他突出了人力资本在经济发展中的决定性作用。1968 年，舒尔茨在《制度和不断增长的人的经济价值》中，扩展了他对人力资本所做过的纯经济分析，把人力资本积累、人的经济价值上升与制度联系起来，明确指出：人的经济价值的增长对于政治和法律制度提出了新的要求，而在这种适应新要求的过程中存在的制度滞后现象，会导致一系列重大的社会问题。舒尔茨强调，经济增长应该源自专业化、劳动分工和递增收益，尤其强调专业化的人力资本是递增收益的一个重要源泉①。

贝克尔是人力资本理论基本构架的建造者。贝克尔把人力资本观点发展为以人力资本收入函数确定劳动收入分配关系的一般理论。贝克尔认为："唯一决定人力资本投资量的最重要因素可能是这种投资的有利性或收益率。"因此，人们是否进行正规和在职培训方面的人力资本投资，是由这些投资的边际收益与边际成本的均衡点决定的，换句话说，只有教育培训的预期收益的现值至少等于其支出的现值时，人们才愿意接受教育培训。贝克尔把人力资本理论从教育经济学领域拓广到人口和家庭经济学领域，把家庭视为人类自身的一个生产单位，把孩子视作耐用消费品，认为父母养育孩子、对孩子进行人力资本投资也是经过成本－效用分析的。从人力资本论出发，贝克尔提出了有关孩子数量、质量及其相互关系的理论解析，认为随着家庭收入水平的提高，在孩子身上增加人力资本投资，或在自己身上增加人力资本投资，其收益率会较高，以此可解释现代西方社会妇女生育率降低、家庭小型化的经济原因。穆勒也论述了家庭、教育和医疗卫生在人力资本生产中的地位和作用。19 世纪 40 年代，德国经济学家弗里德里希·李斯特首次提出了"物质资本"与"精神资本"概念，强调教育、科技对于经济发展的促进作用，并通过两个家长、两种投资的模型将这一思想形象地表述出来。李斯特在"精神资本"概念下强调了人力资本的精神存量及教育对国家生产力的决定作用。

人力资源管理系统作为改善创新绩效的操作系统，能够对企业工艺、组织以及市场等方面的创新产生促进作用。无论企业选择哪一种类型的创新活动，都需要尽可能保持与其他企业的紧密联系，从而增加信息资源。另一方面，重视企业内部成员的交流活动，加强企业与合作伙伴之间的联系，能为企业带来大量发现

① 西奥多·舒尔茨．对人进行投资［M］．吴珠华，译．北京：商务印书馆，2020.

知识、共享知识的机会，增加产生创新活动的机会。因此，人力资源管理部门不仅是人才管理中心，也是内部客户的体验中心、创新发展元素资源配置中心①。

“互联网 +”理念在企业业务战略与人力资源领域不断渗透和深化，人力资源在企业中的地位与影响越来越受到人们的普遍关注。人力资源业务伙伴（HRBP）模式管理流程再造以提升企业内部客户体验为核心，将企业内部客户的体验摆在人力资源管理的关键位置。人力资源管理转型成为企业生存与发展的核心议题。国内很多著名企业如华为、阿里巴巴、腾讯等尝试将传统性人力资源管理改造成 HRBP 模式。HRBP 模式普遍被认为是人力资源职能转型的目的地之一。

4.2.1 HRBP 模式的内容界定

HRCOE（人力资源领域专家中心）、HRSSC（人力资源共享服务中心）和 HRBP（人力资源业务伙伴）三大支柱，组成现代人力资源管理的新模式②。如图 4 – 1 所示。

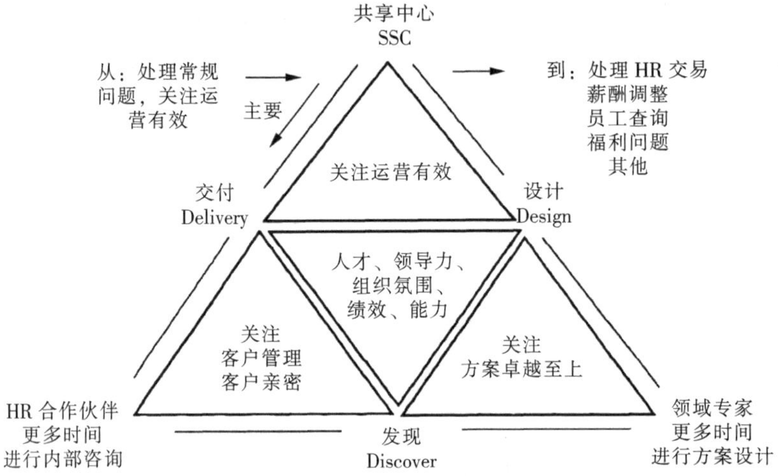

图 4–1　IBM 人力资源三支柱模型

① 刘晓宇. 价值创造视角下的 HRBP 实施探究［J］. 经济管理文摘，2020（06）：87 – 89.

② 陈洪权，陈舒文. 人力资源部被“炸掉”之后——基于 HRBP 战略本土化转型思考［J］. 中国人力资源开发，2015（20）：27 – 31

HRBP 模式是将人力资源政策落实到业务部门，向其提供人力资源管理服务，快速识别和响应业务部门的诉求，通过人力资源管理工具的运用，改善业务部门工作绩效，对员工实施有效激励。从人力资源共享视角来看，HRBP 模式与目前流行的互联网思维相契合，因而成为企业管理创新竞相转型的人力资源管理新模式。尤里奇（1996）提出人力资源管理的四角色模型，阐述了人力资源部门不仅仅是服务支持部门，还应该是企业的战略伙伴、职能专家、员工支持者和变革推动者（图 4 –2）。

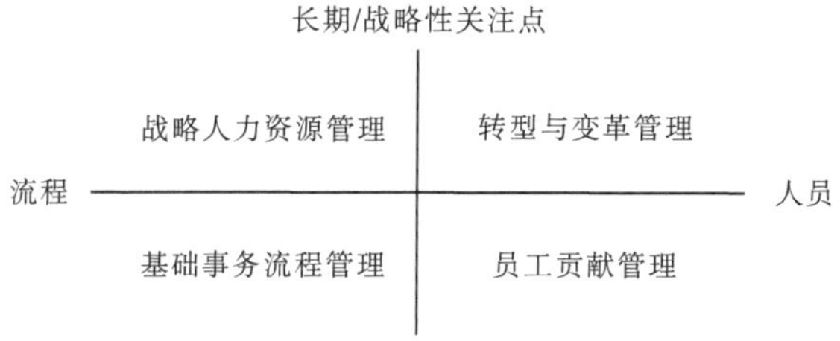

图 4–2　人力资源管理四角色模型

根据迈克尔·波特（1985）提出的价值链分析法，将增加企业价值的活动分为基本活动和支持性活动。基本活动主要包括企业的进货物流、生产、送货物流、市场营销、售后服务等；支持性活动主要包括人力资源、财务、研究与开发、采购等。而 HRBP 融入生产销售过程中的各环节，融入企业利润中心，对成本承担责任，又对收入和利润承担责任。戴维·尤里奇通过《人力资源最佳实务》重新界定人力资源部门的职能，指出人力资源部门不再把重点放在招聘、培训、考勤管理、绩效管理、薪酬核算、劳动关系管理等传统工作上，而是把重点聚焦在业务战略目标实现的资源支持、问题解决上，并以终为始地开展工作。尤里奇[①]人力资源职能重构分“why – what – how – who”四阶段。第一个“why”阶段，主要从一般商业情境和特殊利益群体的利益需求开始，思考企业为什么要转型，以此确立人力资源战略重构框架。第二个“what”阶段，确定人力资源战略重构的结果，即应该实现的阶段性结果是什么。第三个“how”阶段，重构人力

① 戴维·尤里奇. 人力资源转型：为组织创造价值和达成成果［M］. 李祖滨，孙晓平，译. 北京：电子工业出版社，2015.

资源部门和工作方式。第四个“who”阶段，定义参与人力资源转型的角色，建立转型的长效机制。基于企业内部“有机生态圈”的建构，人力资源管理从金字塔式、命令式的协同方式到自动交互协同，流程化、团队化会变得更重要。围绕客户的价值创造来形成不同的团队，打破原有部门界限和岗位职责界限，企业管理也相应地转变为流程管理和团队管理。人力资源管理将不断碰触和影响企业战略，成为企业战略伙伴和变革推动者。人力资源管理更加密切关注员工的需求和目标，尤其关注员工的需求，成为员工支持者。人力资源管理寻求更有效地支撑企业主要业务活动的方式，扮演业务部门的合作伙伴。

HRBP 实际上就是企业派驻到各个业务或事业部的人力资源管理者，主要协助各业务单元高层及经理在员工发展、人才发掘、能力培养等方面的工作。其主要工作内容是负责公司的人力资源管理政策体系、制度规范在各业务单元的推行落实，协助业务单元完善人力资源管理工作，并帮助培养和发展业务单元各级干部的人力资源管理能力。要做好 HRBP，需要切实针对业务部门的特殊战略要求，提供独特的解决方案，将人力资源和其自身的价值真正内嵌到各业务单元的价值模块中，这样才能真正发挥和实现 HRBP 的重要作用。

图 4-3　HRBP 管理者能力要求

2016 年 HRGO 对人力资源群体的调研显示，已有超过 25% 的企业正在实践 HRBP，55% 的 HR 正准备或正学习 HRBP，15% 的 HR 还不知道 HRBP 到底是什么，只有 5% 的 HR 觉得 HRBP 现在还不适合目前所服务的企业。对 25% 正在实践的 HR 进行调研，发现仅有 2% 的 HR 认为目前企业的 HRBP 体系实践已达到了预期的目标，其余 98% 正处于探索阶段。根据和致众成顾问团队对近 600 家企业的首席高管、业务领导者和资深人力资源专家进行调研的数据与观点来看，越来越多的企业选择推进人力资源共享服务模式转型，转型对于促进人力资源支撑战略和业务产生了积极的效果。同时，转型只是手段，HRBP 对业务的支撑才是目的。转型的企业越来越多，但在 HRBP 的体系建设方面仍然比较初级，实现战略伙伴的目标仍然任重道远①。实践工作中，随着新生代员工日益成为人力资源主体，传统的薪酬激励方式难以满足员工的期望要求，难以激发员工的内在潜能及价值创造能量。将员工激励体系由周期激励变为全面认可激励，是解决这些问题的有效途径。全面认可激励是指全面承认员工对组织的价值贡献及工作努力，及时对员工的努力与贡献给予特别关注、认可或奖赏，从而激励员工开发潜能、创造高绩效。在企业价值的创造要素中，人力资本是价值创造的主导要素。一方面，人才资源要素是最活跃、最具价值创造潜能的要素，处于优先的位置；另一方面，人才资本与货币资本具有同等的公司治理、资源调配和剩余价值分配的话语权。为实现人力资本与货币资本共治、共享、共赢，企业人力资源就要融入利润创造过程，深入价值创造过程之中。尤其是对企业技术创新的关键部门、岗位和人员的需求，要能够及时发现，给予积极反馈。人力资源部门在企业战略执行的过程中，要确认目前的组织架构及运作模式是否能保障战略目标的达成。如果组织运作模式无法保证业务的高效运作，人力资源部门需要运用不同的工具和方法来调整现有组织架构，以保证各个相关业务部门的职责界面相对清晰，业务流程高效，避免出现因组织架构不匹配造成中层部门及人员间的沟通障碍，因权责界面不清晰而导致业务流程紊乱、效率低下，出现战略目标无法达成的情况。

HRBP 作为人力资源业务合作伙伴，其直接作用于人力资本，以提升人力资本在企业生产中的贡献为目标。人力资源管理长期按六大职能模块运作，即人力资源规划、招聘与配置、培训与开发、绩效管理、薪酬福利管理、劳动关系管理。这种模式与业务板块的需求存在服务滞后或者不匹配问题。HRBP 协助业务单元部门，为业务管理者提供组织及人才诊断报告，并提供人才发展的解决方案，推动人力资源规划进程并保证业务团队实现其目标。HRBP 为业务管理者提

① 和致众成顾问团队．业务驱动下的中国企业 HRBP 实践［J］．清华管理评论，2020（10）：70－76.

供有效的人员甄选、关键人才培养指导、绩效沟通及员工关系纠纷处理等的指导和支持，并传播公司企业文化，协助业务管理者更有效地进行团队管理。HRBP通过与员工建立信任、搭建良好的沟通机制来执行员工支持者角色。通过倾听员工声音，甄别员工对人力资源的需求，归纳整理成人力资源行动计划，包括员工培训、职业发展规划等。HRBP通过与员工沟通，解除员工对公司人力资源政策的疑惑，疏解压力，并传递公司文化和价值观。在新型的HRBP模式下，人力资源服务部门为了能够更贴近内部客户，清楚地了解内部客户的需求，将人力资源部门有经验、专业性强的人员派驻到各业务部门，让人力资源管理人员能够与业务部门进行更好的工作交流，在业务部门出现人力资源问题时，人力资源服务部门可以用最快的速度加以解决，从而提升业务部门的工作效率，使企业的工作效益得到改善①。

4.2.2 HRBP进阶需要具体的现实场景

初级进阶现实反馈：不会业务问题沟通。HRBP从传统HR转型而来，更多的思维方式基于传统六支柱板块，其他业务单元还要做哪些事情并不清晰。工作过程大多只能解决业务提出的问题，而不能做到主动挖掘问题。沟通的深度和宽度不够，局限于管理者或者业务的直接合作伙伴，出了问题后再找人沟通。当接收到疑问时，开始和业务伙伴讨论如何解决这些问题，并习惯套公式。很多人错把日常频繁和琐碎的语言交流，当作业务沟通。唯有目标明确，带着问题去、带着答案回的沟通，才是真正的业务沟通。成功的HRBP很大一部分取决于能设身处地地分析业务的困惑和需求，同整个团队进行从上到下的反复沟通，并促成问题的真正解决。

中级进阶现实反馈：了解了业务合作伙伴。不了解业务合作伙伴的行为风格，配合起来就没有切入口。HRBP了解业务单元对于人力资源工作的期望，需要思考三个问题：业务最大的挑战是什么？你认为的人力资源角度最需要解决的问题是什么？业务部门希望我做什么？对工作主次进行排序，重要与否的判断基

① 薛维娜. HRBP：面向企业内部客户新模式［J］. 合作经济与科技，2015（17）：89－91.

础是业务的需求和产生结果的效用。每个人的能力和时间都是有限的，我们需要关注如何在有限的时间使效用发挥最大化，因此，我们要做正确的事情、被需要的事情、无法被替代的事情、效用更高的事情，了解业务伙伴，补己之短，并根据业务的需求和效用，安排工作。

高级进阶现实反馈：懂业务也要懂专业。对业务有了一定的理解，但人力资源本身深度不够，缺乏有效的解决手段；人力资源本身有专业深度，但不关注业务本身，因此，做出来的东西并不能让业务满意。短期：如果有大的变革，变革的领导力培训不可或缺；或者是为了降低年初离职率，进行年底的强化性培训，提高组织满意度。中期：可能是核心职能的打造，以提高企业的市场竞争力。涉及业务的梳理、需求分析、课程设计等。长期：如果是扩张，可能就要考虑加强管理者培训，为扩张储备梯队。只有对业务与人力资源管理进行衔接，才能做有高度、有深度、有温度的 HRBP。HRBP 应具备的素质和能力，包括商业服务意识（客户需求导向、需求管理、资源整合能力）、人力资源专业性（团队融入能力、人力资源专业知识和技能、行业业务知识）、人际沟通能力（亲和力、人际理解力、与人连接的能力）及业务敏感度（业务洞察力、业务前瞻性）等。

表 4-1　HRBP 的角色分类

1	战略伙伴：推动企业战略的执行
2	HR 解决方案集成者：形成业务导向的解决方案
3	HR 流程运作者：推行 HR 流程与决策
4	关系管理者：有效管理员工关系
5	变革推动者：企业改革的人事保障
6	价值维护者：维护企业核心价值观传承

从传统 HR 转变为 HRBP，关键是掌握好角色分类（表 4-1）。目前，HRBP 本土化有两种操作模式：一种称之为 HR 事业部型，即 HRBP 不隶属于 HR 部门而是归所在业务单元管辖，HR 部门只负责对 HRBP 进行专业方面的指导，不直接对考核关系负责。另一种则是 HR 代表型，即 HRBP 是由 HR 部门派驻到各业务单元的，其考核关系隶属于 HR 部门，HRBP 在业务上帮助业务经理进行相应的 HR 工作，但是其考核关系、晋升/调动关系、领导关系等则由 HR 部门统一管

理。这两种模式各有优劣：在事业部型模式下，HRBP 跟业务单元的联系更为紧密，更能深入理解业务单元的需求，但由于缺乏 HR 部门的有力支持，HRBP 很容易成为业务部门的一名专职 HR，因为除了战略管理和专业服务的职能外，一般事务性的工作也需要 HRBP 来操作。而在 HR 代表型模式下，HRBP 归属于人力资源部，在审视业务单元的问题时视角会更为独立，且与人力资源部联系紧密，更容易获得对应的 HR 支持。正是因为这样，HRBP 可能在融入业务部门上会存在一定困难，HRBP 可能会被业务部门认为是集团人力资源部派驻到本部门进行监视管理的人员而遭到排斥，无法正常地开展工作。事业部型模式和 HR 代表型模式都因企业具体情况而定，回归到 HRBP 的核心理念，即更贴近业务以及强调端对端。即便如此，事务性工作依然占据 HR 大量时间和精力（图4－4）。HR 作为战略伙伴的投入时间存在较大差别，跟随转型企业的 HR 只有 9%，业务发展促使转型的 HR 投入时间达到了 21%。未来还需要通过 HR 转型以及 HRBP 角色的深化，提升 HR 服务于战略的核心价值。

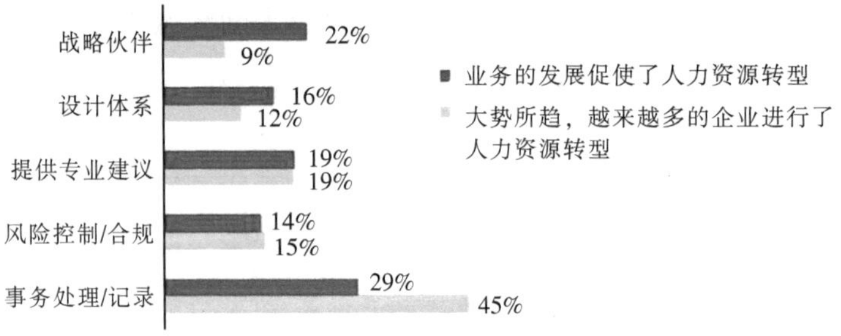

图 4-4　HRBP 职能现实时间投入状态

数据来源：和致众成顾问团队调研报告。

新人力资源具体表现为 COE、SSC、HRBP 三大支柱形式，三者共同协作，推进企业人力资源管理各项活动有序进行①。其中，COE（专家中心）作为战略层，拥有高素质的人力资源专家，主要为企业内部提供专业化咨询和变革服务，致力于人力资源专业性设计和提供解决方案，指导 HRBP 与 SSC 各项事务有序进

① 马海刚，彭剑锋，西楠．HR + 三支柱：人力资源管理转型升级与实践创新［M］．北京：中国人民大学出版社，2017．

行。SSC（共享服务中心）作为操作层，主要为企业提供操作层面的行政服务，包括招募、培训、员工关系管理等人力资源基础职能。而 HRBP（人力资源业务伙伴）作为战术层，在贯彻 COE 战略的同时，协助业务部门经理完成人力资源管理相关工作，其主要职责是了解本业务部门人力资源管理需求。在 HRBP 人力资源模式下，到业务部门的人力资源伙伴对业务工作进行实际的考察，深入分析业务部门的人力需求，并配合业务管理者进行解决。首先，HRBP 进驻业务部门后，要对业务部管理者和执行者的工作情况、工作流程进行全面的了解，找到业务部门对人力资源工作的需求点。其次，可以让人力资源业务合作伙伴去体验企业业务部的工作内容和工作流程，掌握企业必要的业务知识，了解企业的发展前景，这样有利于人力资源服务真实满足内部客户的需求，根据需求和问题制定良好的解决方案。HRBP 人力资源管理模式更注重与企业内部客户进行更多的有效沟通，取得业务部人员的信任，这样，人力资源部门与业务部门实现有效沟通，工作团队更有凝聚力。在产业集群结构中，不同企业之间的紧密联系可以带给企业新的知识、新的技术甚至创新意识和想法，从而使得企业创新活动增加。HRBP 在想问题、做事情时，增强内部客户导向的观念，能够帮助业务部门提高创新效能。管理者在激发团队创新行为的管理实践中，一方面可以通过团队时间领导的领导行为来提升整个团队的创新行为，另一方面可以通过适度增加团队成员从工作中的心理解脱来提升团队创新行为①。HRBP 模式实施程度与员工绩效的关系，是企业人力资源管理职能转型的优先问题。HRBP 模式下，通过人力资源管理活动与跨职能整合，建构相互依赖的工作结构，强化来自不同部门的员工的合作，以团队为导向的激励和团队建设行为促进团队成员间的普遍信任，促使隐性知识共享，建立共同的文化，增进组织内部不同部门之间的合作和交流，有助于促使组织内部形成开放、协作与共享的氛围。通过 HRBP 的衔接作用，组织内部各部门以开放的姿态协作互助，资源共享，实现内部流程的高效运转，进而降低企业成本，实现组织利润最大化。HRBP 作为各业务部门的战略支持与服务

① 卫武，赵鹤．团队时间领导与团队创新行为：基于团队从工作中的心理解脱视角［J］．南开管理评论，2018，21（4）：39－49.

角色，需要在最短的时间内快速了解各业务部门的需求，以满足其为实现组织目标所需的各项资源，这显然要求 HR 人员具备迭代思维能力①。

4.3 企业创新的空间集聚效应

企业创新的空间集聚是指创新要素、创新企业以及创新人才集中到一个区域的现象。在美国，比较典型的创业集聚和创新空间集群的案例是美国的硅谷和波士顿的 128 号公路。硅谷模式是指一般合伙人组成的风险制投资基金通过严格的筛选程序，选择出具有发展潜力的风险企业进行投资，风险投资基金深入参与到风险企业的经营管理之中，并且根据对风险企业的了解和评估，决定是否对风险企业进一步融资的运作模式。硅谷模式的主要运营主体包括风险投资家、机构投资者和创新企业家。风险投资家吸纳了养老金基金会（1996 年占 45%）、基金会和大学（20%）、大企业（18%）、保险公司和银行（6%）的投资，投向新设立的创新式企业。在硅谷模式中，新成立的创新企业往往都是小企业，在吸纳了风险基金的资金后，会与风险投资家约定企业未来的利润分配。波士顿的 128 号公路地区是最具代表性的科技和人才集聚的地区。虽然硅谷和 128 号公路都是美国产业集聚和创新集群的代表，但是两者是不同的创新模式。硅谷是美国高新技术产业园区的代表，是小企业的“温床”，而波士顿的 128 号公路地区则是以大企业为主。波士顿 128 号公路地区被认为是政府主导形成的，而硅谷地区的创新能力源于市场丰富的科技资源、不断衍生和壮大的科技型企业、政府的新政策和管理方法以及区域主体间互动合伙制的协调创新能力。不管是哪种模式，企业创新的空间集聚现象都会对该地区的创新水平带来一定的影响。

以利润为导向的企业是整个国家创新体系的关键点。Freeman 的国家创新体系的关键内容在于：“无论技术的先进程度与企业对利润的渴求程度有多大，假如不存在相当程度能够支撑企业创新行为并能够推广一种新的科技的基础建设和

① Buyens D, Vos A D. Perceptions of the value of the HR function [J]. Human Resource Management Journal, 2001, 11 (3): 70-89.

联络网，那么企业进行技术创新的动力就无法现实化、实际化和成果化。”伦德威尔同样认为，科学技术创新中的关键点是信息的流动性。这种信息的流动是使用者和生产者之间的信号交流，使用者反映自身的偏好与需求，生产厂商则是科学技术的运用者，两者之间的信息沟通对科学技术的创新有着非常重要的影响。依据伦德威尔的观点，生产厂商与使用者之间在文化上的相似性和地理位置上的紧密性对于科学技术的创新有着非常正面的作用。Malerba 等学者强调基于产业系统知识、技术需求和中介而开展的市场和非市场交互学习行为，以及据此创造新技术和新产品的过程①。陈劲发展了“企业创新系统”的概念，强调企业技术创新是技术复杂系统在各因素共同发生作用的动态过程中产生和演进的②。自主创新是通过自身学习与研发活动来探索技术前沿，突破技术难关，研发出具有自主知识产权的技术，并使之商品化。在这个过程中，得以掌握核心技术和核心产品，进而提高核心竞争力。其技术突破的内在性、市场的领先性和知识资本的集成性，使自身的技术发展具有很强的自组织力及市场应变力，可彻底摆脱技术的依赖性与依附性。

企业创新的集聚生态体系包括企业、高校、人才、技术、风险投资、政策、文化等要素，各要素成分的不同造就了区域创新的不同特色。学者们将创新集聚生态系统视为创业企业、投资机构和大学等不同主体及外部环境的总和。这个系统具有五个特征：一是多样性。包括生态系统层面和产业层面主体的多样性。二是自我维持性。主要表现为结构性特征（即在一定时间和空间范围内所具有的稳定性）和动态性特征（包括技术因素和市场因素）。三是共生性。包括四个维度，即网络关系（含主体的专业化和相互依赖性）、治理机制（含各主体的权力结构和任务协调过程）、共享逻辑（含主体间的相互信任和共同意识）、协同效益（含各主体的利益相关性和能力共演）。四是竞争性。多主体在创业活动中的互动过程可以产生大量的创业机会，使生态系统内的生态位不断衍生。竞争性可以从生态位衍生、不同生态位上主体分布的均质性等方面进行分析。五是区域

① 弗朗哥·马雷尔巴，李宏生，乔晓楠，等．创新与产业动态变化及演化：研究进展与挑战［J］．经济社会体制比较，2011（02）：61－68，77．

② 陈劲．从技术引进到自主创新的学习模式［J］．科研管理，1994（2）：32－34，31．

性。创业生态系统具有对区域环境的依赖性，企业创业过程受到复杂的经济、社会和制度环境的交互作用影响。

随着移动互联网、大数据等信息技术的快速发展，由创业者及创业企业、金融机构、大学和科研机构、中介组织、政府等所构建的多元生态系统，成为经济高质量发展的重要保障。企业家是擅长发现市场机会的，而制度变迁在很大程度上是由人促进的。如何主动利用、率先制定规则并抓住机遇呢？这就要求企业家必须具备制度突破能力。制度突破能力是指企业（家）在其使命和社会生态要求的共同驱使下，影响现有制度、社会规范和认知，争取和创造新的创新机会并提供创新成果的能力。它体现了企业（家）在制度创新、社会变迁与创新发展方面推动变革的创造性、整合不同机会的主动性和开创新生态系统的能动性。新技术的不断突破、新需求的不断涌现、包容性增长需要社会更加公平正义，国际竞争方式、格局的变化等强调国家和企业的创新需要有更加综合的制度体系保障。因此，制度、市场、社会（生态）、文化、个人特质、组织特征对企业家突破能力有深远影响。

4.4 旅游产业集聚与集群创新

4.4.1 旅游产业集聚与旅游产业集群的区别

产业集聚是生产某种产品的若干同类企业或不同类产业及其在价值链上相关的支撑企业高密度地在一个地区集中与聚合。从国际上看，产业集聚是工业化进程中的普遍现象。国外学者 Donald 等根据波特的产业集聚理论从产业链和提高竞争优势的角度来界定旅游产业集聚。即旅游集聚是由有效的旅游供应链组织起来的旅游活动和旅游服务[①]。旅游产业链上核心行业企业间没有投入产出关系，但是围绕核心旅游资源本身形成不同行业的产品组合业态，生产过程也就具有可

① Donald E Hawkins. Aprotected areas ecotourism competitive cluster approachto catalyse biodiversity conservation and economic growth in Bulgaria [J]. Journal of Sustainable Tourism, 2004, 12 (3): 219 -244.

分性。旅游产品虽然不能运输，但是却可以通过购买产品的旅游者的运输和移动实现集中消费，而且旅游作为较高层次的精神需求，运输成本对旅游需求量的限制较小，尤其是具有较高价值和吸引力的旅游产品，其辐射的需求市场范围会更广。因此，世界级旅游产品和靠近客源市场的旅游产品具有更强的可运输性。旅游产业集聚化发展，能够加速旅游资源的优化配置和旅游规模经济效应的实现，并使旅游产业逐渐成为区域经济的新增长极。通过外部规模经济来实现旅游要素资源的共享是区域旅游相关产业集聚的主要原因。在旅游产业集聚区域内部，旅游企业通过竞争合作而形成基于为旅游者提供完整吸引物的旅游产品链。

产业集群是针对特定的产业集聚现象而言，具备较长的价值链。不仅包括相同产业的众多企业的集聚，而且还向上、下延伸，包括相关产业的企业，并且包括行业协会、培训机构、咨询公司、研究机构和政府等，通过扎堆形成纵横交错的网络关系。较大的产业规模和较长的产业链是形成旅游产业集群的基本条件。一定的产业规模和较长的产业链条才能促进专业化分工的不断深化，专业化分工反过来又促进产业的增长和集中。只有达到一定的产业规模才能使旅游集群具有竞争力。旅游企业在某一区域的大量集聚，逐渐形成区域产业的多元化，有利于单个企业长期平均成本的降低，从而使得旅游产业集聚区域获得范围经济福利，旅游产业链上的旅行社、住宿业、餐饮业、旅游景区、旅游交通、旅游零售业等的大规模需求，能够促进研发机构、行业协会、金融机构、培训中心等支撑行业的集聚，形成流动性强的劳动力市场。同一产业链上的不同旅游企业相互联合，降低交易费用（成本），逐渐形成区域旅游品牌，有助于通过资产重组等方式实现外部扩张。

无论是发达国家还是发展中国家，旅游产业市场进出门槛低，产业市场集中度低，中小企业占了很大比例。在旅游地产业发展初期极易产生价格竞争、商业欺诈、以次充好等混乱的市场现象，虽然旅游地企业数量较多，但是这个时期的产业集聚还不具备规模效应。只有企业间通过长期竞合博弈，基于共同的文化背景、制度环境，最终形成建立在信任和合作基础上的非正式制度，有效防止各种机会主义行为，降低交易成本，才能形成旅游产业集聚区。集聚区企业间的交流与合作，能够促进知识外溢、技术扩散和集群创新，提高区域旅游产业整体竞争力。旅游产业集聚时期，集聚区的企业合作性竞争明显，并且形成了有利于提高整体竞争力的共享行为规范和目标。目前，区域性旅游产业集聚模式包括旅游功能区模式、旅游社区模式、旅游街区模式。特别是新型旅游社区模式，已经成为人们休闲生活的重要组成部分。随着城镇化速度的加快，各地的旅游度假村、度假区大量涌现，旅游街区模式成为旅游集聚最为优先发展的对象。2021 年 11 月，文化和旅游部确定并公布了第一批国家级夜间文化和旅游消费集聚区名单，全国各地的 120 个集聚区上榜。省级及以上文化产业示范园区商业区域的占地面积应不超过 3 平方公里，文体商旅综合体面积应不低于 1 万平方米。“业态集聚度高”要求街区、文体商旅综合体夜间营业商户中的文化类商户数量或营业面积占比应不低于 40%；“品牌知名度较高”要求区域内夜间文化和旅游消费活动形式多样、内容丰富，形成集聚效应、品牌效应，在本地居民及外地游客中具有较高的知名度和较强的吸引力。2022 年，山东全省规模化旅游民宿集聚区达到 16 个以上。浙江安吉从 2017 年开始，注重挖掘、保护乡村文化，打造了一批农旅结合、文旅结合的村庄景区，在此基础上，逐步推动乡村景区串成精品旅游线路，全面打造乡村旅游村域集聚区。浙江省湖州市长兴县水口乡村逐步探索出一条从“农家乐”到“乡村旅游”再到“乡村度假”，并向“乡村生活”转型的乡村旅游发展之路，成为长三角地区规模最大的乡村旅游集聚区。旅游产业集聚区通过高度深化的产业分工协作，可以满足游客的多样性、连续性需求。旅游核心吸引物、旅游企业及旅游支持企业的集聚发展，能够提高旅游服务效率，给旅游者提供高品位的旅游体验，从而提升旅游目的地的综合竞争力①。

4.4.2 旅游产业集聚度与旅游创新方向

区位熵是用于识别区域产业集聚的常用方法。其公式表达为

$$LQ = \frac{E_{ij}/E_i}{E_{kj}/E_k}$$

式中所表示的是一个给定的行业占有份额与整个经济中该产业占有份额相比的

① 邓冰，俞曦，吴必虎．旅游产业的集聚及其影响因素初探［J］．桂林旅游高等专科学校学报，2004（6）：53－57．

值。这里，E_{ij}指的是 i 地区 j 产业的总产值，E_i 表示 i 地区总产值，E_{kj}代表区域 k 中 j 产业的总产值，E_k 代表国家或区域 k 的总产值。产业规模区位熵越大，表示该地区该产业的比较优势越显著，竞争力越强。当产业规模区位熵 $LQ>1$ 时，表明该地区该产业已经具有较强的竞争力；当区位熵 $LQ<1$ 时，表明该地区产业优势不明显。

选取贵州省统计年鉴和全国统计年鉴 2014—2019 年数据，对贵州省旅游产业的区位熵进行测算，结果如表 4－2 所示。根据测算结果，贵州旅游产业是贵州发展的重要性基础产业，旅游业总体收入水平逐年提升，由 2014 年的 2895. 98 亿元提高到 2019 年的 12321. 81 亿元，占贵州省生产总值的 73. 48%。旅游产业区位熵值由 5. 93 上升到 10. 98，说明贵州旅游产业的集聚水平非常高，产业竞争力远强于全国平均水平。

表 4－2　贵州省 2014—2019 年旅游产业区位熵变化情况

年份	贵州省			全国			区位熵（LQ）
	地区生产总值（亿元）	旅游业收入（亿元）	占比	国内旅游业收入（亿元）	GDP（亿元）	占比	
2014 年	9251. 01	2895. 98	31. 30%	33987	643563	5. 28%	5. 93
2015 年	10502. 56	3512. 82	33. 45%	41535	688858	6. 03%	5. 55
2016 年	11734. 43	5027. 54	42. 84%	47140	764395	6. 17%	6. 95
2017 年	13540. 85	7116. 81	52. 56%	53632	832036	6. 45%	8. 15
2018 年	14806. 45	9471. 03	63. 97%	59487	919281	6. 47%	9. 88
2019 年	16769. 34	12321. 81	73. 48%	66327	990865	6. 69%	10. 98

数据来源：根据贵州省和国家统计年鉴整理。

旅游产业集聚优势能够推动旅游要素向优势区域集聚，促使不同行业间的知识溢出，带动旅游产品的创造与发展，促进经济空间结构的优化，提升区域竞争力，从而显著提升旅游业效率①。集聚经济具有外部性，旅游产业集聚对区域经济高效发展具有促进作用。旅游产业集聚通过提升旅游业技术效率、旅游业规

① 李姝姝，邢夫敏，章玲玲. 旅游产业集聚对区域旅游业效率的影响研究——基于中国省际面板数据的实证分析［J］. 世界地理研究，2017，26（3）：134－146.

模效率等来推动旅游业的发展。以湖南武陵山区旅游产业效率为例，张家界旅游产业发展效率最高，2013—2019 年的最高值为 2013 年的 2.249，这一成就得益于武陵源 - 天门山良好的品牌形象，但是其旅游产业发展效率也出现了下降的态势。邵阳旅游生态条件和资源并不落后，发展效率不高的原因主要是交通相对闭塞、要素投入不足，导致产业集聚程度较低，产品品质未获得游客的认可（见表 4 - 3）。

表 4 - 3　湖南武陵山区市州 2013—2019 年旅游产业效率值情况

市州	2013 年	2014 年	2015 年	2016 年	2017 年	2018 年	2019 年
张家界	2.249	1.784	1.966	2.447	1.701	1.823	1.705
湘西	0.985	0.975	0.957	0.928	1.551	1.092	1.201
怀化	0.886	0.967	1.409	1.123	0.824	0.894	0.903
娄底	0.877	0.904	0.865	0.976	0.627	0.816	0.776
邵阳	0.595	0.655	0.710	0.596	0.760	0.947	1.117

从湖南旅游产业发展效率情况也可以看到，随着时间的推移，旅游产业集聚对效率逐渐产生负向影响，但影响不具有长期性。旅游发展效率依赖于旅游产业集聚的合理性，旅游产业集聚与经济规模效率呈现出非线性关系。高度集聚、恶性竞争的发展环境造就了服务和产品模式僵化，抑制了产业管理水平的提高和产品创新的发生。旅游业的发展不仅体现为产业规模的扩大，同时也包含着空间布局的优化、资源的合理分配、基础设施及配套设施的完善等方面。旅游产业集聚水平的提高，除受集聚发展惯性影响外，还需要旅游技术产品的创新、丰富优质的旅游资源供给以及高效协同的上下游产业链构建等。资源禀赋则是其集聚发展的根本动力。旅游目的地的可达性直接影响旅游生态产业集聚形成。

创新能力强是产业集聚的重要特征。集聚的创新方式主要有思想创新和活动创新。旅游村寨集聚是一个相对思想创新概念。旅游村寨集聚发展起源于一个或若干个关键的“首位”旅游村寨，如贵州黔东南传统村落旅游开发的起点是上朗德苗寨、西江苗寨等核心旅游村寨。这些建筑特色明显、民族文化浓郁、自然环境较好、交通比较方便的村寨，最早吸引少量游客到来，逐步形成景区（点），吸引大批游客前来参观、体验，由于市场口碑效应，游客数量逐渐增加。

围绕着民族文化体验和村寨景观观光产业链上的餐饮娱乐、购物、住宿等企业集聚，民族村寨旅游市场规模扩大，在区域内部形成了几个较小的集聚区域，在区域总体空间形态上呈现网络化特征。旅游集聚“首位”民族旅游村寨带动地位快速提升、辐射范围扩大①。民族村寨集聚过程是旅游要素和知识溢出的过程，民族文化、地理近邻、交通流是民族地区旅游生产空间扩散和网络结构形成的主要影响因素。其中，民族文化作为旅游发展最重要的资源要素，其丰裕度和丰富性决定资金流向，地理距离的相近度影响信息流，而交通流影响了物质、人员等发展要素流动的空间方向，三者形成了驱动叠加效应，推动空间连接，旅游线路和交通链与集聚演变具有强相关性。

旅游产业集聚的创新，一方面是旅游企业或者村寨要基于区域旅游要素，不断推出新的差异化产品和服务。与其他旅游地相比，贵州旅游创新要更多保留非物质文化遗产。相对于物质遗产，非物质文化遗产的保护更具挑战性，因为它的载体是人、是人的生活方式和生产方式，如各民族的歌舞、民间节庆、手工技艺、传统习俗等。旅游给人提供了与山水交流、与历史对话的空间。旅游由观光旅游向休闲度假旅游转型，不再是简单地看山看水，越来越多的人把旅游当作一种学习的方式。开发贵州旅游产品，要通过到贵州旅游，去体验、感受一种人与自然的和谐、人与人的和谐，进而去感悟人生，只有这样，才能把贵州的后发优势发挥出来，贵州旅游产业才会很有生命力。另一方面，旅游产业集聚的创新也表现为旅游地整体形象的不断提升、整体产品的创新，以及对于集群内部企业空间格局和景观格局的改善和创新。旅游创新与可持续是重要的时代特征与发展趋势，需要迎合消费需求变化的供给侧结构性改革实践，需要信息技术与产业运营的互动共享，需要国际视野下的合作与拓展，需要通过平台经济推动下的产业融合，需要践行生态优先的绿色发展理念。从服务业的视角出发，旅游创新是旅游服务的改进；从游客视角出发，旅游创新是给旅游者提供新的体验感知，包括在休闲、教育、美学等方面的新感知。旅游需求的复杂性和旅游产业的综合性决定

①　姚旻，王婷，宁志中．贵州省黔东南州民族村寨旅游集聚空间演变特征与驱动机制［J］．广西民族大学学报（哲学社会科学版），2020，42（3）：136－143．

了产业融合的必要性或必然性。要做好旅游业与第一、第二、第三产业的联动，更要深度做好旅游和文化、旅游和交通、旅游和体育、旅游和健康、旅游和养老、旅游和时尚以及旅游和研学等相关产业的融合。旅游已经成为人民追求和实现美好生活的重要内容。要加强自驾旅游、休闲度假、观光农业、智慧旅游、康养保健、科普研学、运动时尚等多种新型旅游业态发展，不断提高旅游产品文化含量和质量。要坚持以中华优秀传统文化和先进的现代文明引领旅游发展，不断提高旅游产品的质量，推出本土文化底蕴丰厚，现代文化创意特色鲜明，能够得到人民认同和国内外旅游者喜欢的旅游品牌。在注重不断充实旅游产品文化内涵的同时，不断提高其文化品位，以文化特色彰显其产品特点，以文化魅力作为旅游市场开拓的主要动力。对于贵州来讲，可以将自然生态环境整体保存较好，具有民族文化典型特征，民族传统文化保存较好，历史悠久、建筑典型、民风古朴的代表性民族村寨，建设为非物质文化遗产生态博物馆和非物质文化遗产村寨博物馆。对于居住相对集中，民族、语言相同，传统生产、生活方式相同或者相近，传统民居建筑风格以及民俗相同或者相近，传统文化艺术以及手工工艺技术一脉相承的民族聚居区域，可以划定为非物质文化遗产生态保护区。依法合理开发利用非物质文化遗产资源，积极推动优秀的非物质文化遗产不断融入人们的现代日常生活中去，不断提高全社会的非物质文化遗产保护意识。运用数字化多媒体等现代科技手段，对珍贵、濒危并具有历史价值的非物质文化遗产进行真实、系统和全面的记录，建立档案和数据库。在加强非物质文化保护的同时，优化传统业态，创新产品和服务方式，培育新业态、新产品、新模式，推动旅游业转型升级。高质量实施旅游精品工程，大力推进避暑康养游、文化体验游、乡村休闲游、研学探险游、体育健身游同步快速发展。充分发挥全域旅游资源优势，把山地旅游作为贵州旅游业的基本定位，丰富旅游生态和人文内涵，奋力建设令人神往的山地旅游大省。

中国旅游产业集聚区的发展程度，受到内外在动力因素及其作用机制的影响。影响集聚的内在动力因素主要是外部经济效应、产业价值链结构和旅游资源禀赋等；外在动力因素则包括旅游客源市场供求关系、交通区位条件以及政府政策保障等。旅游产业集聚需要打破传统的发展路径依赖，要从竞合机制（理念更新）、创新机制（技术创新）和保障机制（制度革新）等方面推进旅游企业转型升级[①]。需要重视的是，在“互联网 +”的影响下，智慧旅游更加符合目前全球经济社会发展需要，旅游企业也在加速线上线下交易（O2O）融合的新变革。旅游产业创新方向是不断提升区域旅游服务品质和丰富区域旅游业态。

① 魏敏. 中国旅游产业区域集聚的动力机制研究［J］. 人民论坛 · 学术前沿，2019（11）：89 - 101.

第5章　协同创新中的大学供给侧改革

中共中央政治局关于编制《国家"十四五"期间人才发展规划》要求指出，牢固确立人才引领发展的战略地位，全方位培养引进用好人才。要把人才培养的着力点放在基础研究人才的支持培养上，为他们提供长期稳定的支持和保障。要深化人才发展体制机制改革，为各类人才搭建干事创业的平台。我国创新体系的要求是"创新是引领发展的第一动力，是建设现代化经济体系的战略支撑，建立以企业为主体、市场为导向、产学研深度融合的技术创新体系"。高校作为国家创新体系的重要组成部分，是知识、技术和人才的重要来源地，也是区域经济发展和科技进步的重要推进器。大学越来越被认为是国家和地区经济发展过程中的核心角色。高校在提供创新型人才的同时，参与企业技术创新，可以形成区域商业创新的"溢出效应"[①]。大学研究与高科技创新活动之间存在着空间溢出的正外部性[②]。高校直接参与工业系统，促进大学－工业（U－I）联络政策发展。大学与工业的直接联系比其他联系更有价值，具有更高的传播知识的潜力。这种"知识湖"被认为是"有价值的"U－I链接的关键驱动因素，从而对区域经济产生积极影响[③]。

---

① Jaffe A B. Real effects of academic research [J]. The American Economic Review, 1989, 79 (5): 957－970.

② Anselin L, Varga A, Acs Z J. Local geographic spillovers between university research and high technology innovations [J]. Journal of Urban Economics, 1997, 42 (3): 422－448.

③ Giuliani E, Arza V. What drives the formation of 'valuable' university－industry linkages?: Insights from the wine industry [J]. Research Policy, 2009, 38 (6): 906－921.

在新古典增长理论中，人均资本的积累被认为是经济增长的动力，而知识被认为是一种公共品，只要具备使用条件就可以无偿使用。Arrow① 指出经济增长除了依靠人均资本的增加，还可以依靠技术的进步，提出了“干中学”的概念来解释知识积累的过程。他认为技术是由学习获得的，而学习是以往习得经验的结果。人们在生产的过程中人均生产率会随着经验的积累而不断提升，即干得越多，经验越多，人均产出也就越多。知识积累的来源可以是教育、生产以及研究活动，而其对应的表现形式为人力资本提升、生产新产品以及提高产品质量。同时，该内生增长理论模型能够推导得出知识这一种生产要素具有边际收益递增的规律，这与以往一般均衡理论假设的生产要素边际收益递减规律不同。同时，由于人们可以无偿使用这部分知识，即知识具有外部性特征，知识在不同生产部门间传播和使用，从而推动整个社会生产率的提升，这使得知识积累或技术进步被认为是经济增长的源泉。高校知识溢出过程，是高校研究创造的知识和信息等创新要素以直接或者间接的方式在创新主体之间传播，被其获取、利用而产生影响②。知识溢出的本质是知识的非竞争性，使知识对社会产生的效益大于个人利益，对全社会进步具有更大影响力。Romer③ 认为思想的竞争性和排他性决定了全社会经济增长。以利润最大化为目的的厂商进行新的研发投资活动，不仅能够积累生产经验以提高自身生产率，还会由于知识具有非竞争性使得厂商可以通过信息的交流、传播与扩散等方式令新知识被其他厂商学习效仿。这样，任何厂商所生产的知识都能够通过溢出效应提高全社会的生产率，而这种内生的技术进步也成为推动经济增长的持续性动力。

5.1　高校知识溢出的途径

研发和技术创新具有明显的外部性特征，尤其是主要从事基础性研发活动的

① Arrow K J. The economic implication of learning by doing [J]. The Review of Economic Studies, 1962, 29 (3): 155 -173.

② Fischer M, Varga A. Spatial knowledge spillovers and university research: Evidence from Austria [J]. Annals of Regional Science, 2003, 31 (2), 303 - 322.

③ Romer P M. Increasing returns and long - run growth [J]. Journal of Political Economy, 1986, 94 (5): 1002 -1037.

大学。高校知识溢出效应指的是作为知识溢出来源的高校，在从事科研活动、培养高素质人才的过程中，对其周边区域内其他主体产生的影响。高校知识溢出效应是由于高校从事基础性科学研究和人才培育对邻近区域表现出的一种知识外溢。这种影响效应会对邻近区域内同样从事创新活动的企业产生影响。基于高校、科研院所知识溢出的研究主要沿着以下两个方向展开。

一方面，高校知识溢出效应部分源于高校自身开展的基础性科学研发活动。知识溢出往往是本地化的，通过溢出效应和集聚之间的相互作用，由此产生的累积推动区域经济增长①。高校通过合作研发、学术会议、专业培训或者成果展示可以将知识扩散到校园之外，为企业直接服务更是具有显著的知识溢出效应。相较于应用型研究，基础性研究的周期更长、前期投入更高、研发成果具有更高的不确定性，企业管理者出于自身利益和风险的考虑，会更愿意参与应用型研究而非基础性研究。但是，基础性研究的社会效益较应用型研究更高，表现出更强的正外部性，也更容易被其他人或企业获取、接受和利用。尤其是研究型大学服务社会的职能使得其承担较多的基础性科学研究任务，并有责任将研究成果以知识、技术和人才的方式传播、转移到社会，促进整个行业或社会的生产率提高。高校还可以通过讲座、专利技术转让以及安排学生在当地企业就业等途径将科研技术成果和经营管理理念传播、扩散到校园以外的区域，促进周边企业的创新活动。研究发现，高校知识溢出强度与校企间“技术距离”呈倒 U 形关系，与民营企业相比，对国有企业创新产出的正向影响更大②。

另一方面，高校还具有为社会培养人才的教育职能，通过向企业输送高素质技术和管理人才，提升企业的人力资本和创新能力。高校具有独特的教育功能，可以为经济体提供专业的 R&D 人员和技能型人才。他们除了具备专业技能之外，还携带相关领域前沿的创新思路和研发意图，具有技能型劳动力池效应。知识的来源包括产业研发、熟练劳动力以及特定的基础科学研究和创新活动。创新活动

① Attila Varga，Hans Schalk. Knowledge spillovers，agglomeration and macroeconomic growth：An empirical approach［J］. Regional Studies，2004，38（8），977－989.

② 易巍，龙小宁. 高校知识溢出对异质性企业创新的影响［J］. 经济管理，2021，43（07）：120－135.

在空间上的集聚不仅因为生产活动的地理集中，更多的归因于区域内知识溢出效应的影响。根据知识和技术植根于个体的事实，以及隐性知识难以进行编码化或记录的特征，知识溢出具有显著的地理邻近性。地理邻近性提高了经济主体面对面交换思想以及通过交流意识到原创性知识价值的可能性，使得地理临近性在知识溢出吸收效率中发挥了重要的作用①。随着校企间的地理距离增大，高校知识溢出的影响系数和显著性逐渐递减，企业受高校带来的成本外部性和技术外部性影响不断减弱，进而减少企业研发投入，并表现出较低的创新产出。随着企业研发市场化水平的提升，企业越来越注重地理邻近性及实际溢出效果，二、三线城市的企业或许更加信赖北上广深的一流高校。但是高校异质性和空间地理邻近性在企业创新中发挥的作用错综复杂，相互影响。

高校从事的知识研究具有公共品属性，会在一定范围内扩散并刺激新一轮技术创新。自身研发实力较强的企业比研发实力较弱的企业能够从高校知识溢出中获益更多。这是由于创新知识的客观载体需要具备一定程度的知识水平，以此来辨别、理解、分析、掌握和利用复杂知识，实现吸收、利用外部知识溢出，促进企业内部创新活动的知识转化。因而，企业内部研发投入越多，会积累越多的相关领域专业的研究人员和研究经验，能够更多地从高校溢出的知识中获益。Abereijo 对尼日利亚的实证研究表明，知识溢出主要是通过企业间的合作创新、网络连接、劳动力转移、竞争和培训等途径发生的，几种途径的知识溢出均使接受溢出的企业获益，其中通过接受主导企业的人才培训获得的知识溢出对企业创新绩效的促进作用最强②。Stam 研究知识员工流动、技术知识溢出和产业集群的关系，构建了知识溢出模型，模型的重要因素是知识和创新的积累性，知识溢出的途径是知识员工的流动③。由于人才流动等因素导致的知识溢出，企业可以通

① Audretsch D B, Feldman M P. R&D spilovers and the geography of innovation and production [J]. The American Economic Review, 1996, 86 (3): 630 – 640.

② Abereijo I O, Adegbite S A, Ilori M O, et al. Technological innovation sources and institutional supports for manufacturing small and medium enterprises in Nigeria [J]. Journal of Technology Management & Innovation, 2009, 4 (2): 82 – 89.

③ Stam E. Knowledge and entrepreneurial employees: A country – level analysis [J]. Small Business Economics, 2013 (41): 887 – 898.

过强化人员职位建设、工资建设等渠道来进行改善。王文静和张卫将产学合作与内部研发纳入统一的知识生产函数框架以考察区域创新系统中产学合作的创新效应。实证结果揭示了不同创新产出水平下产学合作的创新效应大小，还从区域研发强度、产学合作深度两个维度开展异质性分析，结果表明研发强度高的区域产学合作创新效应表现更好①。研发强度作为区域吸收能力的重要体现，是促进产学合作创新效应发挥的重要基础。随着产学合作深度增强，知识溢出对企业自主研发的“挤出效应”开始显现。

高校从事基础科研活动和培养高素质人才，具有显著的知识溢出效应和劳动力池效应。这种效应的存在进一步降低了区域内企业科学发现和科技成果商业化的成本，提高了技术研究的效率和产品研制的质量。这种正的外部性会以知识溢出的方式惠及周边企业。研究型大学通过转移技术成果、安排学生在当地就业以及为当地发展提供建议措施等形式，为企业寻求智力支持提供了有效途径。这种知识溢出的正的外部性会极大降低企业研发的成本，同时提高 R&D 的产出效率。高校知识溢出能够通过提高企业研发人员学历水平、高层管理者风险管理水平以及研发投入资金的利用效率等途径，提高企业研发活动的效率与产出。这现象表明，企业邻近区域内高校的存在有利于推进企业高管和普通员工人力资本积累，从而影响企业决策、管理和生产等环节的效率，最终表现为企业创新绩效提升。高校的存在有利于其邻近区域内企业管理者获取更高学历和资讯，加深对于前沿技术研究进展与研究方向的了解，提高对项目的认知水平和风险管理能力，以更加科学可行的研发决策和积极稳妥的管理安排提升企业创新绩效。

5.2 高校影响企业创新活动的机制

首先是影响科技研发和成果转化活动。Barker 和 Mueller② 认为，高管所接受

① 王文静，张卫．产学知识耦合的协同创新效应——基于创新系统的视角［J］．中国科技论坛，2019（7）：61-68.

② Barker V L，Mueller G C．CEO characteristics and firm R&D spending［J］，Management Science，2002，48（6）：782-801.

的教育水平越高，对风险的认知便更加全面、客观，对风险也更具有包容性。同时，学历水平较高的高管具备更好的资源整合能力和战略决策能力，会更加重视研发活动对企业长期经营与发展的贡献。因此，高学历管理者会倾向更加积极的研发投资决策，通过内外部知识资本和人力资本的整合与重塑，降低研发过程中的不确定性所带来的非系统性风险，进而确保研发投资成功转化为企业绩效。简言之，高管的学历水平越高便越可能合理认知风险，减少由于单纯回避风险而产生的管理者短视行为。

其次是知识输出活动。高校知识溢出在提高管理层人力资本的同时，也会对企业内部从事研发活动的员工产生影响。高校可以通过安排学生在当地企业就业、进行企业员工技术培训以及科学讲座等形式，提高企业内部员工人力资本，从而提升企业创新绩效。员工培训是人力资源管理部门的重要职责。HRBP 模式使人力资源管理能以客户为中心角度熟悉员工对创新技能和知识的需要量，以及为满足员工需要寻找合适的高校知识供给者。企业如何有效利用产学合作模式进行外部知识管理是亟待解决的课题。在产学合作广度不断扩展与深度不断加强的背景下，如何真正有效发挥产学合作的协同创新效应，并使之与企业内部研发形成良好互补关系是高校的关注点以及实践的着力点。研究发现，企业吸收能力是影响产学合作创新绩效的重要因素之一，企业内部研发能力、外部知识学习能力需实现平衡，企业产学合作与内部研发还需建立有效的协同机制。对于政府推动知识流动而言，搭建产学合作平台，完善技术交易市场并制定有助于区域创新系统知识流动的连接性政策是需关注的方向。

5.3　产业互联网时代的大学创新供给

国家创新体系是由企业、高校、科研机构、政府、金融及中介服务机构等主体及其之间的关系构成的复杂系统，各主体间（尤其是企业与高校之间）知识的互动程度决定着整个系统的绩效①。产学合作关系是区域创新体系的重要组成

① Nelson RR. National innovation systems：A comparative analysis [M]. New York：Oxford University Press，1993.

部分。高校的基础研究和应用研究等研发活动对所在区域存在明显的正外部性影响。企业与高校共同开展研发活动，分享各类创新思路、获取创新信息、共享创新渠道以促进自身研发进展，获取创新成果，推动企业生产率提升。《全国企业创新调查年鉴（2017)》显示，2016 年，在成功实现技术创新的 16 万家企业中，与高等学校合作的企业占比为 31.5%，在 11 类创新合作伙伴中位居第三位。合作创新企业特别是与高校合作的企业表现出更强的创新产出能力。

十九大报告提出着力加快建设实体经济、科技创新、现代金融、人力资源协同发展的产业体系。在产业需求侧，互联网正在将供应链进行连接重构，通过数字化打破信息壁垒，推动供需匹配，并以科技和金融等创新为产业价值链进行赋能和优化。在消费互联网时代，通过将人与人之间的关系进行在线化，产生了线上消费等新模式；在产业互联网时代，通过将产业链上企业与企业之间进行连接，将产生一个个垂直领域的产业互联网平台企业。比如：在农业领域的产业互联网平台，从上游的种植到中间贸易物流到下游的分销零售，通过数字化连接打通产业链上下游，实现农业的反向定制；在工业领域，很多行业龙头企业通过打造产业互联网平台，连接带动产业链上下游企业共同发展。在中国大量的实体产业中，过去的产业链条长，产业从业者分散，导致整个产业链发展不充分、不平衡，信息不对称。面对产业数字化转型的浪潮，整个实体产业都在加快转型升级和创新发展，推进全产业链的数字化转型。

产业互联时代的竞争不再是企业与企业之间的竞争，而是产业链之间的竞争。基于产业互联网，基于产业数字化，对过去传统产业链的价值创造过程提出创新要求：通过互联网技术创新商业模式，把物联网、大数据、人工智能、区块链等技术真正和实体产业场景紧密结合。

由于全球化和专业化分工的要求，整个产业已发生很大变化，任何一个企业都是一个大产业链中的一个环节。由于全球化分工，链条上一个环节受到影响，都会对整个产业链上的企业产生非常大的影响。企业要发展，就不能仅着眼于企业内部的降本增效、管理提升，而要从整个产业链的视角、全局的视角来看待问题。由于竞争是产业级的竞争，整个产业链上的从业者，尤其是企业家和高层管理者就必须要学会从整个产业链的视角去分析和认识问题，要从整个产业的视角和格局去改变认知，挖掘产业链的痛点和需求。产业数字化转型导致各行各业都面临结构化的人才缺失。我国从制造大国向制造强国迈进的过程中，一方面，制造业企业数字化、智能化转型提速，一部分人工被取代之后，产生的是对高素质技能人才、紧缺技术人才更大的需求；另一方面，技能人才总量不足、结构不合理、高技能领军人才匮乏等问题凸显。数据显示，预计到 2025 年，我国制造业十大重点领域人才需求总量将接近 6200 万人，人才需求缺口约 3000 万人，缺口率达 48%。

产业数字化创新能力要求大学人才培养和教育教学模式发生很大的变革。比如，线上线下教育模式的融合和 VR 技术的使用将改变教育场景，大数据和人工智能的应用将改变过去的剧院式单向信息/知识传递的教育模式。这些变革对于传统的人才培养模式提出了新的挑战。创新意味着要持续不断地对未知领域进行探索。高校如何在面对各种不确定环境时形成清晰的战略方向，如何保持韧性，形成不断适应环境和解决问题的能力，形成持续学习和持续迭代的能力等，这些都需要对人才培养模式进行改革。

随着产业数字化发展，人才培养的供给侧严重滞后于需求，从而造成大量结构性的人才短缺。现在已经不缺大学毕业生，但是真正适应产业发展要求的人才却极度稀缺。2017 年 12 月，国务院办公厅印发了《关于深化产教融合的若干意见》（国办发〔2017〕95 号），提出促进人才培养供给侧和产业需求侧结构要素全方位融合，面向产业和区域发展需求，完善教育资源布局，加快人才培养结构调整，创新教育组织形态，促进教育和产业联动发展，为加快建设实体经济、科技创新、现代金融、人力资源协同发展的产业体系，增强产业核心竞争力，汇聚发展新动能提供有力支撑。2019 年 2 月，中共中央办公厅、国务院办公厅印发《加快推进教育现代化实施方案（2018—2022 年）》，提出构建产业人才培养培训新体系，完善学历教育与培训并重的现代职业教育体系，推动教育教学改革与产业转型升级衔接配套。2019 年 3 月，国家发展改革委、教育部印发《建设产教融合型企业实施办法》（发改社会〔2019〕590 号），指导各地开展产教融合型企业建设培育，鼓励支持企业以多种方式参与举办教育，深度参与“引企入教”改革，发挥企业办学重要主体作用，建立以企业为主体的协同创新和成果转化机制。新时代产教融合模式如何创新？这其中最核心的是人和知识的互动提升，打造适应产业变革的人才供应链。

5.3.1 产教融合的组合方式

我国人才供给有几类典型机构：第一类是高等院校/职业院校。互联网带来日新月异的变化，产业发展太快，高等院校/职业院校的专业设置和课程教材严重滞后于产业的发展。第二类是企业的培训部门或者企业大学。大部分企业大学仅定位于企业内部的人才培养，缺乏产业的视角。第三类是各类专业培训机构。提供专业领域的课程和培训，但缺乏系统的产业体系人才发展的需求引导。供与需的不匹配，成为人才供给侧的瓶颈。突破这个瓶颈，企业家需要逐步转型到产业家，从培养企业人才转到培养产业人才，更需要参与职业教育的改革。应用型高校如何切实增强职业教育的适应性，落实好专业设置与产业需求适应、教学内容与职业标准对接、教学过程与生产过程协调的要求，并在产教融合中减少人才供需的信息差，亟待进一步探索①。

2017 年 12 月，国务院办公厅印发《关于深化产教融合的若干意见》，指出重点构建三项推进机制，其中一项是实施产教融合工程，引导各类学校建立对接产业需求的人才培养模式。2018 年 6 月，新时代全国高等学校本科教育工作会提出，应用型高校要根据办学传统、区位优势、资源条件等，紧跟时代发展，服务地方需要，在应用型人才培养上办出特色，争创一流。我国现有的 1200 多所应用型高校中，有 600 多所新建地方本科院校，在转型发展的趋势下，培养应用型人才是新建地方本科院校主要的人才培养目标，其主导方向是推动产教融合，以产业需求来引导人才培养。

产教融合是指产业与教育的深度合作，是高等院校为提高其人才培养质量而与行业企业开展的深度合作。产教融合的目的是使学校与企业浑然一体，打通人才培养体系供需和科技创新链条，打造产业核心竞争力。产教融合本质上是一种跨界融合，是解决企业人才需求与高校人才供给脱节问题的有效途径。教育与产

---

① 经济日报评论员．夯实制造强国的人才基石［N］．经济日报，2022－04－29（001）．

业承担着不同的社会功能。产业的主要功能是直接或间接地创造物质文化财富，以满足人民不断增长的物质文化需求。教育的主要功能是为产业提供人力资源这一生产要素。也就是说，在社会再生产中，企业是主体，教育是为企业服务的。教育具有非常强的正外部性，提供的是公共物品。一般产业提供的是私人物品，盈利是其生存发展的必要条件。由于性质不同、行为目标与方式不同，决定了产教融合的利益诉求和合作路径的分歧。产教融合本身不是目的，目的是提升人才培养质量和企业生产效率。因此，产教融合并不意味着学校和行业企业要在组织上融为一体，而是在业务上相互补充和融合。高校和企业将各自的一部分资源（细分）拿出来进行合作共用，以达到资源互补、人才共用、发展共赢的目的。学校与企业资源互补关系如图 5－1 所示。

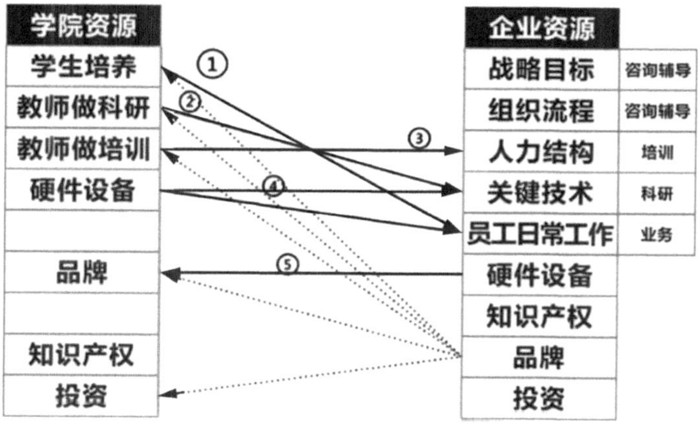

图 5-1　学校与企业资源互补

教育与企业一样，是一个投入产出过程，它同样需要资本、土地、劳动力和企业家（教育）等四种生产要素。一个高等院校能够正常运行，说明它拥有这些生产要素。尤其是职业院校与企业的生产要素通过各种优化组合，必然产生更大的经济效益和社会效益，实现校企双赢。这些组合方式有：

其一，企业对职业教育进行投资，形成校企合作办学模式。这种模式是企业的资本与学校的其他生产要素组合，解决的是学校办学资金不足的问题。这种模式的本质是将职业教育作为一种营利产业来开发，通过高投入创造良好的教育环境和设施，以提高人才培养质量。这些校企合作的产业学院改善了实习实训条件和教学条件，同时带来了企业的管理模式、企业的生产经营项目、企业的能工巧匠和专业技术人才、企业的质量保障模式，为教学质量的提高提供了强大的行业支撑。这种模式实施的前提条件是企业愿意且有能力承担较高的教育成本，政府主管部门放开职业教育收费政策，允许优质优价，自行定价。

其二，学校为企业提供土地、劳动力，形成校中厂模式。在这种模式下，学校为企业提供场地、部分设备、劳动力等生产要素，吸引企业将研发、生产中心办到校园里。学校与企业分享部分土地、设备的使用权，换来的是学生顶岗实习的机会、企业的生产教学现场及相关的技术、管理。

其三，学校为企业提供劳动力、技术，形成厂中校模式。在这种模式下，学校提供劳动力、技术等知识资本要素，参与企业的生产经营活动。学生通过参与企业劳动，获得了实践机会，锻炼了实践技能；教师通过参与企业管理与研发，提高了专业水平。企业在获得这些生产要素时，为师生提供学习、食宿条件，支付一定的劳动报酬。

上述三种要素整合模式，前提是能够产生更高的效率。除了要素融合之外，还有契约合作。契约合作是指校企之间通过合同协议的方式，建立战略合作关系,形成战略联盟。学校是相关产业部门劳动力和管理人才的供应者，相关产业是人力资源的需求者。这种供需关系使高等院校与行业企业形成产业链关系，具有建立战略合作的基础。从理论上讲，校企合作契约具有法律效力，但实践中很难对未履行约定的企业实施强制力，因为保障契约合作的关键是校企双方的能力，产学博弈策略行为的均衡解就是付出的成本与师生获得收益的帕累托最优。

5.3.2　产教融合的人才培养模式改革

产教融合从高校和企业的顶层设计入手，从制度上和业务上设计好两者融合发展的路径，包括高校的人才培养定位、人才培养模式以及与之相适应的内部机构设置、资源配置、管理制度等。企业通过商业模式整合资源，并提出不同的业务和岗位的人才规格标准。专业是高校与企业对接的基本载体，专业集群和商业模式的匹配度应该是衡量校企合作深度和效率的基本准则。企业通过商业模式与高校专业对接，并把高校的全部专业看作是自己的产业单元，在顶层上思考如何更好地支撑商业模式。高校通过专业与企业的商业模式对接，在顶层上思考如何更好地发展专业。产教融合要建立校企利益融合长效机制，实现学校理念层面与企业产品技术层面的有机结合，在校企利益共同体层面形成集体文化。

常熟理工学院立足地方，按照专业群布局和建设，规划了高度契合地方主导产业和新兴产业的机械、电子、信息、生物、材料、管理工程等应用性学科专业集群。专业建设全面引入专业认证的理念、思路和做法，同时从应用型人才的知识、能力、素质结构出发，构建应用型课程体系。在人才培养中，提倡案例教学、研讨式教学、项目教学，强化实践教学环节；重视实验课程开发，提高综合性、创新性、工程性实验比例；重视应用型教材建设，引导和鼓励教师与企业技术人员共同编写教材，把产业发展最新的知识和技术融入教材，把行业、企业的最新技术成果作为案例编入教材。常熟理工学院率先提出并实践产业学院合作教育创新模式，主动对接地方经济的核心产业和特色产业，成立了阿特斯光伏科技学院、国际服务工程学院、康力电梯学院、汽车工程学院、服装工程学院等多个产业学院。在产业学院模式下，学院与特定的整个行业岗位相对应，积极引入行业标准，设置与产业发展技术需求相匹配的专业，推动产业链、人才培养链的融合发展，从而使高校与行业的衔接更加顺畅，形成高校、行业和社会发展的共同体，进一步强化了产教融合的深度与广度，实现了与产业发展的同频共振。通过推动各级各类创新创业训练与实践项目达成了“一院一品牌，人人皆参与”的目标，有效提升了大学生创新创业意识和能力。在产教深度融合背景下，以项目驱动的创新创业体系，提供了一种基于问题解决引领的教学方式，促进了教师“教”和学生“学”方法的改变，使得学生专业兴趣提升、专业技能强化、解决复杂实际问题的能力提高。“产教融合、校企合作”是随着经济发展而产生的一种新型人才培养模式，其关键在于推进政府、学校、企业三方主体协同发展，根本目标是让现代人才能更好地与社会需求相符合。促进产教研深度融合，就要发挥校企双方优势，加强人才培养、技术发展等方面的合作，提升人才培养质量。

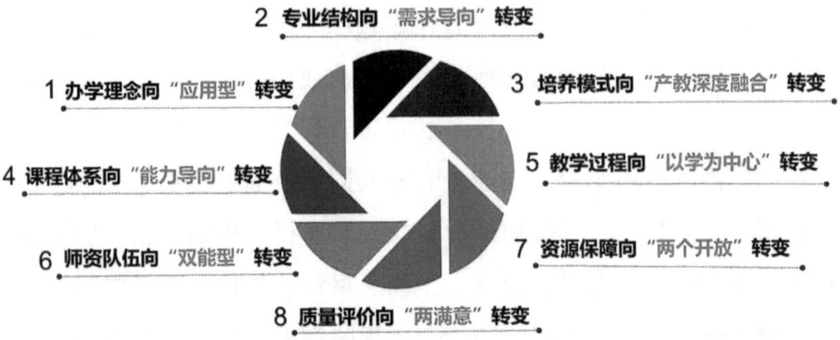

图 5-2 产教融合下“八个转变”

合肥学院在新型大学建设的理论与实践方面遵循“八个转变”① （如图 5－2 所示）。坚持办学理念向“应用型”转变。坚持专业结构向“需求导向”转变，与区域产业结构对接，突破学科定势，以社会需求调整专业。坚持人才培养模式向“产教深度融合”转变，建立“全过程、一体化”产教深度融合人才培养模式，共制培养标准和人才培养方案，共搭课程体系，共建多层级校企合作组织，结合企业真实案例建立项目库，实现将教学融入真实工作场景。坚持课程体系向“能力导向”转变，以专业为导向，以职业或行业所需的知识、技术或技能为中心，注重将理论知识与实践知识有机融合起来。坚持教学过程向“以学为中心”转变，积极开展教学方法改革，重视对学生自主学习效果的评价，促进“教”与“学”的统一。坚持师资队伍向“双能型”（教学能力、产学研合作能力）转变，通过挂职锻炼、产学研合作的模式，培养教师行业能力，并制定“双能型”师资认定标准。资源保障方面坚持向“两个开放”转变，即向“国际开放”和“地方开放”转变，学院已与国内外企业、地方政府和科研院所、高校共建 40 个校内嵌入式实验室、技术研发中心及 242 个校外实习实训基地。坚持质量评价向“两满意”转变，已建立 25 个主要环节质量标准，将毕业生跟踪调查、用人单位走访、第三方评价等纳入评价体系，实现内部评价向内外结合转变，实现“学生满意”和“社会满意”。其模块化课程体系构建路线如图 5－3 所示。

① 蔡敬民．地方高水平应用型大学建设的思考与实践——以合肥学院为例［J］．北京教育（高教），2018（10）：26－28．

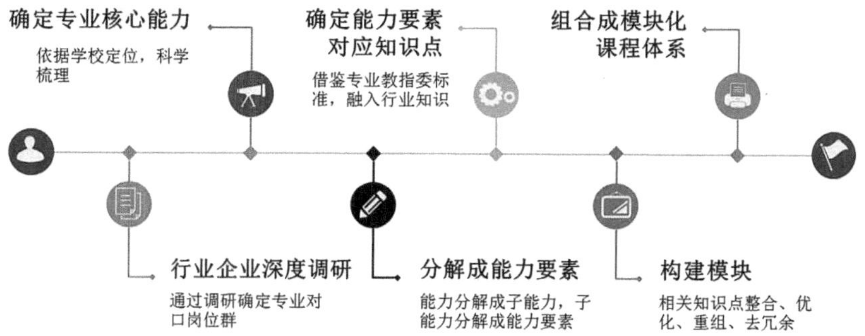

图 5-3　模块化课程体系构建路线

温州大学积极促成学校与政府、学院与行业、教师与企业“三对接”，建立起具有鲜明地域特色的分类分层应用型人才培养体系，并形成“工程教育”“创业教育”“教师教育”等办学特色。在国内，打造产教融合集团，建立以产业需求为导向的共享组织体，构建学生、教师与企业生产、研发零距离对接的教学培养机制。主动响应地方经济发展需求，充分发挥师范教育优势，积极筹建基础教育集团，服务温州基础教育发展，培养了温州区域 72.2% 的校长、53.1% 的特级教师和 55.2% 的教学名师。强化与县市联动，与温州乐清市共同打造生命健康产业园，与浙南科技城共同打造以战略性新兴产业为主导的产业集群，与生态园管委会共同打造集文化、旅游、生态、科研、金融于一体的三垟湿地生态开发示范基础。对接区域经济社会转型升级发展需求，与政府共建智库。国际上，联合世界温州人商会，共建产学融城研究院，为世界温州人产业提供人才支撑。对接国家“一带一路”教育行动计划，每年招收“一带一路”沿线国家留学生近 400 人，吸引留学生融入创新创业，打造“国际创客小镇”。与意大利中意学校共同举办温州大学意大利分校那不勒斯实验幼儿园和温州大学教师教育实践基地（那不勒斯地区），逐步打造一条“教育集团 + 基础教育 + 高等教育”的教育链。依托温州完善的产业链，鼓励和指导留学生在温创业、毕业后把温州的优势技术和产能带回国，充分融入温州人的全球产业布局。联合发达国家高校或研究所共建研究基地、联合培养博士生，在应用型领域的合作取得了成效。

铜仁学院作为地方应用型高校，在发展过程中结合自身的实际，提出了“引社会服务之水，灌人才培养之田”的社会服务反哺人才培养模式。该模式通过建立激励机制，鼓励教师带领学生参加文化、科研、技术等服务，鼓励学生参与社会服务，使其逐渐成为培养学生实践创新、责任担当的一种重要途径。高校开展社会服务的目的不能单纯地看作科技成果转化和解决社会问题，更重要的是要回归高等教育的初心——为人才培养服务①。

上述大学从培养应用型人才目标导向出发，制定人才培养方案，考虑了相关产业、行业技术岗位要求的核心技术知识与能力，与区域主导产业共建示范基地，对接国家战略打造人才教育链、创新链。

5.3.3 产教融合的“学习工厂”

国家发展改革委、教育部《建设产教融合型企业实施办法（试行）》着力推动人才和科技需求与供给深度融合，将产教融合型企业建设作为现代企业制度建设的重要方向，把数以万计的产教融合型企业打造成为支撑高质量发展的“学习工厂”。2014 年以来，许多高等学校、职业院校不断探索产教融合的具体实现路径，吸引了数以万计的企业积极参与，创造性地探索了从系统整合到项目合作的多种形式，促进了教育链、人才链与产业链、创新链的有机衔接与融通，为增强产业的核心竞争力，汇聚发展新动能，推动企业高质量发展提供了强有力的支撑。产教融合型企业建设要紧密对接培育经济发展新动能，重点培育现代农业、智能制造、高端装备、新一代信息技术等急需产业领域企业，以及养老、家政、托幼、健康等社会领域龙头企业。通过搭建创新要素深度融合的平台载体，为推进经济高质量发展和建设现代化产业体系夯实基础。许多大中型骨干企业从自身发展的需要出发，积极主动推动产教融合，通过创建企业大学和共同举办职业院校、共建产业学院和协同创新平台、开展协同育人和协同研究等多种方式，对发挥企业产教融合重要主体作用进行了有益探索。许多政府机构、行业组织率先搭建体现产教融合要求的校企合作平台、创新创业平台、实践实训平台，推动产业、教育、人才、科技、信息、资本等诸要素集成、共生、演化。如吉利 1997

① 罗静，侯长林．地方高校社会服务反哺人才培养模式的构建［J］．中国高等教育，2020（5）：21－22.

年进入汽车产业就同步创办学校，现已拥有成都吉利学院、海南三亚学院、浙江汽车职业技术学院等从职高到研究生院不同层次的院校 10 所。2018 年，吉利与近 300 个专业院校达成深度合作，储备人才逾万人，并通过创办企业大学，开展“成蝶计划”等培养项目，积极参与院校的教育教学改革，加强双师型队伍建设，构建紧密联动、协同共赢、成果共享、人才交付的创新发展共同体。同时，吉利还与清华大学、浙江大学等知名院校及科研机构开展技术合作，攻克了一批核心技术，创造了多项达到国际水平的科研成果。吉利实现了教育造人才、人才创技术、技术供名企、名企哺教育的良性循环。

产教融合型企业通过举办或参与举办职业院校、产业学院以及将企业的科技创新平台、生产服务场所提升为学习场所、创客空间，向大学输入最新产业技术、理念和商业思维。应用型大学则通过不断深化产教融合的协同育人新流程，将产教融合型企业“生产—研发—管理”全流程的教育要素供给融入创新型、应用型、技能型人才培养过程，将产教融合型企业的创新成果转化为学科专业知识体系，将新技术转化为新课程。创新精神和工匠精神是经济高质量发展的文化基础，也是教育高质量发展的重要内容，是产教融合培养人才的重要任务。创新精神和工匠精神从学习中来，更从实践中来，要通过校企合作实现一体化设计、全流程培育。产学双方共建、共享教学和技术技能设施、实习实训基地，以及学生创新创业、员工培训、技能鉴定等资源，服务教育高质量发展。学校与企业在管理层面、师资层面上创造条件交叉兼职、任职，将企业管理制度融入学校教育教学和学生的日常管理中。高校内部资源作为基础性资源支撑是推进产教融合发展的重要动因。数字科技和教育大数据将成为产教融合的外部驱动力量。作为产教融合的新载体、科教融合的新设计和未来教育的新探索，智慧学习工厂也在推动着产教融合向“大平台 +”的方向持续演化升级。

5.3.4　产教融合的最高级形式

发达国家高新技术产业化和战略性新兴产业内生发展、转型升级的主要动力，既来源于国家创新体系和自主创新能力的持续积累机制，又来源于高校社会服务贡献能力建设。研究型大学以引领高新技术产业、战略性新兴产业，培育和孵化高成长创新型企业与行业转型升级为核心，表现为科技创新、科技创业主导型的高校社会服务模式。该模式通过产学研合作创新的服务模式，创办科技园区、培育和孵化高新技术企业、服务中小企业、建立工程研究中心、实施专利许可和技术转让等，引领高新技术产业、战略性新兴产业的形成和成长。世界上最成功的案例有硅谷、“128”号公路、“剑桥现象”。硅谷的高科技企业在1995年获得850亿美元的收入，其中62%是与斯坦福大学有关的企业创造的。斯坦福大学公共关系部门宣称，有5000个公司的起源可以追溯到斯坦福大学的创意、教职工或者学生。麻省理工学院则通过技术入股、专利技术转移等形式，构筑起全球高校创业企业的成长优势。加利福尼亚大学教授卡斯特斯进一步强调大学的社会服务贡献的角色定位时说，如果知识信息是新的世界经济中的电流，那么大学便是产生这种电流的“发电机”之一。

在中国也是如此。西安交通大学提出建设中国西部科技创新港，就是要把大学与社会发展融为一体，打开“校门”，与行业龙头企业建立校企联合实验室，与世界最优秀的学术机构建立国际联合研究平台，让学生在校内就能接触最前沿的科技。清华大学在科技成果转化和产学研协同创新方面承担着重要使命。清华大学产学研合作按照合作对象主要分为校地合作和校企合作两个层面，形成清华大学的五种产学研合作模式，如图5－4所示。

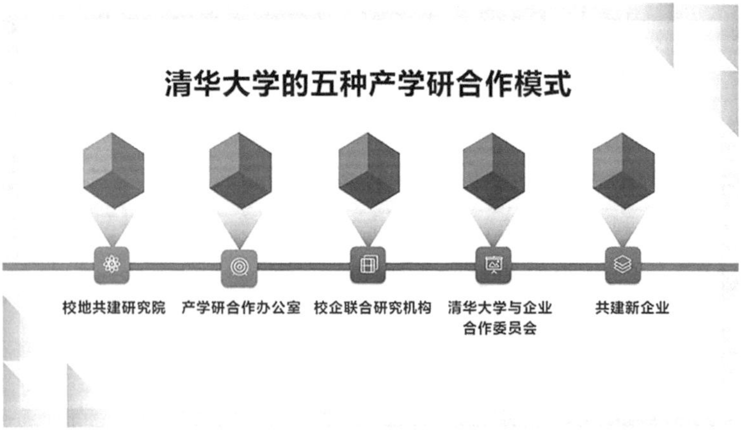

图5-4　清华大学产学研合作模式

资料来源：清华大学科研院张友生、申艳菊的《清华大学产学研合作的几种典型模式》。

产教融合是校企合作的深化过程，其良性发展必然会聚焦到涉及产、教、学三方利益的资源优化配置的问题上。高校的人力资源、财力资源和制度资源是产教融合的基础资源。从高校的实际情况来看，存在人力资源整体水平不高、财力资源投入不足、体制机制不合理等问题。因此，各类大学在产教融合的顶层设计和组织安排上，要以服务学生的能力成长和服务社会的经济建设以及发展为产教融合的行动基点，在充分考虑企业、教师、学生利益需求的基础上，提高服务意识与服务水平，切实帮助教学基础单位解决校企合作条件、师资队伍建设、教学与科研等方面遇到的难题，精心设计好实践教学计划，考虑学生的安全，以及给予学生一些费用补贴①。

5.4　推进产业学院模式，构建校企命运共同体

5.4.1　产业学院的目标及任务

教育部、工业和信息化部出台《现代产业学院建设指南》，以强化学生职业胜任力和持续发展能力为目标，围绕国家和地方确定的重点发展领域，深化产教深度融合、校企合作，推动高校人才培养与产业需求紧密对接。培养适应和引领现代产业发展的高素质应用型、复合型、创新型人才，是高等教育支撑经济高质量发展的必然要求，是推动高校分类发展、特色发展的重要举措。现代产业学院将推进“引企入教”，促进课程内容与技术发展衔接、教学过程与生产过程对接、人才培养与产业需求融合。鼓励高校和企业整合双方资源，建设联合实验室和研发中心，强化校企联合开展技术攻关、产品研发、成果转化、项目孵化等工作。

现有产业学院的运作模式包括搭建平台、整合资源、共建共治。把政府、行业、企业、学校等各方面的资源整合起来，共同投入、共同建设、共同管理、共

① 夏素霞．应用型高校深化产教融合内部调适的着力点［J］．北京教育（高教），2019（12）：29－32．

同分享产业学院建设成果，通过平台建设，整合政校行企各方资源，形成命运共同体。全国企业参与的产业大学的建设主体有三类：

第一类建设主体是区域政府/产业园区/行业协会。围绕区域产业集群，实现产业链、创新链、人才链和资本链的协同发展。其中，以产业链形成产业互联网的集成服务平台，打造产业数据中心、交易中心，形成产业集聚居多。比如，山东蓬莱提出要打造中国苹果产业中心和交易中心。上海技术交易所联合各垂直产业建设产业技术公共服务平台，实现产业技术普惠。对于很多二、三、四线城市的产业大学，以产业需求、产业创新发展为导向，进行产业新生力量的培养，在产业集群中建立产业人才高地是可行的。

第二类建设主体是产业互联网平台企业。核心是围绕产业链上下游提供供应链、技术、金融、人才等一系列增值服务的集成服务平台。人才培养服务也可以成为产业互联网平台企业新的增值服务，通过帮助产业链上下游进行知识服务，获得直接的经济收益。

第三类建设主体是产业核心企业。通过为产业链上下游提供人才培养，提升供应链的整体协同和客户黏性，增强在整个产业链中的影响力，实现从企业大学到产业大学的升级。产学合作，共建“人才-教育-创新”的生态连接，是产业学院建设的主导方向。

建立产业学院的目的是希望校企（行业）通过专业共建、资源共享及协同育人的方式，利用双方各自的优势，培养应用型人才①。建设产业大学要从产业家的视角去全面整合产业生态资源，教育者要以产业思维改造教育链，课程体系对应岗位能力培养，为产业链服务。产业大学强调的是为产业链上下游创造价值，在创造价值的过程中共享收益。产业大学的建设对区域政府、产业、产业上的企业、产业上的人都要产生价值和效益：帮助区域政府实现产业人才集聚，提升就业质量；帮助产业新旧动能转化，实现高质量可持续发展；帮助产业链上的企业提升经营管理能力，实现业绩增长；帮助产业上的从业者提升能力，获得职

① 刘书敏，庄素媚．基于绩效视角的旅游产业学院建设分析——以广东海洋大学寸金学院为例［J］．知识经济，2020（21）：21－22.

业发展空间。同时，基于数字化平台形成稳定可持续积累的产业知识体系，不断推动整个产业新知识的应用和已有知识的快速普及双向互动互通，推动产业生态链中人的系统学习、可持续学习。现代产业学院培养的人才，是以产业技术发展的逻辑体系来考核的，而不是用原有的学科专业的知识逻辑体系来考核，这将是个全新的从形而上到形而下的教育变革。

教育部高等教育司与工业和信息化部人事教育司共同研制的《现代产业学院建设指南（试行）》指出，在特色鲜明、与产业紧密联系的高校建设若干高校与地方政府、行业企业等多主体共建共管共享的现代产业学院，引导高校瞄准与地方经济社会发展的结合点，突破传统路径依赖，探索产业链、创新链、教育链有效衔接机制，打造一批融人才培养、科学研究、技术创新、企业服务、学生创业等功能于一体的示范性人才培养实体。产业学院的根本点是推动高校主动对接区域产业发展需求。建设指南明确了现代产业学院七个方面的建设任务：一是创新人才培养模式。面向产业转型发展和区域经济社会需求，以强化学生职业胜任力和持续发展能力为目标，以提高学生实践和创新能力为重点，深化产教深度融合、校企合作，创新人才培养方案、课程体系、方式方法、保障机制等。二是提升专业建设质量。围绕国家和地方确定的重点发展领域，深化专业内涵建设，主动调整专业结构，着力打造特色优势专业，推动专业集群式发展。三是开发校企合作课程。引导行业企业深度参与教材编制和课程建设，设计课程体系、优化课程结构。加快课程教学内容迭代，推动课程内容与行业标准、生产流程、项目开发等产业需求科学对接。四是打造实习实训基地。基于行业企业的产品、技术和生产流程，构建基于产业发展和创新需求的实践教学和实训实习环境。五是建设高水平教师队伍。探索校企人才双向流动机制，探索实施产业教师（导师）特设岗位计划，共建一批教师企业实践岗位和“双师双能型”教师培养培训基地。六是搭建产学研服务平台。强化校企联合开展技术攻关、产品研发、成果转化、项目孵化等工作。七是完善管理体制机制。强化高校、地方政府、行业协会、企业机构等多元主体协同，形成共建共管的组织架构。

5.4.2　产业学院的协同创新探索

政府、企业、高校、研究所和市场五类主体按照市场经济机制，在功能与资源优势上协同与集成化，实现技术创新上游、中游、下游的对接与耦合，这种政产学研用协同创新模式，也是产学研结合、建立产业学院的一种范式。按照主体标志的不同，主要分为实体模式、基地模式、科技园模式、市场需求模式和虚拟模式等①。

实体模式是指在政府的指导下，企业与高校、科研机构围绕共同目标，按出资比例组成具有独立法人资格的企业。实体模式可分为企业主体型、高校主体型与科研院所主体型三种。其中高校主体型是指大学自己创办科技产业或建立实验基地，促进科技成果转化为现实生产力，实现科学技术的产品化、商品化和产业化。该模式把高校和市场、社会紧密联系起来，使得学校的成熟技术和设备可以直接为企业生产服务，典型的实例如北大方正、清华同方等。

产学研合作基地是指合作方以资源共享、优势互补、互惠互利的原则所建立的以研发、培训、研习、交流为目标的合作平台。这一平台的特点是非实体型，更多是以人才培养、实训、交流与研发合作为目的。该模式在研究所中作为人才培养基地的情况比较普遍。

科技园模式一般主要是由高校牵头，联合多家企业和政府参与，主要从事高新技术产品开发和成果转化等，各方以产权为纽带，实行资本运行，以期获得高收益、高回报。近年来，科技园区形成的创业园也成为产学研合作的亮点之一。科技园区模式的孵化器是一种过渡转化的组织模式。

市场需求模式是指基于市场需要形成的合作方式。按照技术流通和服务的形态分类，市场需求牵引型合作模式主要有技术转让型、技术开发型、技术咨询型和技术服务型。

虚拟模式是建立在信息化和网络化的基础上，使政府、企业、大学和科研机构结成虚拟联盟，共同开展某种技术或某项产品的研究与开发，其宗旨是以最低的成本、最快的反应速度，最大限度地满足市场需求。

现代产业学院坚持以提高人才培养能力为核心，推动学校人才培养供给侧与产业需求侧紧密对接。坚持产业为要，强化政产学研用协同体系化设计，实现共

① 王安国. 政产学研用协同创新模式研究［J］. 中国地质教育，2012（4）：40－43.

建共管共享，探索校企联合、校园联合等多种合作办学模式。产业学院最为重要是工作是“引企入教”，促进课程内容与技术发展衔接、教学过程与生产过程对接、人才培养与产业需求融合，协调整合多主体创新要素和资源，打造产教深度融合、多方协同育人模式。

产业学院是湖州中职学校深化校企合作的创新模式。由职业院校、行业企业和产业园区合作共建产业学院，在办学和管理体制上，尝试引入 PPP 模式，探索建立“利益共享、风险共担、全程合作”的工作机制，并成立多方参与的产业学院建设领导小组，设立产业学院管理委员会，各司其职、各尽其责，共同打造产教深度融合的育人平台。深入推进“共建、共管、共享、共赢、共长”的创新性、融合性、可持续发展的校企合作，构建湖州特色的“产学研用创”协同路径。湖州由职业院校与特色小镇、工业园区、行业企业等多方合作共建，着力打造集人才培训、社会培训、技术服务、师资融通、课程开发、资源共享的产教深度融合的育人平台，共同培养应用型、创新型人才，着力服务区域特色产业集群、特色小镇建设和产业园区发展。目前，湖州建设了 5 个市级产业学院，分别是浙江信息工程学校的吴兴高端装备制造产业学院、湖州艺术与设计学校的南太湖健康婚庆特色产业学院、德清县职业中专的德清地理小镇产业学院和民宿服务产业学院、安吉职教中心的“两山”旅游学院。浙江信息工程学校携手吴兴区共建吴兴高端装备制造产业学院。该学院数控技术、机械装配、电气自动化设备应用维护和工业机器人应用维护 4 个专业，探索实践“文化联姻、生徒德育”的大东吴模式、“招生招工一体、培训生产同长”的星光农机模式和“产业学院嵌入式”模式，实现校企人才培养无缝对接。产业学院坚持项目引领，深化现代学徒制，利用自身的实训设备、师资条件等方面的优势，致力于打造服务企业的平台，成为产业转型升级的“助推器”。德清地理小镇产业学院建立了企业服务工作坊，鼓励教师承接各项产学研服务项目，组织教师进行技术攻关，鼓励学生积极参与各类项目，服务产业园区企业可持续发展。

宁波大学把科技学院直接搬到了民营经济发达的慈溪市，并深入参与当地企业的智能化改造等工作。宁波大学科技学院慈星智能产业学院以项目驱动进行教学，一边做项目一边学知识，让学生熟悉电子产业运作的整个流程。产业学院的特色在于共建共管、共融共享，被称为政校企合作共同体。

常州大学产业学院强调项目实施过程中跨学科、跨专业知识的积累和应用，面向产业，立足创新创业型人才培养，打破学校与企业间的“围墙”。2017 年，常州大学与常州市政府、阿里云计算有限公司以及慧科教育科技有限公司四方共建阿里云大数据学院，这是江苏省本科高校首个大数据产业学院。常州大学坚持“化工 +”的学科建设和发展思路，重点聚焦科技发展前沿、国家重大战略、区域经济发展需求，联合行业领军型企业，聚焦高端产业创新人才培养，深度引入产业资源，建设产业学院，培养面向新兴产业的高级复合型人才。

现代产业学院的目标是培养面向未来、立足当下的应用型人才、复合型人才。北京财贸职业学院和新道科技股份有限公司开展合作，以数智化的场景进行专业课程的提炼打造，每一个专业方向都设计了相应的课程体系，相应的平台支撑。新道科技作为平台型教育服务企业，背后拥有用友集团 600 万家用户支撑，把产业中发现的新场景转化成合作课程、专业方向，通过优质学校的实践，再推荐到企业中进行优化升级，成为一个闭环的良性生态系统，真正和学校成为命运共同体。

河南牧业经济学院是河南省结合当地农牧产业特色而成立的本科院校。2018 年以来，学校引入信息化、智能化、大数据、物联网等工科元素，与 9 家行业龙头企业、8 家行业协会共建共管现代产业学院。学校将传统的“动物科学专业”进行试点改造，邀请企业、行业协会共商共建课程体系，学生们除了学习动物生产技术外，还要掌握信息化智能化技术、企业管理和设备操控技术等。

西交利物浦大学是由西安交通大学和英国利物浦大学强强联合创建的国际大学。西交利物浦大学创业家学院（太仓）通过与各行业领先企业共建共享，以开放创新打造未来大学的样板，实现融合式教育模式创新。西交利物浦大学与企源科技共建的产金融合学院，是企业大学与产业大学整合发展的新模式。西利企源作为上海企源科技股份有限公司和西交利物浦大学联合创办的产教融合公司，实现了将实体产业数字化转型知识库和实践方法论积累、产业互联网和供应链金融领域的头部品牌优势，与西交利物浦大学前沿的教育理念和师资优势结合。西利企源产业大学以推动产业转型升级，建设现代化产业体系为核心目标，打造产业级的人才培养赋能平台，通过双方的战略与资源协同，为政府、园区、产业互联网平台企业（产业核心企业）提供从规划到运营落地的全链条服务，面向产业链各环节的专业能力提升和综合能力培养，建立适合产业发展需要的产业人才供应链。该模式以产业大学治理委员会整合产业链生态资源，为产业人才发展提供方向指导和专业赋能；以产业人才评价认证体系建立以产业需求为导向的人才培养标准和人才能力评价认证；以产业大学的运营体系有效支持产业大学的运作和长期可持续发展；以实时的数字化平台支撑，实现产业知识和能力的沉淀，实时化的学习成长和评估认证。具体包括：首先，沿着产业链开展产业上下游供应链管理和各环节专业技能的培养，提升整个产业供应链的品质保证、供应保障和风险管控能力；其次，帮助产业从业者掌握产业发展的新趋势、结合产业场景的新技术应用、供应链金融的应用，以及产业互联网平台的流程和一系列共享功能的使用，帮助产业从业者提升认知；最后，围绕产业升级，提升产业从业者的经营管理能力。产业大学的治理层面，建设整合产业链的生态资源，构建产业大学治理委员会；在人才培养过程中，建立产业人才的评价认证体系、运营体系和数字化平台支撑。

5.5　德国柏林州 Adlershof 科技园案例研究

德国经济稳定位列世界第四（欧洲第一，分别超过法国和英国 20% 以上），汽车和汽车配件工业、电子电气工业、机械设备制造工业、化学工业和可再生能源产业五大支柱产业具有世界性竞争力。为保持经济的韧性，2013 年 4 月，德国政府提出“工业 4.0 战略”，致力于建立高度灵活的个性化和数字化的产品与服务生产模式，被认为是以智能制造为主导的第四次工业革命。服务于工业 4.0 的创新创业生态体系在德国科技园区孵化成型。德国创新创业生态体系的培育和发达，对于德国经济的稳健和可持续起到关键性作用①。

① 徐振强. 德国“工业 4.0”科技园区创新创业生态体系研究——基于对柏林州 Adlershof 科技园的案例研究 [J]. 中国名城，2015 (11)：38－49.

柏林州 Adlershof 科技园在创新创业生态体系和生态智慧规划建设领域成效显著，综合创新能力在欧洲排名前四。

Adlershof 科技园形成了五城联动的有机生长模式：以光伏和可再生能源等六大产业研发为体系的科技城；以洪堡大学科技类院系为主的高教城；以原东德广播电视台为基础的传媒城；以柏林创新中心等四大孵化器为体系的创业城；以建筑节能和能源转型为核心的大都市综合解决方案的柏林州未来城。Adlershof 科技园一直是科技和传媒结合的综合发展片区。Adlershof 科技园不仅拥有科研集群，同时也是欧洲处于领先地位的技术创新中心，这里约有 1.5 万人在 1000 个商务、研究和学术机构工作，约 8500 大学生入住。

5.5.1 园区的创新创业体系与孵化器

Adlershof 创新创业体系的核心由高校和研究机构组成，其中洪堡大学是德国 11 所最好的大学之一。WISTA 管理有限公司和 Adlershof 工程公司则致力于将包括德国本土先进技术企业在内的优秀企业吸引到 Adlershof 科技园。Photovoltaics 是 Adlershof 科技园技术创新的主导企业，带动了可再生能源产业在园区的集聚。WISTA 管理集团及其下属子公司坚持将 Adlershof 园区作为柏林的未来样板，集团在柏林自由大学附近建立了技术和企业孵化器。Tegel 工程公司开发了将现有 Adlershof 科技园成熟的城市技术予以应用的新园区。Adlershof 科技创新体系致力于不断吸引和孵化有未来前景的企业，保持柏林的国际性可持续创新能力。科技园的产业聚群主要包括光子和光学、光伏和可再生能源、微系统和材料、IT 和传媒、生物技术和环境、检测分析科技等六大产业。柏林创新中心管理有限公司（IZBM）的主要工作是孵化创新型企业，建有创新和商务孵化器、Adlershof 国际商务孵化器、Charlottenburg 创新中心三大孵化器，为企业提供办公、试验、多功能展示和投资项目报批服务等。IZBM 的孵化器模式从 Adlershof 科技园起步，逐渐形成了在高校周边建立孵化器的商业机制，陆续在汉堡大学、柏林技术大学、柏林艺术大学等建立孵化器。WISTA 管理公司与洪堡大学在研究和商务领域展开合作，依托卓越行动计划和开放实验室体系，与综合科学研究所在先进材料和分析科学领域展开技术研发合作，与洪堡大学的洪堡创新公司（主要承担洪堡大学的技术转移）共同将学生、科学家和企业家聚集在 Adlershof 科技园，以达到启动联合研究、承担技术转移项目和促进高校创业孵化等目标。同时，WISTA 公司与巴西实体推进先进技术项目国家联合会、美国洛杉矶清洁技术孵化器等达成合作意向。WISTA 的园区开发模式得到世界多个重要经济体的关注，俄罗斯、中国、巴西、泰国、秘鲁和厄瓜多尔均提出建设科技园的合作意向。

5.5.2　管理模式与分工

WISTA 管理有限责任公司不仅开展物业管理（租赁/销售）和市场宣传（国内/国际），同时将科技园的新技术进行推广。Adlershof 设备管理公司主要对既有建筑（商业、办公和实验区）以及基础设施提供维护管理服务。公司专门设置柏林 – Adlershof 创新和产业化孵化器（由柏林创新中心有限责任公司具体运营），主要为起步阶段和年轻的创新型企业提供便利友好的全方位服务。WISTA 总经理为国际科技园联合会专家委员会的主席。Adlershof 工程公司（柏林州政府控股）是城市开发机构，主要负责片区开发、总体规划管理、土地使用管理、建设项目管理和 Adlershof 工程信托资金管理，并负责地产物业销售和整个 Adlershof 片区的市场推广等（类似于国内的一二级开发联动）。Adlershof 科技园由 Adlershof 工程公司运营管理，该单位为柏林市国有控股投资。Groth – Berliner Damm 为后期开发的公司提供场地和基础设施接入，这使得科技园能够促进柏林的再工业化。柏林州参议院负责城市发展和环境的部门对于该区域的投资开发商的城市规划理念也是高度关注。WISTA 管理公司运营 6 个现代技术中心，包括 13 栋建筑，约合 17.6 万平方米。当前，Adlershof 科技园的投资主体已经从公共部门转为私营部门。

5.5.3　启示

德国创新创业生态体系的建立，得益于多级政府支持与有效引导，中央和地方政策型银行融资资助，以及其本身创新创业社会组织类型发达、体系综合和基础扎实，保障了生态系统的管路通畅和有效运行。与此同时，高校、科研院所重视应用科学教育和研发，注重与社会组织等多方合作，在政府/非政府支持下实施应用创新，并集合企业的自发创新创业力量，形成了良好的创新创业生态体系。具体启示包括：

（1）坚持以生态系统理念培育创新创业体系。以公私合作合营模式促进各部门广泛参与。公共部门（地方政府、高校、科研院所）和私营部门，特别是以高校为依托的大学科技园要与高新区形成紧密联系。其中，地方政府与大学科技园要通过间接管理，如资金入股等方式。尊重创新创业活动的自主性，通过组织协调第三方为创新创业培育良好外部条件，特别是涉及跨部门、跨层级和跨行业等管理瓶颈的协调。

（2）重视中小企业并优先给予培育和资助。用前期投融资的方式来支持中小企业，重视产学研和市场力量的结合。德国 2012 年有 1307 家中小企业位列世界“隐形冠军”，分别为美国和日本的 3. 57 倍和 5. 94 倍。德国弗劳恩霍夫研究协会创造了“创新审计”的理念，并开发了“创新卡片”计量评价体系，对创业投资项目进行动态持续监控与评价，帮助项目投资者、技术团队和管理者了解和分析项目的运作状况，并提出管理决策和优化建议。德国和日本等制造大国之所以崛起正是依托于其对中低端以及贴近生活产业的持续性创新的重视。不局限于高精尖产业，重视中低端创新创业的可持续发展，同时还可以提供更多的就业机会。与此同时，创新创业应互相依托和转化，强调资金、网络和文化的协同互动和有效促进。

（3）打造促进创新创业的复合型社会组织。首先，鼓励高校和科研院所人员多点执业。高校和科研院所应加快重构，适应市场需要。德国与创新创业相关的社会组织规模和社会服务能力与高校相当，并且有独立的治理体系，是区别于政府下属公共部门的第三方。联邦政府和州政府对社会组织高度信任，并给予财政支持。与此同时，行业型社会组织（创业联合会、工商联合会等）和基金型社会组织（德国科学基金会、大众汽车基金会等）与研究型社会组织互相配合、支持，共同实现了德国创新创业顶层设计与高校、企业的有机连接和执行。高校与社会服务组织共同培养创新创业人才，共同致力于创新技术的社会成果转换。

5.6 旅游管理学院的人才供给改革与探索

旅游管理学院培养应用型人才的关键，是坚持以能职匹配为导向的能力本位教育人才培养模式。能力本位教育（CBE）的核心是使学生具备从事某一职业所必需的实际能力①。人才培养的目标定位是决定旅游管理专业发展方向的标杆，也是人才培养最基础和最核心的部分。2018年颁布的《旅游管理类专业本科教学质量国家标准》明确指出，旅游管理专业是培养掌握现代旅游管理基础理论、专门知识和专门技能，具有国际视野、管理能力、服务意识、创新精神，能够从事与旅游业相关的经营、管理、策划、规划、咨询、培训、教育等工作的应用型专业人才。未来一定时期内，文化产业和旅游产业融合发展将成为社会共识，引领旅游产业的发展方向。要把区域旅游产业发展特色和专业办学资源条件有机结合起来，既突出专业个性特色，又能适应地方产业发展布局与经济结构调整需要。如河南大学旅游管理专业把文化旅游作为特色定位，发挥了开封在文化旅游产业发展方面所拥有的得天独厚的资源优势。

课程建设是有效落实人才培养方案、提高专业教学水平和人才培养质量的重要保证，也是打造专业特色的重要抓手和支撑。现阶段旅游管理专业课程体系普遍体现出设置重复和与行业标准脱节的问题。旅游管理作为具有较强综合性的专业学科，触及诸多理论内容与专业知识，专业课程具有较强的重复性。如专业基础理论课程包括经济学等理论内容，专业核心课程中又有旅游经济学等课程，这样，在课程教学中容易出现教育内容重复。为进一步贴合本专业的教育需求，往往会针对本专业学科体系进行课程结构细化，导致学生去学习重复性的理论知识，而对行业素质影响较大的隐性课程，并未被规划在课程内容之中。加强专业特色课程建设是一项复杂的工程，涉及师资队伍建设、教学内容建设、教材建设、教学资源建设等方面，需要理清思路、科学规划，通过有效地整合资源，逐

① 李炯华，丛丽，宋洪波．基于CBE模式的旅游管理专业实践教学体系构建［J］．实验技术与管理，2011，28（3）：235-238，243.

步推进。旅游产业集聚化发展，要求旅游人才供给更加接地气、强特色。

5.6.1 实施产教融合，推进课程开发深度合作

现在，很多旅游应用型本科和高职学院与企业建立了深度合作关系，设立了现代学徒制班、订单班，高校与企业实行联合招生、共同培养，形成校企“双主体”人才培养模式。比如，广科长隆旅游产业学院立足自身特点和优势，开设学徒制菜单式课程，将专业基础课、专业核心课、专业实习实训课、专业拓展课等四大模块编列成菜单式清单，供学生自主选择。菜单式课程的基本操作流程为“开设课程清单－教师选教－学生选课－班上授课－提炼成果”，该流程的关键是设置菜单式课程，并在此基础上设置课程菜单，促进菜单式课程在旅游管理现代学徒制教学中的应用。菜单式课程的最大特点是根据学生学习需求的差异性，设计个性化菜单，满足学生的不同需要。河南大学的课程设置，在保留旅游管理学科必须设置的课程的基础上，设置了文化产业管理、文化旅游创意与策划、旅游文化等特色课程和模块，凸显和支撑文化旅游专业特色。湖北文理学院旅游管理专业广泛吸纳地方旅游企业意见，开设了“襄阳文化与旅游”“汉江流域非物质文化遗产与旅游”等服务地方经济发展的理论和实践课程，出版了校级特色教材《襄阳文化与旅游》等，在专业基础课教学中引用本土化案例，让普适性的理念沾上区域旅游的地气，更好地服务襄阳旅游产业发展。

在教学实施中，广科长隆旅游产业学院教师提炼出课程的核心知识点，将其融入菜单式课程，通过学中教、教中做、做中学的方式，让学生逐步积累和获取未来职业岗位所需的“做”的能力。

应用型本科学院、高职院校根据旅游产业发展和旅游企业岗位需求设置专业，实现专业与产业对接，深化落实产业标准与专业标准对接。根据产业转型升级对职业标准提出的新要求，将职业标准融入课程标准，实现专业课程标准与职业标准对接。如将《导游服务规范（GB/T 15971—2010）》与专业核心课程“导游实务与技巧”对接，加强实习实训环节，培养符合产业标准的人才。将教学过程标准与生产过程标准对接，如在“导游实务与技巧”的教学过程中，按生产过程的接站服务、致欢迎辞、景点讲解服务、沿途生活服务、个别要求处理、送

站服务、致欢送辞，来组织课堂实践教学等。在校企合作视域下，进行本科院校旅游管理类专业人才培养的隐形课程设置，组织学生进入到企业中进行顶岗实习，并利用在企业内完成项目的过程锻炼学生的专业能力；或者将旅游企业生产运营项目引入专业实践教学，开展会议与宴会设计及服务、餐饮服务、导游服务等生产性实践教学项目。

从《旅游管理类专业本科教学质量国家标准》对旅游管理应用型专业人才的培养定位来看，旅游管理专业人才不仅需要较高的理论素养，还需要具有较高的专业实践能力和创新能力。旅游人才的高阶思维能力不足渐渐成了旅游产业高质量发展的主要障碍。Baker（1990）认为，高阶思维是指所有超越信息检索的智慧活动任务。布鲁姆等（1956）从认知目标分类学角度入手，将记忆、理解和应用列为低阶思维，将分析、评价和创造列为高阶思维①。基于高阶思维能力培养，本科院校在进行旅游管理类专业课程结构设计时，重点分析旅行社与旅游景区等的工作任务，引导学生加深不同岗位对职业能力的需求的了解。学生也可以在一线工作人员的带领下，进入到企业中进行工作任务具体内容学习，从而在教学期间形成新式职业分析机制与模式。旅游产业集聚发展需要将教学内容进行集成，突出旅游规划方案、旅游营销以及路线策划工作能力等，最终促使学生通过全过程实习参与的形式，更深入地掌握旅游管理工作流程。

5.6.2　建立产业学院，促进教学过程改革

高校人才培养的普适化特征与行业企业的个性化要求之间存在一定的矛盾。2017 年，《国务院办公厅关于深化产教融合的若干意见》（国办发〔2017〕95 号）提出，鼓励以引企驻校、引校进企、校企一体等方式，吸引优势企业与学校共建共享生产性实训基地。企业既希望学生毕业后具备优秀的旅游服务知识和技能，又不愿意在毕业前为学生提供更多的实践机会和技能培训，客观上存在把高校实习生当作企业廉价劳动力的现象，把大学实习生分配到不需要专业知识、以

① Bloom B S, Krathwohl D R. Taxonomy of educational objectives: The classification of educational coals handbook I cognitive domain [M]. New York: Longmans, 1956.

体力劳动为主的边缘岗位。这种现象导致实习达不到预期目的，反而造成在校生对企业实习意愿度不高、专业认同度低的问题，更严重的是使学生失去对旅游行业的从业兴趣。因此，建立校企（地）协同育人机制，就是使学生的实习实践更加丰富多彩，让学生深入了解行业和企业，从而更加热爱专业。

旅游管理是一个应用性和实践性非常强的专业，教学内容存在广泛性，既要模拟出旅游环境，又要有实际可操作的旅游事务。需要以国际化的教学视野引领教学规划，推动企业与学校的合作交流①。现在的突出问题是，课程设置严重依赖学校以及学院的发展背景、师资力量和现有教学资源，缺少智慧旅游、全域旅游、旅游融合性产业、乡村旅游、旅游安全等相关内容课程。因此，旅游管理专业要从市场需求导向和以学生为中心两种视域，建立旅游新常态与课程体系优化双向作用发展模式②。

（一）分步落实产业学院建设，实现产教迭代融合

产业学院是有效整合校内学科专业资源及行业企业资源，形成与产业发展契合度高的产教合作的长效机制。旅游集聚区的高校通过校地合作、校企合作、校校合作等方式，与地方政府、旅游企事业单位、同类高校共建共享旅游综合实践实训平台，将实践实训课堂与智慧旅游实践场景无缝对接，将课堂变为项目实战，将经营实战融入课堂，为专业学生实践能力和创新能力的培养提供支撑和保障。广东海洋大学寸金学院产业学院的建设经验值得推广③。

一是基于产业学院实际的教学、实践等需要，给予教师评聘自主权，在聘请专业教师、专家及行业代表时给予薪酬支持，对于校内的兼职教师给予薪酬补贴等。二是在校内划拨场地作为产业学院教学及办公用，并配套科学完备的运行制度，形成稳定的投入机制。三是学校招生办在招录学生时加大宣传，在录取时给予政策倾斜。寸金学院产业学院分三步进行建设：第一阶段，初步形成良好的产

① 董钦．旅游管理本科人才培养初步研究——基于山西大学与日本立教大学旅游人才培养方案的比较［J］．旅游纵览（下半月），2019（14）：225－226.

② 王晓峰，程圩．旅游新常态下旅游管理专业课程体系优化探索——建构主义的视域［J］．首都师范大学学报（自然科学版），2018，39（1）：65－71.

③ 庄素媚．旅游产业学院阶段性建设成效分析——以广东海洋大学寸金学院为例［J］．产业创新研究，2020（04）：98－100.

业学院办学条件、模式及机制。学院主要提供理论教学及校内实验（实训）的条件，企业合作方主要提供高水准、优质的校外实践教学条件。第二阶段，修订人才培养方案、建设双师型师资队伍。着眼学校应用型人才培养的目标，使产业学院成为校企双方进行“双师型”师资队伍建设的联合平台，形成高水平的“双师型”教学团队及产业学院管理团队。第三阶段，通过开展研究与实践应用，发表相关论文，形成建设报告。在建设过程中，针对开设的每一门专业课，按照其所支撑的职业能力进行知识模块化设计，并按需组建课程群教学团队，将校内不同知识背景的教师、校外行业教师进行有机整合，从而达到人才职业能力培养的要求。如由酒店专业人员指导学生管理见习活动，选派部分学生进行酒店领班、部门主管岗位的见习，尝试解决学生顶岗实习只能做一线服务员的问题，实现学生在注册经理人的指导下进行批量基层管理岗位见习活动，并逐步制度化。

（二）开展参与性活动，增强旅游行业认可度

现实中，很多旅游专业毕业生对旅游行业存在认知度不清、行业认同感不强、流失率高等问题。这种现象既与旅游行业自身特点相关，也与旅游高等教育中行业认知教育和旅游职业生涯规划教育不足有关。除了通过常态化的学生座谈、行业调查等方式，还可以设计旅游管理专业学生群体问卷，进行自我认知、职业认知、能力认知的调查，全面了解学生对自己的认知，以及对职业生涯预期和能职匹配的自我评价。更为重要的是，借助旅游行业协会、校友资源、教师行业挂职等“引进来”与“走出去”相结合的方式，开展旅游企业家进校园、高校师生进企业活动，加强行业认知度。以践行“工匠精神”为引领，开展“工匠精神”基本内涵（包括敬业、精益、专注、创新等）养成修炼项目和情商培养活动，夯实学生的专业素养和能力。鼓励和支持学生参加各级各类专业技能竞赛，通过社团（工作室）导师的指导和培育，进而有效提升旅游管理学生的专业素养和技能，展示旅游管理学生风采。

（三）改变传统专业授课体系，解决学习碎片化和深度不足问题

教师从工作岗位的典型工作任务出发，通过旅游管理专业菜单式课程的设计

开发，分解工作任务完成的步骤，提取知识点，录制讲解视频并上传至学习通平台。学生借助线上学习通、智慧职教、腾讯课堂等平台，在课前完成线上自学。开展网络教学，便于学生在有网络的情况下随时随地进行学习，有效利用学生碎片化的时间，让学生在顶岗时间之余掌握课程理论知识。此外，为了适应智慧旅游的发展，旅游管理专业必须将信息技术纳入人才培养的教学中，增设以线上服务为主的旅游管理服务内容，如旅游产品设计与产品开发、旅游线上营销、在线旅游服务等。在旅游管理专业课程体系中，除保留旅游管理基础课程之外，还应该增设计算机课程、移动终端技术课程等，增强旅游管理专业学生的现代信息服务意识，提高服务效率，进而提升学生的专业综合素养①。教师可将大数据技术与云计算技术引进课堂教学中，使学生熟悉数字化营销平台的运行状况。从话题制造、营销渠道以及粉丝聚集等层面入手，使学生了解产品数字化营销的精髓。另外，教师也要把生态旅游发展现状和旅游管理教育充分融合②。我国旅游领域的发展始终强调生态旅游理念的贯彻落实。在旅游管理教育教学过程中，教师应引导学生明确旅游生态环境保护的重要性，使学生自觉贯彻生态文明理念与生态旅游发展观。

5.6.3 把握教育范式变革趋势，开展政产学协同创新

地方政府与企业都有理性经济人属性的一面，它们之所以选择与某些旅游学院合作，是因为这些学院在某些方面有比较优势。旅游新业态、新技术、新问题层出不穷，地方政府与企业的需求呈现出多元化的趋势。实践表明，让师生了解地方区域经济发展与产业转型升级需要，了解旅游行业发展趋势，加快研究成果向产业技术转化的进程，可以提升学生的培养质量和社会对学校以及专业的认可度、满意度，进而强化政产学合作意愿、拓展校地企合作途径。通过校地企协调，将政府、企业的实际需求作为师生研究实践选题的重要来源，是高校发展的

① 黄燕玲，侯琳．大数据浪潮下旅游管理类卓越人才培养体系构建研究［J］．长春大学学报，2021，31（06）：58－63.

② 许振华．生态旅游理念下旅游管理创新型人才培养思考［J］．江西电力职业技术学院学报 2020，33（12）：63－64.

重要路径。优质师资力量是高校专业建设和服务地方的基础和保障，而目前旅游管理专业双师型师资队伍尚未形成规模，如何打造双师型师资队伍，提升校地合作服务地方的能力，是目前旅游管理学院发展或者专业建设的紧迫需求。需要建立校地企合作的常态化支撑平台，主动对接政府和旅游主管部门的各项诉求；加强与行业企业合作，及时准确地掌握一线涉旅企业需求。派出教师赴市县（区）政府和文旅部门挂职，承担服务单位委托的咨询课题、旅游规划项目和大型综合培训项目，将极大地提升专任教师的实践动手能力和业务水平。校内教师和企业导师联合申报省市教研、科研课题，校内教师到企业开展员工培训，企业导师到学校开展专题讲座，将有利于高校破解教学改革难题、高效服务企业。

学科和专业，都体现着知识分类体系及相应的制度安排，其建设的逻辑既遵循科学技术本身发展演化的规律，也体现着社会产业需求。教育形态正在形成鲜明的特点：办学需要扎根中国大地，注重解决社会问题；教学需要全面实现“课堂＋线上＋实践”的有机融合。将各种元素融入专业建设之中，形成培养“以德为先、能力为重、科学成才、全面发展”高水平专门人才的合力。人工智能引领科技变革，人工智能技术向学科专业渗透的催化作用加速。

在此背景之下，培养具有社会责任感、创新精神和实践能力的旅游管理人才成为旅游管理学院改革发展的主导向。对于旅游集聚区发展而言，需要通过科技创新来促进旅游产业结构升级和区域经济社会形态变迁，这些深层次的变革也取决于旅游教育形态的及时变革推动。旅游高校应当主动迎接旅游产业数智革命和新业态变革的行动，通过政校企协同创新来助推区域旅游产业升级或实现迭代跨越。产教融合是新时代背景下教育链、人才链、产业链与创新链有机衔接的高等教育新体系建设的重要命题，也是实现高质量发展的必由之路。

在旅游集聚化过程中，“生存为主”是大多数企业的惯性思维，尤其是中小型旅游企业，将更多地关注可见的、短期的效益或利润，而忽视中长期的人才培养和创新投入，更难将其自身发展愿景置于旅游产业的价值链的高度。依托高校平台、创新性技术、人力资本和社会服务资源，获得产品创新、技术改造、劳动力供给等利益是这些企业的核心诉求。这种行为主体逻辑差异和利益诉求的存在，要求高校在技术创新和人才供给上同步满足企业的期待。自主与产业、企业开展深度沟通，寻找利益耦合点，有效撬动高校旅游专业群要素集聚的杠杆，提升产教融合协同育人的有效性。用价值化思维构建“Basic - Practical - Applied”（基础 - 实践 - 应用）课程新体系，将抽象的能力具象化为真实的实践项目和任务，组成课程内容。建设“聚焦专业，链接产业，互联共生”的新型产教联盟。政府要真正降低资源获取的交易成本，促进协同创新效应。

旅游高等教育面临人才培养与实践和社会需求脱节的困境，旅游服务深度和持续性不足，社会影响力较弱。高校旅游学科发展应突出特色，与其他学科融合而非学科独立，构建学科交叉发展的格局，改革旅游教育培养模式，建立兴趣引导、能力主导和知识融合的教育体系，在理解教育价值性的同时更加重视实践的本体性，向学生提供理论和实践有效整合的实践教育。从经济学上来讲，大学教育是人力资本投资，用以应对未来职业的需要。我国目前旅游行业的平均薪酬比较低，说明了旅游行业人力资本的边际产出不高。旅游类专业毕业生行业留存率低，有一定的内在逻辑合理性。要改变这种现状，首要任务是提升专业知识对产业的适用度，优化旅游产教融合的师资结构。在新发展理念的指引下，把创新、协调、开放等思维融入旅游教育和学科建设之中。研究文旅融合下的文化项目的活化、IP 的创造与传承等。推动学校智慧教育走深做实，引领教学改革新发展。通过 5G 技术赋能教学改革，探索沉浸式教学改革新路径，构建开放、共享、交互的教学新形态，激活学生的创造力。

第 6 章　政产学协同创新趋势与对策

6.1　协同创新的特点与趋势

协同创新是以知识增值为核心，企业、政府、知识生产机构和中介机构等为了实现重大科技创新而开展的大跨度整合的创新模式。

从国家层面来看，协同创新是通过代表国家意志的政策和制度设计、引导和机制安排，促进国家创新体系中的主体单元企业、大学、研究机构、中介组织发挥各自的能力优势、整合互补性资源、实现各方的资源互补，加速科技原创技术应用化和产业化。

从空间层面来讲，协同创新是指创新资源和要素在合理空间尺度下有效汇聚，通过突破创新主体之间的制度壁垒，充分释放彼此间人才、资本、信息、技术、数据等创新要素活力而实现深度合作。

从组织架构来说，协同创新是一项复杂的创新组织方式，其关键是形成以大学、企业、研究机构为核心要素，以政府、金融机构、中介组织、创新平台、非营利性组织等为辅助要素的多元主体协同互动的网络创新模式，通过知识创造主体和技术创新主体间的深入合作和资源、组织整合，产生系统叠加的非线性效用，拓展新的迭代性资源。

协作开展产业技术创新和科技成果产业化活动，是当今科技创新的新范式。

协同创新的主要特点：（1）整体性，创新生态系统是各种要素的有机集合而不是简单相加，其存在的方式、目标、功能都表现出统一的协调范式；（2）动态性，创新生态系统是不断动态变化的。因此，协同创新的内涵本质是企业、政府、大学、研究机构、中介机构和用户等为了实现重大科技创新而开展的大跨度整合的创新组织平台模式，参与主体拥有共同目标、内在动力。

在知识经济发展中，政府、产业、大学等系统及系统间各要素的关系变得复杂化。1994 年，美国学者亨利·埃茨科威滋和荷兰学者勒特·雷德斯道夫受生物学领域 DNA 结构启发，在专题讨论会上，首次将遗传学三螺旋理论运用于“大学－产业－政府”关系模式构建。1996 年召开三螺旋国际会议，将政府、产业、大学之间的新型互动关系正式确立为创新系统理论集群分支①。三螺旋理论主张螺旋主体间资源共享、相互协作、角色转换与渗透，以提高协同创新效率。其主要观点是“政府－产业－大学”既各有边界、承担独特角色，又相互融合、互有涉及，驱动要素螺旋上升作用于经济社会发展。通过政府、企业、大学等主体的交叉影响、有效互动，实现创新系统演化、升级，促进区域经济可持续发展是三螺旋理论的核心贡献。大学的智力资源、政府的创新社会环境、金融发达的风投体系和产业间特有的区域创新网络等都可以构建有机互动、协同高效的三螺旋促进机制。这是化解“政府－产业－大学”人才教育供给与产业需求结构性矛盾的理论遵循。《国务院办公厅关于深化产教融合的若干意见》（国办发〔2017〕95 号）明确，“引导形成学校主动服务经济社会发展、企业重视‘投资于人’的普遍共识”。“政府－产业－大学”三螺旋创新资源汇聚中，螺旋参与主体除了发挥各自优势与功能以外，还要打破各自边界壁垒，融入三螺旋资源创新体系中，形成交叉创新“1＋1＋1＞3”的创新竞争力，最终促使“政府－产业－大学”互为角色：大学不再局限于培养人才、提供科研成果，而是借助孵化器成长为企业，承担生产任务，成为区域经济发展的推动器。企业则设立内部教育部门或培训机构，部分企业通过内部企业性大学成为教育者。政府

---

① Leydesdorff L，Rafols I. Local emergence and global diffusion of research technologies：An exploration of patterns of network formation［J］. Journal of the American Society for Information Science and Technology，2011（5）：846－860.

是区域“产学研”创新的支持者甚至是发动者。三螺旋理论更加强调“产学研”的“区域”协同创新①。通过建立政产学“三螺旋”协同育人机制、模式，汇聚创新创业政策、资金、市场、信息、知识、人才、技术等要素，加快三螺旋参与主体间协调互动，提升资源的扩散与流动速度，提升资源利用效率、加快知识资本化和技术产业化进程。“政府 – 产业 – 大学”间存在协同育人组织、发展机制与动力需求，通过政府、产业、大学优质资源的汇聚整合，实现各要素的横纵协同对接②。

信息通信技术及知识网络的发展，突破了知识传播的传统物理瓶颈，推动了创新 2.0 模式的出现和知识社会的形成。传统的社会组织及其活动边界正在消融。创新 2.0 是面向知识社会及未来社会发展的下一代创新。人们通过信息通信技术（ICT）更快捷和更方便地共享知识和信息，实现了人机交互。知识的构件化和模块化更方便了个人创新和群体协作。基于知识开放架构，创新 2.0 的信息技术正从支撑信息共享、交流沟通到支撑协同行动、协作共创，从而推动了更大范围的协同创新。云计算、大数据、物联网、社会计算等信息技术发展使得协作更加容易，也使得吸纳更多群体参与成为可能。从协同创新的要素及其作用机理来分析，协同创新是多元创新主体的沟通、协调、合作与协作过程，也是以知识增值为核心，多元主体为了实现重大科技创新而开展的大跨度整合的创新组织模式。在整合要素上，包括信息、目标、绩效和行动的整合；在互动强度上，包括不同创新主体之间的信息互惠共享、目标共同设定、绩效系统匹配以及行动最优同步③。协同创新是从开放式创新转向大众创新的新发展，是更为复杂的创新组织方式，强调多元主体的协同互动、深入合作、资源优化整合。协同创新是各个创新主体要素实现创新互惠、知识共享、资源优化配置、行动最优同步、高水平的系统匹配度。

---

① 张秀萍，黄晓颖．三螺旋理论：传统“产学研”理论的创新范式［J］．大连理工大学学报（社会科学版），2013，34（4）：1 – 6.

② 陈延良，李德丽．三螺旋理论视角下的政产学协同育人实践与模式构建［J］．黑龙江高教研究，2018（8）：87 – 90.

③ 宋刚，白文琳，安小米，等．创新 2.0 视野下的协同创新研究：从创客到众创的案例分析及经验借鉴［J］．电子政务，2016（10）：68 – 77.

6.2 日美协同创新案例分析

三螺旋理论着重分析产业、政府与大学在创新过程中的协同与互动，促进创新资源的不断整合和创新系统的螺旋上升。Martin Meyer 进一步区分了三种类型的创新空间：知识空间、共识空间和创新空间。史蒂夫·C. 柯拉尔等在有组织的创新架构里，认为大学、企业和政府在不同商业化阶段扮演不同角色。而 Howells 从统一的角度看待结构创新，提出结构性创新的产生需要政府的介入，组织参与者之间的交互可以理解为试图解决创新系统中的系统故障。科技社团作为一种技术中介机构拥有双重角色——创新知识源与外部知识桥。它处于很多企业、组织和行业的交界处，因而便于企业更有效地获得创新的有关异质性知识，提高可靠性，降低搜索成本，从而有利于企业的创新。社会资本理论认为企业社会资本是具有生产性的社会关系网络，蕴含一种结构性资源。知识是社会网络中的重要资源，科技社团组织在搭建起来的社会网络中进行知识传播与信息交流，从而推动了创新，如日本工学会就是为满足政府、学校、产业三大主体的需求而产生的，为实现产业发展目标，逐渐发展为覆盖工学领域的产学官社会组织网络。日本工学会的正式会员有 8 个协会，协会的会员是各种规模的企业，10 个维持会员是日本工学领域的著名企业，如东芝、日立、富士通、三菱等。会员入会要缴纳会费以换取科技社团的服务，这些会费也构成了日本工学会的收入来源之一。同时，日本工学会吸收企业界人士治理监管学会的运营。在服务方面，日本工学会为会员提供各方面的信息交流、知识共享服务，大到宏观经济政策确立、技术传播，小到企业运营、人才培养业务。因此，会员协会、企业或个人加入科技社团可以从中学习，在各种会议上发言、讨论或者获得各种奖项。不仅可以提高个人及企业的知名度，而且这种宣传效果是广告媒介不能达到的，可借此快速获取信息，以及扩展人际关系，无形中提高其社会地位。产业内部的大企业借助政府行政力量维持行业秩序，企业数量也得到来自政府的保护，为了便于行政指导，各团体实际上都巧妙地将政府卸任高级官员拉进事务局的中心职位，而使行业和行业团体成为政府的代理人。日本科技社团连接了行业协会、学会、政府、企业和大学，形成制度社会资本 - 知识社会资本 - 技术社会资本 - 业务社会资本闭环，由此构建起知识交流网络平台，推动产学官合作机制形成，促进产学联盟，进而推动日本各领域的协同创新①。

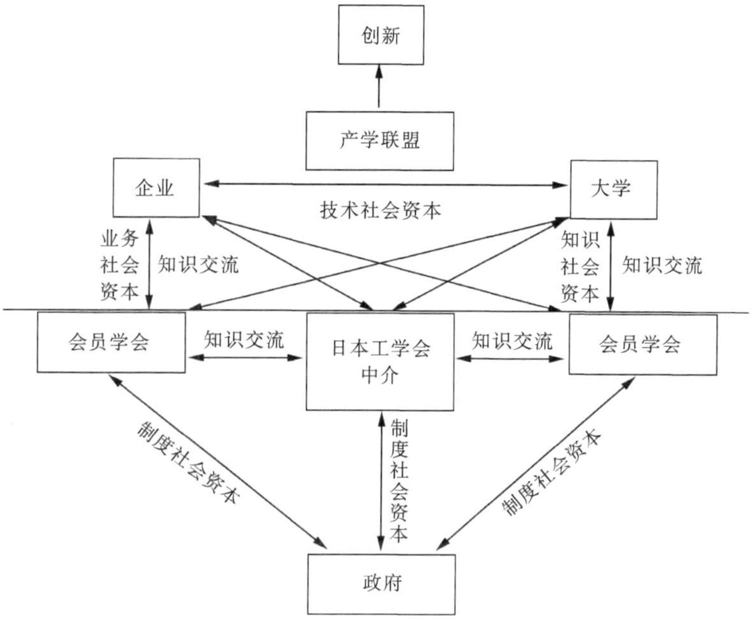

图 6-1　日本工学会政产学协同机理

美国早期的大学都是州一级政府进行资助的，这样就使大学在体制上和研究重点上与各个州有密切的关系。一方面，资助体系决定了大学具有强烈的地方自治权力与属性；另一方面，大学建立的目的与州的发展相关，研究项目与州的发展相结合，研究的课题具有很强的现实性。美国大学的研究方向转向职业化、社会化，主要原因在于建立之初的政策导向。1862 年的莫里尔赠地法案与相关的政策促进了很多赠地大学的出现。这些大学一方面受联邦政府的引导，积极开展农业科技研究和科技转化工作；另一方面，在将科研与实践结合的过程中自然而然地形成了科技与应用结合、大学与产业结合的传统。同时，美国大学的工程与

① 孟艳华. 日本科技社团促进产学官协同创新机制研究——以日本工学会为例 [J]. 科技创业月刊，2019，32 (9)：1 -6.

应用科学教育，趋向于应用化，侧重问题解决模式，培养企业需要的人才，这种现象在赠地大学中特别明显。20 世纪前半叶，在美国的化学工业方面，大学与企业有很多的合作与互动。有学者认为，美国化学工业就是基于美国大学与企业合作关系逐步深化而发展的。20 世纪晚期，日本等发达国家科技高速发展，并且形成了政府积极推动的国家创新体系，给美国造成了竞争危机，为此，美国也出台了系列法律以及科学项目，以加强科技创新、促进科技成果的转化与商业化。这一系列政策，促使产学合作研究中心的形成与高速发展。在制度保障方面，美国出台了一系列的政策法案，其中影响最大的主要是三个法案：一是《拜杜法案》，规定了政府资助情况下的研究成果的知识产权的归属问题。法案规定企业要获得政府资助的大学研究项目的知识产权必须通过购买的形式。这项法案让大学从事研究的热情提高，并不断加强自身的研究系统改革，也使得企业更加积极地参与研究项目以及合作研究项目，以获取研究成果的使用权。二是 1980 年出台的《史蒂文森－魏德勒技术创新法案》，允许联邦政府实验室研究成果的商业运用，促进了科研成果的转化。三是 1984 年颁布《国家合作研究法案》，改变以反托拉斯法限制企业之间合作的传统规定，转而允许企业之间进行合作研究开发、合作生产，以增强企业研究开发能力。这些法律的出台，让政产学的合作有了制度性的保障，对于促进产学合作的深化和技术转让有很大的刺激作用。在政产学合作项目方面，联邦政府通过机制创新，在国家科学基金会（NSF）、国家卫生研究院（NIH）、国防部（DOD）和农业农村部（DOA）等的协同努力下，建立了一系列的合作研究中心（CRC）[①]。这些产学合作推动措施形成的政产学三方协同创新机制到今天依然充满活力，CRC 成为美国产学合作体系的重要部门。由于经济发展压力和联邦政府的倡导，美国的州政府也出台了一系列的措施，推动产学合作中心的发展，如建立州大学－工业合作研究中心（SI/UCRC）。美国 I/UCRC 中心（工业－大学联合研究中心）建立的核心目的包括四个方面：一是通过发展政产学合作研究的战略关系，服务全国科学研究事业的发展；二是

① 黎子华. 美国“政产学”合作组织的管理与运行机制研究——以 NSF 产学合作中心（ERC&I/UCRC）为例［D］. 上海：复旦大学，2013.

利用 NSF 投资，带动企业资助研究生参与工业实际相关的研究，促进研究生培养；三是通过政产学合作开展科学研究，提升美国劳动力的创新竞争力；四是通过产学合作，鼓励全国的企业参与研究，在全世界保持持续的竞争优势。美国工程研究中心（ERC）是 NSF 旗下非常重要的政产学协同创新组织之一，科学研究、教育与成果转化是其三大支柱。ERC 融科研、教育、多元化、延伸化和工业企业协同与创新为一体，NSF 将其看成是改变学术的工程学项目和工程学群体的一个重要工具。第三代 ERC 汲取了前面两代 ERC 的优势，面对挑战做出了新的安排。第三代 ERC 通过与会员公司建立伙伴关系，吸收其他小型的研发公司参与研究转化，甚至与国外伙伴大学一起培养在高强度竞争压力下能从容应对的工程学研究生。ERC 的所有活动都是基于科学的发现导向文化与工程的发明导向文化的互动。同时，ERC 也形成了科学、工程与工业实践协同创新的温床。它为企业提供智力和知识基础，协同教师与学生去解决那些根本性的和长期性的挑战，为企业长期平稳的发展提供科技知识，并在市场中迅速转化。ERC 的资助来源多种多样，主要来自三个方面：一是最为基本的政府方资助，即 NSF 资助资金，占到了近 40%。NSF 为处于发展中的 ERC 提供帮助，通过项目的宏观管理、ERC 项目年会以及每年的评估促进 ERC 的发展。NSF 也会邀请 ERC 的经验人士组成一个顾问团队，实地走访新成立的 ERC，帮助它们有效地管理研究项目和产学协同关系。二是企业的资助，NSF 要求所有 ERC 必须有一定的会员企业，不然不予建立。因此，ERC 的企业会员资助资金是其运行的核心资助来源之一。三是大学的资助，ERC 作为大学的下设独立组织，其研究人力资源和场地主要来自大学。因此，大学更多的是在基础设施方面为 ERC 的发展提供保障。在成果转化方面，ERC 具有鲜明的创新伙伴制度。ERC 拥有与学界、地方政府和其他机构的合作伙伴关系，能够激发企业发展潜能，与新成立的公司一道加速学术成果的转化，实现技术创新。政府、企业和大学都有推动研究的内在要求，但在对研究的方向、内容以及方式等方面都有各自不同的诉求，因此，需要一个中介组织来协调三方的利益诉求，统一三方的研究需要，形成合作合力。以 I/UCRC 和 ERC 为代表的美国政产学合作中介组织，建立起符合三个行为主体统一的驱动与激励的机制，保证三方合作的欲望与参与的积极性。I/UCRC 和 ERC 都有明确的定位，研究、教育和成果转化是它们的三大支柱。在组织上，都设立了工业顾问委员会（IBA），加强与企业的联系，催生成果转化。ERC 设立了教育项目部、预科教育部，培养本科生和研究生的科研能力，并通过预科培养高中生的工程学兴趣。这些组织上的设置，让设定的功能有了实现的基点，而不只是一种理念。会员制度是美国产学合作研究中最为普遍的制度，而且是科研和成果转化的重要资助方和促成方。美国的产学合作从自由放任的市场化科研政策到国家引导的产学合作体系的建立，可以清晰地看到产学合作对于一个国家科技研发与成果转化的重要性，同时也可以得出政府参与产学合作中心是十分重要的。

6.3 政府在协同创新中的作用对策

我国“2011 协同创新”中心具有现代政产学协同的趋向，但企业与大学找不到利益共同点，并没有形成实质性的合作关系。现代产教融合、产业学院建设都是解决企业参与积极性和参与成果转化实现利益的路径。政府参与产学合作项目是国家创新体系的一个环节，是基于国家创新能力提升的举措，在保证资助力度的前提下，适当引入市场机制，对于技术创新转化具有重要作用。

2020 年 11 月 14 日，习近平总书记在全面推动长江经济带发展座谈会上的讲话强调，要建立促进产学研有效衔接、跨区域通力合作的体制机制。要强化企业创新主体地位，打造有国际竞争力的先进制造业集群，打造自主可控、安全高效并为全国服务的产业链供应链。

6.3.1 搭建协同创新平台，对协同创新平台进行宏观布局

组织实施科技重大专项或重大工程，建设一批可实现科技重点突破的协同创新平台。建设国家层面支撑产业技术研发及产业化的综合性创新平台，加快科技成果转化、产业化。建设培育战略性新兴产业的协同创新平台，促进战略性新兴产业的形成、崛起，形成具有国际竞争力的主导产业，带动产业结构调整。在保障政府投入的基础上，进一步吸收社会资金参与协同创新平台的建设与发展，形成国家与地方、企业联合共建机制，形成财政资金投入与企业和社会资金投入相

结合的多种支持方式和渠道。主动加强与现有人才发展规划、计划和工程的衔接，吸引和聚集优秀的创新人才，开展广泛的国际国内交流与合作，提高基础研究、高技术前沿研究与产业创新的国际竞争力。

6.3.2　坚持供给侧结构性改革，以深化改革打造创新驱动发展新引擎

有人说，硅谷的空气中都弥漫着创新气息，其实指的是创新生态。深圳培育出那么多创新型企业，也是与创新生态分不开的。深圳市科技成果使用、处置和收益权下放政策和股权奖励延期纳税政策已经在自主创新示范区试点。由创新企业、创新人才、创新金融、创新孵化、创新文化构成了创新生态系统。这个系统需要政府支持企业、大学构建更加高效的科研体系。创新培养和吸引人才的机制，积极融入全球创新网络，都和深化改革开放密不可分。只有通过深化改革，才能打造创新驱动发展新引擎。政府在产学协同创新中的职能需要调整与优化，政府的角色应由执行者转变为引导者，促进市场发挥基础性作用①。随着产学研用协同创新的发展，政府应减少不应有的干预，把协同创新的研发方向和路线的决定权留给企业。可从以下方面着手调整和优化：

一是进一步简政放权。清理废除妨碍统一市场和公平竞争的规定和做法，加快发布全国统一的创新市场准入负面清单，建立清单动态调整机制。加快建立全国一体化政务服务平台，通过“互联网 + 政务服务”，优化政府服务流程，推动政务数据共享，提高公共服务供给效率。加快推进政务数据资源、社会数据资源、互联网数据资源建设。推进审查事项、办事流程、数据交换等标准化建设，稳步推动公共数据资源开放，建立健全科技信息服务平台，将企业所需技术和学研机构的研究成果发布在平台上，以便各方能及时获取信息资源，各取所需，可解决产学研各方信息不对称的问题。有了统一、权威的产学研协同创新信息服务平台，各产学研主体将能更好地搜寻相关信息，降低寻找合作伙伴的盲目性。科技信息服务平台投资成本高、建设周期长、运行成本高，而且有比较强的正外部性，需要政府借鉴美国、日本经验，形成以中央与地方财政为主导的多渠道投入

---

① 梁伟真. 政府支持企业参与产学研协同创新的研究［J］. 北方经济，2017（4）：40－43.

格局，鼓励包括民营资本在内的多方力量完成平台的建设工作。坚持审慎监管，引导和规范共享经济良性健康发展。实行严格的知识产权保护制度，打破行业垄断和市场分割，改进新技术、新产品、新商业模式的准入管理，形成要素价格的“倒逼”机制等，促进优胜劣汰，激励创新。

二是进一步优化服务，营造公平的竞争环境。建立技术创新的市场导向机制，把过去政府选拔型支持模式转变为普惠型支持模式，政府对产学研协同创新的资助方式应由直接资助向间接资助过渡，更注重采用税收优惠、研发补贴、政府采购等普适性政策。即便在重点支持的研发领域，政府也不应代替企业选择特定的技术路线，应由市场决定技术路线的选择。积极探索各种支持产学研协同创新的间接资助方式，如目前欧洲多个国家采用的科技创新券制度等。科技创新券是针对中小企业研发经费不足而设计发行的，可调动中小企业参与产学研协同创新的积极性。科技创新券主要用于企业在购买科技成果、研发设备，或者研发设计、咨询等科技服务后，凭创新券从政府领到部分资助。应对资助项目的现有管理模式进行改良，充分尊重市场需求。具体而言，应改变目前在确定资助项目的立项评审环节当中以大学和研究机构为主导的局面，提高企业代表的占比。创新要以市场需求为导向，政府要引导资金、人才等因素聚集，同时要把科技创新与产业转型升级结合起来。强化金融支持创新的功能，支持风投、创投、私募、众筹的发展。优化知识创新的制度环境，合理的创新政策对于积极吸收知识溢出可以起到良好的推动作用。支持创新的政策目标应该放在创造一个有益于各类创新主体实施积极创新的宏观环境方面，并侧重于促进企业的科学技术知识创新活动，制定有利于企业运用新的科技知识，推动科研机构、大学和企业之间的合作等方面的制度，使制度激励构成创新主体的创新动力。制度环境为知识创新主体确定进出某一领域的条件以及从事某种活动的范围和空间，并通过系统的激励与处罚规则，决定着创新行为的结构和价值取向，从而能够引导技术进步和经济发展的创新行为。政府要为企业努力营造一个支持创新、激励创新、保护创新的社会环境，建立公平、规范、有序的市场秩序与规则，通过财政政策、货币政策、产业政策、科技政策和反不正当竞争来推动创新，通过确保创新者和创新活动的收益而激发全社会的创新浪潮。

三是政府要打通产教融合“最后一公里”。各级政府要站在创新体系建设的战略高度，统筹产业、教育、科技资源，着力加大对产教融合协同创新的支持力度。要将产教融合作为推动区域产业转型升级、加快发展现代职业教育、优化人口和劳动力资源配置的战略抓手，要把产业扶持政策更多地体现到对企业的人力资本投资、后备人才培养的支持上，建设各种形式的教育、人才、科技、产业、金融等各类创新要素资源组合融通的产教融合平台，发挥产教融合作为经济增长和科技创新的倍增器作用。要加快推进产教融合协同创新模式，将产业和民生重大问题作为产教协同发展的主攻方向，促进学校和企业各自根据比较优势精准定位，发挥所长，并基于共建共享、协同创新机制，实现创新要素资源的高效结合和叠加放大。从发达国家的创新实践来看，政府都非常注重对中小企业参与协同创新提供资金支持。例如，德国政府把支持中小企业的产学研合作作为政策引导的重要方向，大部分科技计划都明确支持知识和技术向中小企业转移，提高中小企业技术吸收能力。美国制定了小企业创新发展研究（SBIR）计划、小企业技术转移研究（STRR）计划和小企业投资公司（SBICS）计划，为中小企业参与科技创新提供资金支持。日本信用保证协会代中小企业偿还债务，可以从保险金库获得偿还额 70% ~80% 的保险金，解决了中小企业技术创新所面临的融资问题。中国政府可借鉴发达国家的经验，加大对科技型中小型企业参与协同创新的资助力度，包括：在各种产学研专项基金的申请中，加大对中小企业的支持。设置专门的中小企业管理机构。拓宽产学研协同创新的融资渠道，引导金融机构、风险投资机构参与产学研协同创新。通过补贴等方式，鼓励商业银行把贷款积极投向中小企业创新信贷。引导商业银行特别是中小商业银行重视中小企业的融资需求，针对其在不同阶段的特点，进行金融服务创新，支持发展各种不同形式的抵押质押类信贷业务。产学研协同创新是一项高投入、高风险的活动，而风险投资资本可承担其高风险，因为其在运作创新项目的同时追求创新成功后的高回报。政府应更有力地支持风险资本投资产学研合作项目，出台相关政策支持风险投资，促进其快速成长。政府可对主要投资于中小高新技术企业的风险投资给予创业资助和税收减免激励，设立风险投资种子基金和补偿基金，完善退出机制。要搭建政产学社会资本网络平台，我国有各种类型的学会、商会和协会组织，这些组织已经具备较完整的组织结构，但是其服务理念、运营模式并没有满足产业、政府和学界的需求。因此，需要对相应的协会、中介组织进行引导和支持，协力打造成为满足政产学三方需求的科技社团服务组织。我国产学领域的知识共享机制没有完全建立起来，因此，应该着手建立信息共享、知识传播机制，培育创新的社会土壤。

6.3.3 为创新创业提供良好的外部环境，促进企业家精神的形成

推动“双创”升级发展，政府不能缺位，更不能越位。要以政府权力的“减法”换取创新创业的“乘法”，释放创新创业活力。政府的职责是加大基础设施投入，维护市场秩序，减轻企业家的负担，为创新提供良好的外部环境。强化创新创业政策统筹，建立部门之间、部门与地方之间的高效协同机制，促进科技、金融、财税、人才等方面支持创新创业政策措施的有效衔接。

一是要重视并不断完善全体公民的创新创业教育。在美国，有许多组织与学校一起为学生制定创业学习计划、开设讲座、指导实践，也为学生和教师提供相应的实践和工作机会。如考夫曼创业流动基金、新墨西哥企业发展中心、国家独立企业联合会等机构经常以赞助创业大赛、资助学校的创业课程、设立创业奖学金、组织创业项目等方式激励年轻人创业的热情。加拿大社会基金包括风险投资、天使投资等是创业者的主要融资渠道，中介服务机构也为拥有创业意愿的青年人提供周到的创业服务。

二是创业教育应贯穿整个国民教育体系。早期创业教育效应的研究表明，在个体成长的早期阶段进行以企业家精神为核心的创业教育对其未来的创业意愿、创业能力和创业行为具有显著的影响。美国、日本，以及英国、德国等欧盟国家非常重视创业教育，通过立法形成了完整的国民创业教育体系。在这些国家，创业教育并不以传授创业知识为目标，而更加注重培养具有独立意识、冒险精神，具有挑战现状并创造性地解决问题能力的人才。创业教育在小学甚至是幼儿园阶段就已开始，并且贯穿于中学、大学，甚至成为社会人的整个学习过程。各国政府制订了相关法律、政策和行动计划，指导本国创业教育行动，大力培养具有企业家精神和创业能力的创业人才。欧美很多国家为了提高青年一代的创业意愿和

能力，将创业教育的理念引入其教育基本法，规定学生从基础教育到高等教育的整个学习阶段都要接受企业家精神和创业知识的教育。鼓励和支持科研人员积极投身科技创业，强化大学生创新创业教育培训，健全农民工返乡创业服务体系，推动各类人才投身各类创新创业实践。

三是要制定鼓励创新创业的法律和扶持政策，并设立相关创业服务机构。政府完善创新创业金融服务，引导金融机构有效服务创新创业融资需求，对企业家精神的形成发挥着重要的作用。初创企业能够享受政府提供的资金支持和税收减免等相关优惠，使其在初创期所面临的风险和不确定性尽可能地减小，进而顺利实现创业。例如，2012 年美国出台《创业企业融资法案》，专门对中小企业在融资方面提供支持。此外，美国还设有中小企业管理局（SBA）和小企业创业投资基金等创业服务机构，为中小企业进行投资和贷款担保。完善便捷的创新创业孵化平台和高效顺畅的要素供给机制是创新创业的关键。一方面，要加快创新创业服务平台构建，在重点领域和关键环节加快建设一批国家产业创新中心、国家技术创新中心等创新平台，充分发挥创新平台资源集聚优势。加快培育众创空间、创新工场等新型创新平台，建设小微企业创业基地以及公共服务平台网络，营造“大众创业、万众创新”的浓厚氛围。鼓励大企业建立开放创新创业平台，积极利用第三方开放创新平台资源，建设全新、立体、复合的创新创业生态系统。另一方面，积极构建科技创新、现代金融、人力资源等高端要素支撑机制，推动各类创新资源加快向实体企业集聚。加大财税政策支持力度，完善创新创业产品和服务政府采购等政策措施，促进新技术源源不断流向创新创业企业。

6.3.4　全社会协同，营造鼓励创新、宽容失败的社会文化氛围

我国的传统文化中既蕴藏着推动社会进步的积极因素，也含有一些与市场经济所需要的企业家精神不相融的消极因素。人们习惯于寻求安稳，害怕承担风险和不确定性，这些因素在很大程度上限制着人们的冒险、创新、变革和竞争。这些思想的存在既制约了我国企业家精神的生成，也影响了社会整体层面培养企业家精神的文化环境。创业所需的诸多素质实际上是从个人最基本的人格特质中发展而来的。打造“双创”升级版，需要通过促进产学研结合、推动企业间协同

创新和创建人才激励机制等措施，为创新创业生态系统健康发展营造良好的生存空间①。创业意愿和创业能力与个性特质相关，具有较高自主性、成就动机、责任感和自我效能感等的个人，才会具备更强的创业意愿和制度突破能力。在创新发展中，创新的主体是企业家，必须注重发挥企业家才能，对企业家合法经营中出现的失误和失败给予更多理解、宽容、帮助。社会各界及政府部门对企业家以增强经济活力和竞争力等为目标，在企业发展中大胆探索、锐意改革所出现的失误，只要不属于有令不行、有禁不止、不当谋利、主观故意、独断专行等情形者，就要给予容错时间和空间。只有市场主体在分散试错中找准创新方向，才能推动创新走向成功。创新是对生产要素和生产条件的重新组合，不仅要以需求为导向，更要激发千千万万市场主体的活力。事实表明，政府对创业的支持及配套措施不但培养了个体的创业知识和创业能力，而且在相当程度上降低了创业壁垒，进而塑造了鼓励企业家精神形成的环境与氛围，从而激励了更多人参与创新创业。另外，社会各界的支持对企业精神家的培养也具有重要的贡献，私人企业、社会团体、社会基金等非政府机构能够提供全方位的服务和帮助，为创业提供充足条件，促进更多人参与创业。

6.4 大学在协同创新中的发展对策

6.4.1 转变教育理念，树立知识创新意识

习近平总书记强调，培养什么人，是教育的首要问题。高校在促进知识扩散和技术转移过程中处于重要地位，但是学校立身之本在于立德树人。在人的发展方面，要促进学生德智体美劳全面发展，要把立德树人的成效作为检验学校一切工作的根本标准，健全全员育人、全过程育人、全方位育人的体制机制，在坚定理想信念上下功夫，在厚植爱国主义情怀上下功夫，在加强品德修养上下功夫，在增长知识见识上下功夫，在培养奋斗精神上下功夫，在增强综合素质上下功

① 周辉. 打造“双创”升级版［J］. 人民论坛，2018（34）：86－87.

夫，培养德、智、体、美、劳全面发展的社会主义建设者和接班人。

一是教育理念应当真正地关心学生的全面发展。要关注知识教育对人类自身发展的意义和价值，促进学生在感悟科学活动结果的价值即其经济技术价值的同时，也感悟到科学的精神价值。

二是教育理念要促进学生创造力的发展。传统的教学观把教师看作整个教学活动的主体，教学主要就是实施“教”的行为，学生则是被动的客体，学习被简单看成是知识由外到内的输入过程。要逐步转变教师扮演的课程知识的“传递者”、学生学习课程知识的“组织者”、评价学生掌握课程知识情况的“评价者”与相关评价信息“反馈者”的角色。教师要从关注学习结果到同时关注学习过程，从关注教材内容的组织设计到关注学习过程中的交互活动设计，从关注表层性的知识理解记忆到关注知识的深层理解、高级思维以及实际问题解决，从关注知识技能的养成保持到关注学习在不同情境中广泛灵活的迁移，从关注外部管理到关注学习者的自我引导式学习和自我调节性学习等。

三是教育理念要促进学生共享发展。教学过程应通过创设协作学习的环境，让教师和每位学生的思维与智能为整个群体所共享，使学习者根据自己的兴趣、爱好去主动发现、主动探索，激发学习者参与交互式学习的积极性。

6.4.2　深化产教融合，多主体协同培育

大学在夯实基础、练好内功的同时，要拥抱变革，加强与产教融合型企业的协同，应主动调整内部机构，健全和完善学校面向社会服务、社会参与办学的双向机制。抓住当前大学社会服务职能迅速发展的关键时机①，形成产教融合、校企合作、校校合作、协同育人、协同创新的办学新格局。

一是大学要紧密对接产业需求。按照“紧贴市场、紧贴产业、紧贴职业”的原则科学合理优化、设置专业，努力形成与区域产业分布相适应的专业布局，促进人才供给与企业需求相适应。《关于深化产教融合的若干意见》指出，要强

---

① 李瑞琳，史静寰. 如何评价大学的社会服务功能：美国卡内基高校社区参与分类 2020 年新动向及其启示［J］. 江苏高教，2021（07）：112－118.

化企业重要主体作用，支持引导企业以多种方式参与学校专业规划、教材开发、教学设计、课程设置、实习实训，促进企业需求融入人才培养环节。大学要着力为企业深度参与职业教育开拓空间，主动拓宽企业参与教育教学的渠道，改进引企驻校、引校进企、校企一体等方式，将企业和职场要素融入教育教学全过程。联合企业共同完善专业教学标准、人才培养方案，共同开发一批新课程，构建适应发展需求的专业课程体系，强化标准建设，推行科学评价。结合专业特点合理布局和提升“教学实训中心”功能，与企业共建、共管、共用“生产性体验中心”“未来技能中心”等生产性实训基地。

二是大学必须加快改革创新的步伐。大学引企入教、企业引教入企的核心是要将行业企业的创新需求融入教育链，重塑人才培养体制机制流程模式，引发办学体制、学科专业体系、课程体系、学习方式和评价标准的深刻变革。将人才培养真正定位到培养适应科技进步和产业变革的创新型、应用型、技能型人才上来，将办学模式真正转变到服务发展、开门办学、开放共建、协同创新上来，将科研成果更多地体现到对实体经济和民生福祉的实际贡献上来。尤其是创新创业的企业家精神，需要依靠校企联合办学模式来培育。很多国家的创业教育师资组成中，除了学校的专职教师，还有来自不同领域的外聘教师，如成功的创业者、企业家、风险投资者、政府政策咨询者等。

三是大学必须改进教学过程。应用型大学的教学方式应更加注重灵活应用性，丰富“理论 + 实践”模式，学生在学校学习理论知识、做研究项目，实践课程可以交给企业。运用创业者讲座、学科渗透、创业案例研究、模拟创业实践、虚拟公司、企业实习、创客空间、大学生创意孵化专项基金等各种创新方式让学生进行学习。成功的大学实践证明，通过探索、体验和实践式的学习，学生不仅在知识和技能上有所收获，而且个人创造力、独立思考力、主动性和责任感等体现企业家精神的素质也在各种真实或虚拟的实践环境中得到锻炼和提高。

6.4.3　推动知识共享，拓宽知识溢出辐射空间

美国硅谷的实践表明，与知识资源的空间距离决定着企业的区位选择，进而决定产业的布局。知识溢出过程具有链锁效应、模仿效应、交流效应、竞争效

应、带动效应、激励效应。从人才资源来看，产业集群把各种人才吸引到同一地方，使企业更容易得到所需要的人才，而各种人才也愿意在产业集群的区域谋职业。从资金供给来看，产业集群效应降低了风险投资家寻找投资项目的信息成本，企业集聚容易使风险投资家了解产业的发展动态，判断拟投资对象的发展前景，所以产业集群的区域容易获得风险资金。从技术资源来看，集中的产业体系知识的溢出效应使得企业更容易获得相关技术，强化了相关产业领域的企业对新技术的快速反应能力。大学知识溢出与产业集群的空间距离、市场结构、接受能力和社会网络密切相关。

一是建立知识共享的社会网络。人力资本是指劳动者受到教育、培训、实践经验、迁移、保健等方面的投资而获得的知识和技能所支付成本之和。舒尔茨认为，人力资本由知识、技能和体力等要素组成，是把人力资源禀赋投入在劳动者身上的资本。由于人力资本具有价值性、稀缺性、难以模仿性和难以替代性等特性，它是一种战略性资源。因此，人力资本是一种创造企业持续竞争优势的重要资源。人力资本具有社会复杂性，其主要表现在于企业内部的背景性人力资本与社会环境形成的一种错综复杂的网络关系。这种人力资本管理系统一旦嵌入到社会环境中便形成一个复杂的社会关系网络。人力资本系统与产业集群管理系统和社会环境相互间形成一种嵌入关系时，便能为企业创造竞争优势。“干中学”和科技研发是知识存量增长的重要方式。阿罗1962年发表的《干中学的经济含义》一文指出：任意给定厂商的生产力是全行业累积总投资的递增函数，随着投资和生产的进行，新知识将被发现，并由此形成递增收益。美国经济学家斯蒂格利茨认为，在“干中学”较为重要的情况下，厂商的生产边际收益将超过当前的边际成本。“干中学”从外部知识环境中吸收自己所需的知识，并进行筛选和格式转化。在“干中学”机制的作用下，企业便可实现低成本和高利润。从“干中学”上获取的知识收益能产生“外溢效应”，表明了知识能够向竞争对手流动。这样，企业凭借经验累积创造的价值就有可能因“外溢效应”而被经验不足的竞争对手白白占用。假若外溢效应足够强，知识向外部扩散足够快，企业已有的或潜在的竞争优势就会有被侵蚀掉的风险。尽管存在“外溢效应”，只要对在“干中学”上学到的知识明确知识私有产权，“干中学”不仅仍然可以为企业获得成本优势，而且还能够形成较高的市场进入壁垒。大学的科技研发对自身原有的或学习转换而来的内部知识进行激活，进而产生新的知识。人力资本对组织具有黏性，它的有效性不仅取决于独特的历史环境、与其他团队的相互关系，而且还取决于它与物质资源及组织资本资源的匹配关系。在社会网络中，知识共享是获取合作伙伴知识溢出的主要方式之一，共享知识可以提高成员和研发人员之间的信任感，增强协作能力，能发挥知识的可复用、收益递增等优势，使各成员单位和各研发人员之间能真正共同拥有知识，相互受益，共同发展。知识共享网络的实现涉及合理选择伙伴、伙伴关系管理、信息系统的建立、利益风险分担等多方面，以及全过程规范、协调、监督控制知识共享行为，加强相互间知识的有效扩散并创造出新的知识，使知识的非加和性扩大化，使共享反复循环，并进一步扩散、创新和提高，实现产业集群内成员经济价值“共赢”。

二是拓展知识社会服务功能。重视、引导和促进大学的社会服务能力，正日益成为一种国际性的教育政策取向。由英国的英格兰高等教育资助委员会等机构推出的高校“卓越研究评估体系”（REF）就包含了高校科研非学术影响力（包括对经济、公共政策、社会、文化、创新能力、公共卫生、就业服务及环境等方面的影响）指标，权重达到了20%。从2019年开始，英国的“泰晤士高等教育”大学排名系统推出“大学影响力排名”，旨在聚焦各国高校在实现联合国2016年提出的17项可持续发展目标方面所发挥的作用。社会服务与人才培养、科学研究、文化传承、国际交流合作并列为大学“五大使命”。大学的社会服务能力，不但折射了开放的办学理念、灵活的办学制度和具有企业家精神的学术思维，而且反映了创新、包容的社会文化和规范、有序的法治环境。从这个意义上说，大学社会服务能力的提升，可以看作全方位社会进步的一个标志。西方的大学与社会关系整体上进入了以双向交流和社会需求统筹为主要特征的新阶段①。面对各国城市发展的重大社会变迁和产业结构调整，身处其中的大学通过智力成果和人力资源输送，主动应对城市的变革，体现了鲜明的创新和开放气质。以组

① 李瑞琳，Hamish Coates. 从服务到参与：大学与社会关系概念的升级与重构［J］. 高教探索，2021（11）：13－18.

约大学为例，根据该校的产业联络办公室统计，目前该校 60% 的科技专利已被授权用于公司创立及商业化。通过成果的高效率转化和对初创企业的直接支撑，纽约大学展现了对其所在城市的服务能力和融合度。高校的社会服务能力不只体现在科学技术成果的转化方面，也同样体现在人文社会学科的社会贡献上。有学者称城市孕育了大学，大学滋养了城市，大学与城市互动共生。大学的文化引领功能和文化高地作用以及辐射作用，对城市的品位、风格和规划等起到至关重要、决定性的影响。大学里的大师、领袖人物、学术带头人，对整个城市的集聚效应、明星效应和名牌辐射效应，也是非常明显的。有影响力的大学，既是科研机构，也是开社会风气之先，引领社会发展之所①。大学文化与城市文化是一个相互依存的逻辑延展，为双方协同育人奠定了良好的基础。大学文化以其广大校友、科技创新等为媒介，转化为塑造城市文化和城市精神的内生动力，构建城市与学校相互滋养多维互动的育人网络②。应建立以企业为主体的产学研用投融资体系，推动研发向战略性研发项目倾斜，激励大学把研发更多地转入具有前瞻性、战略性、基础性的技术研发上，提升其转移技术的层次。大学要主动研究影响中国特定产业的关键技术及其发展规律，开展国际交流与合作，发挥大学网络外部性，使我国获得更高水平的知识溢出成为可能。

6.5　企业在协同创新中的合作对策

由于我国大多数企业的研发能力很弱，或者根本就不具备技术创新能力，而国内的大学及研究机构在科研能力方面具有相对优势。企业可以通过与国内大学在研发方面的合作交流，间接地与跨国公司研发活动建立沟通来获取知识溢出。高校通过参与跨国高水平的基础研究、实验性技术研究和生产性技术研究将大大有助于近距离学习、跟踪先进技术。中小企业可以借助高校和科研院所的桥梁作用，选择作为跨国公司的零部件提供商，通过为跨国公司提供标准化高技术水平

① 詹德华. 发挥大学引领作用 提升城市文化品位［N］. 沈阳日报，2019－12－05（010）.

② 孙雷，何玉龙，高晨光. 大学文化与城市文化协同育人的探索［J］. 中国高等教育，2021（08）：25－27.

的零部件，加盟跨国公司的价值链、供应链，在前向和后向联系，获得一定程度的知识溢出。

知识创造型企业是“互联网+”协同创新的实践范式之一。日本管理学思想家、知识管理之父野中郁次郎①教授研究认为，在经济环境中，知识是企业获得持续竞争优势的最可靠源泉。知识创造型企业最典型的特征是可持续创造新知识，并将新知识迅速扩散至整个组织，同时快速开发出新技术、新产品。知识创造型企业，也是可快速将技术商品化的企业。据研究，美、日等发达国家平均1美元的技术引进需要4~10美元去消化、吸收和创新。但在中国，获得技术的直接费用与后期消化吸收费用存在严重比例倒挂现象，许多花大钱引进的技术根本没有真正转化成新的生产力。在产业集群内，获取知识溢出效果的关键在于能否对引进技术进行深度的消化、吸收、创新。

一是加强企业与大学双向融合互动。企业作为市场主体，能够敏锐捕捉创新需求。企业要充分发挥促进产教融合的独特优势。企业处于技术创新前沿，可以迅速地将创新成果传递到教育教学和科研活动中，从而引导学校对人才培养和技术创新进行有效定位；企业拥有产业化的研发和生产服务设施，能够为人才培养提供真实场景，也是学校科研成果转化的最后一公里；企业拥有众多经验丰富的管理和技术人员，与上下游产业有着广泛的联系，具备推动众多学校和众多企业相互连接，构建平台化、生态化合作的优势。应用型高校师资队伍的技术应用与创新的研究能力不强；而企业工程师实践动手能力和集成应用技术能力强，对新技术、新业态的敏感度强。高校可根据自身专业制定“双师型”教师培养方向，让教师参与企业内部工程师的内训课程学习，如华为、中兴等企业工程师内训课程，与大学联盟开展人工智能、大数据、云技术、深度学习、虚拟展示技术等新技术培训项目，提升教师从理论到实践的能力。企业为合作大学设计产业教师（导师）特设岗位，组建企业工程师、教师和有兴趣及研究能力的本科生师生团队，相互浸润，共同成长。高校和企业在形成技术技能创新共同体的基础上，校

① 野中郁次郎·竹内弘高. 创造知识的企业：日美企业持续创新的动力［M］. 李萌，高飞，译. 北京：知识产权出版社，2006.

企双方的融合发展才能形成良性发展态势。

二是建立现代企业制度。建立现代企业制度有利于企业有效地吸收知识溢出。企业产权不明晰，企业就不能担当引进、创新和技术进步的主体，就会缺乏对技术引进的动力，企业对于吸收溢出就不可能有长期的战略目标，吸收溢出后，也不可能进行创新，导致溢出非良性循环。吸收知识溢出的良性循环是以企业为主体的，离开了企业，吸收溢出就失去了存在的依据。企业在建立现代企业制度的过程中，可以吸引高校技术成果等知识产权入股，成为企业资产的所有权者。企业要在国家产业政策的宏观指导下，根据市场需求变化和市场竞争格局，自主地去选择适合本企业发展目标的创新项目，并进行筹资、投资，承担相应风险。现代企业发展不仅包括突破性创新，也包含渐进式创新，既有发生在质变过程中的革新，也有量变过程中的微小突破。突破性创新源于重大科技研发的推动，而知识的溢出效应则是渐进式创新的主要来源。要想有效吸收正外部性的知识溢出，企业家就必须在创新中实现对企业的有效管理，通过创新发现市场机会，引导并满足新的需求，提供满意的产品和服务。企业家最宝贵的素质是创新素质，最基本的要求是不断创新。创新能力是企业家品质、智慧、才能和心理的集中体现，是企业家的核心能力。成功的企业家重视寻找和利用外部的技术机会和市场机会，在生产经营上比普通经营者行动快、捕捉出现的信息更早，抢先占领市场，赢得时间成本，获得竞争优势。

三是加强企业间技术协作。技术联合和协作是企业吸收知识溢出的有效方式。各企业通过相互间的技术协作，相互带动、相互促进，为区域经济总体技术水平的均衡提高提供了保证。龙头大企业同中小企业间的技术协作，包括技术指导、技术转移和共同开发三种形式。龙头企业通过向中小企业提供技术指导和转移技术，促进中小企业生产管理的合理化和生产效率的提高，从而为中小企业向大企业提供价格低廉、高质量的零部件奠定了技术基础。技术指导主要包括对关联企业的质量管理、产品标准化、生产工艺改善等方面的技术指导。龙头企业向关联企业转移的技术，主要包括加工制造技术、组装技术、自动化技术等。通过企业间的产业技术研究联合，形成企业间战略性技术协作关系，培育一个不断进取、追求创新的学习型企业家群体，促进企业观念创新、知识创新，树立面对新技术、新方法、新知识、新经验的开放心态，提高消化吸收先进技术、学习运用先进企业管理及市场营销方法和能力。信任和承诺的建立，可通过加强企业集群内部企业之间的高度专业化分工，建立紧密的网络关系，促进各种资源要素合理流动，强化企业间技术与管理的依赖关系。

6.6 完善政府、企业、大学协同创新机制

目前，产学研合作模式由技术转移演化为协同创新。与传统意义上的产学研合作相比较，协同创新更强调各创新主体的交互作用。协同创新的关键，就是形成以企业、大学、研究机构为核心要素，以政府主管部门、金融机构、中介服务机构等组织为辅助要素的多元主体协同互动的网络化创新模式，通过资源整合和深入合作演化出“联合创新网络生态”。

一是发挥政府的引导作用。政府应该结合当地资源特点，发展有关的道路、通信、城市建设等基础设施，改善企业的发展基础性环境，为大学、企业创新提供便利。政府以产业集群为导向吸引具备产业示范效应和产业关联性的项目，吸引风险投资公司，将优惠财政政策由原来的向区域倾斜转向技术倾斜和产业倾斜，政策红利惠及企业和大学。政府通过大力调整产业、产品结构，搭建创新公共平台，建立符合市场规律要求的人才机制，增强区域对人才的吸引力，增强创新发展的厚度。政府通过制订健全的区域发展规划，优化产业集群布局，维护公平的营商环境和秩序，提高地区信用水平，培育人文关系网络；通过建立信任与承诺的互动机制，加快信息的流动和知识扩散，减少交易过程的障碍，增强企业的植根性；引导并推进企业通过合资、合作、产权出让等方式与大学开展合作和联合，推动产学深度融合，共同推动区域经济高质量发展。

二是完善政产学协作机制。创新包括研发、生产和市场开拓三大环节，政产学协同创新由企业、大学和政府三者联合，共同利用各方在资金、人力、设备、材料及信息情报等方面的不同优势，促进大学理论研究同产业实践相结合，提高企业经济投资的效率，从而促进区域经济社会发展。协同创新，一方面是资源的协同，通过资源的整体配置，实现资源聚合效应的最大化；另一方面是机构角色

的协同，通过积极参与信息的及时有效沟通，形成协同行动能力。为此，政产学协同创新需要建立基于定期会议的沟通机制，通过这些会议平台，企业可以提出协同创新资金的配置、研究项目与方向的选择以及成果转化等建议。通过定期的会晤机制，增加三方讨论协同的机会，通过良好的沟通，实现协同发展的目标。如果没有实际的参与机制，协同创新也就只是一个形式。美国NSF的产学合作研究中心，通过企业付费会员制、NSF评估员制度等，让企业的代表与政府的代表都参与到中心的实际运营过程中。企业通过代表建立企业顾问委员会，对合作研究中心的资金使用、研究方向和战略决策进行审议，调动企业参与的积极性。真正实现协同创新，需要建立三方参与的实体组织，调动协同参与主体的积极性。在三方参与的实体组织结构中，要实现民主决策机制，任何大型的协同行动决策都需要集体商议决定。通过民主决策、科学决策，完善的服务体系，加速信息的流通，分享集群信息，促进知识和技术的转移和扩散，共同建设产业集群，获取规模经济，增加企业掌握知识溢出效应的能力。

三是建立政产学协同创新长效机制。依据国际区域协同创新经验，协同创新应从偏重灵活、临时的以项目为基础的政产学合作关系，逐步向建立更长期的融合多方需求的制度化合作关系转变。高校通过建立网络化学习和发展中心，促进区域协同创新主体成长与活跃。组建由政府、大学、企业及行业领袖联合的协同创新运营管理非营利机构，对区域创新发展模式进行顶层设计，对有竞争力的项目进行评价，在职能上承担协调政产学关系的纽带和桥梁作用。建立利益共享机制，对技术输出和产业转移方面的贡献给予奖励。特别是在旅游产业集聚区建立政产学协同创新长效机制方面，要强化乡村文旅产业是推动乡村振兴的重要引擎的理念。实现以立德树人为本、以乡村振兴为要，优化涉乡村文旅产业的专业结构性改革，赋能乡村文旅产业链建设。跨学科融入休闲农业、城乡资源与规划、乡村景观等知识技能，凸显乡村振兴定位与文旅产业结合特色。发挥地方政府主管部门统筹作用，协调旅游院校与乡村文旅企业对口合作，建设乡村文旅工程技术研究中心、产业创新联盟、创新创业基地等协同创新平台。

第7章 浙江城市知识溢出与协同创新

经济的长期繁荣依赖于经济持续稳定增长。随着经济总量不断增大，增长速度会相应慢下来，这是一个基本规律。到2021年年底，中国国内生产总值已达到114.4万亿元人民币，按年平均汇率折算，达17.7万亿美元，占全球经济的比重超过18%。人均国内生产总值突破了1.2万美元。如此巨大的一个经济体如何发展，确实是一个带有根本性的战略问题。增长速度要从高速转向中高速，发展方式要从规模速度型转向质量效率型，经济结构调整要从增量扩能为主转向调整存量、做优增量并举。

经济发展有两个目标：最大化经济增长和最小化经济衰退。目标不一样，宏观经济管理的手段自然不同。当经济增长由单纯地追求GDP转向追求人民福祉时，一系列的社会政策和公共政策就必须调整。在经济领域，包括金融监管、地方发展考核体系、发展规划；在社会领域，基本公共服务政策和社会治理的方式也需要进行适度的调整。现代经济有两个特点，一是分配性，二是创新性。严格地说，分配性和创新性之间没有明确的界限，最成功的经济是把分配性和创新性有机结合起来。创新与共享作为新发展理念就是把创新性与分配性有机结合起来。在这样的目标下，经济进一步发展获得的是良性增长，创新要使培育新的发展动力与扩大就业并行。“十三五”时期，中国科技创新已步入以跟踪为主转向跟踪和并跑、领跑并存的新阶段，研发投入强度从2.06%增长到2.23%，科技进步贡献率从55.3%提升到59.5%，全球创新指数排名升至第 14 位。“十四五”时期，全社会研发经费投入要实现年均增长 7% 以上，发挥好高校、科研院所、企业等国家队的作用，打造一批具有国际竞争力的区域创新高地。

2020 年，浙江居民人均可支配收入首次踏上“5 万元”台阶。浙江城乡居民收入比降至 1.96∶1。居民收入水平高，城乡收入差距小，成为浙江发展的突出亮色。国家“十四五”规划和 2035 年远景目标纲要提出，支持浙江高质量发展，建设共同富裕示范区。共同富裕是社会主义的本质要求，是人民群众的共同期盼。共同富裕就是要实现区域之间、城乡之间、群体之间协同发展。

7.1 杭州创新创业生态体系建设

杭州始终坚持根据自身实际和时代变化不断拓展、创新发展思路，呈现出与杭州经济社会实际相符的螺旋式提升之势。历次市党代会所确立的目标定位、重点任务等，清晰鲜明地展示了杭州发展战略的创新轨迹。改革开放之初，1983 年 11 月召开的杭州市第五次党代会提出，建设社会主义的新杭州，成为美丽、清洁、文明、繁荣的社会主义风景旅游城市，形成以杭州城市为中心、众多的小城镇为纽带、广大农村为基础的城乡一体化的发展道路。20 世纪 80 年代末，面对杭州经济出现过热倾向、生产性建设结构不够合理、非生产性建设规模过大等突出矛盾。1988 年 11 月，杭州市第六次党代会提出，通过治理经济环境，整顿经济秩序，实施以科技进步为依托，以外向型经济为先导，以提高经济效益为中心，以优化结构为基础的发展战略，创新性地提出了科技支撑、开放引领、效益导向、结构优化等新思路。1992 年，邓小平同志视察南方发表重要谈话和党的十四大召开后，杭州结合自身实际制定了经济社会发展“三步走”战略，确立了到 2010 年基本实现社会主义现代化的目标。1993 年 10 月，杭州市第七次党代会提出了“三四五”发展战略，即在坚持以农业为基础，搞好国有大中型企业，落实人口、土地、环保等基本国策的前提下，把发展外向型经济、第三产业、乡镇企业和科学技术作为四个新的经济增长点来抓，全面落实解放思想、深化改革、加快基础设施建设、推进精神文明和民主法制建设、加强和改善党的领导五项保证措施。这是对前期发展战略的极大丰富、拓展和创新，使杭州的发展趋向更加全面、可持续。

20 世纪末，面对世界经济一体化进程加快、新技术革命浪潮蓬勃兴起、长三角经济圈迅速崛起等环境的变化，杭州坚持解放思想、创新理念。1998 年 10 月召开的杭州市第八次党代会提出，深入实施“科教兴市”“可持续发展”战略和“依法治市”方略，大力培育高新技术产业、第三产业、开放型经济和非公有制经济四个新的经济增长点。进入 21 世纪后，针对市场化程度偏低、外向度不高、技术创新能力不足、地区间发展不平衡、中心城区功能和品位亟待提升等问题，杭州进一步创新发展思路，突出城市化、工业化、信息化导向。2002 年 2 月召开的杭州市第九次党代会提出，实施大都市发展战略，构筑大都市、建设新天堂，塑造“精致和谐、大气开放”的人文环境，并确立了城市化、工业兴市、旅游西进、开放带动、环境立市“五大战略”，从而使杭州的发展进入了以城市化为引领的新阶段。

2002—2007 年是浙江确立并大力实施“八八战略”的五年，也是杭州实现跨越式大发展的五年，杭州获得了中国最佳旅游城市、东方休闲之都、国际花园城市等荣誉称号。2007 年 2 月召开的杭州市第十次党代会提出，把杭州置于世界、中国、长三角的发展中去思考、去谋划，实施“五大战略”，引领“和谐创业”，破解“七难问题”，建设“名城强市”，构建平安、法治、和谐杭州，全力打造覆盖城乡、全民共享的“生活品质之城”，开启了杭州城市发展从规模扩张向品质提升的新篇章，也是新型城市化、新型工业化理念在杭州的新实践。2008 年，杭州在前期大力推进城市化的基础上，突出国际化导向，确立了“城市国际化”战略。面对自主创新能力不够强、产业核心竞争力有待提升、城乡发展不够平衡等短板，2012 年 2 月召开的杭州市第十一次党代会提出，实施民生优先、环境立市、创新强市、实业兴市、文化引领、开放带动“六大战略”，建设学习型城市、创新型城市、生态型城市，构建安居乐业示范区、城乡统筹示范区、人文法治示范区，打造东方品质之城、建设幸福和谐杭州。这既体现了 2007 年以来提升城市品质品味和国际化水平的努力方向，又体现了由“五大战略”到“六大战略”在内涵与外延上的丰富和创新。

党的十八大以来，杭州牢牢抓住G20杭州峰会重大机遇，大力推进城市国际化。2016年以来，杭州围绕城市国际化的内涵、目标、对策和行动做了相关部署。城市国际化是城市在资本、技术、人才、信息及文化等方面参与国际经济循环，提高要素集聚与扩散能力的过程。国际化首先反映了一个城市的综合实力，是城市长远的发展理念和发展目标，也是城市发展的转型路径。杭州推行城市微循环体系重建工作将成为城市国际化、实现城市转型的新原则。城市迈向国际化，从注重生产转向更加注重生活的宜居，从注重经济规模转向更加注重科技创新、更加注重城市文化软实力，更加注重发展的可持续性。

2017年2月，杭州市第十二次党代会提出，不断厚植创新活力之城、历史文化名城、生态文明之都和东方品质之城的特色，为加快城市国际化、建设独特韵味别样精彩世界名城而不懈奋斗。党的十九大召开后，杭州提出着力建设独特韵味别样精彩世界名城，打造展示新时代中国特色社会主义的重要窗口。杭州把科技创新作为城市发展的主引擎、主战略，加快推进动力转换，推进信息经济、智慧应用。大众创业、万众创新呈现良好发展态势。

2022年2月，杭州市第十三次党代会提出，开启建设社会主义现代化国际大都市新征程，努力建成创新之窗。数字化改革全面突破，跻身全球创新型城市前列，成为具有国际影响力的创新发展策源地和先进制造业基地。

7.1.1　创新政务体制机制，释放发展活力

改革开放以来，杭州正确处理市场和政府“两只手”的关系，持续推进经济发展体制机制的变革和创新，深度释放市场主体的发展潜力和活力，着力推动国有、民营、外资等多种所有制经济共同发展、互促共进，形成了“和谐创业”的杭州模式，位列世界银行发布的中国投资环境最佳城市“金牌城市”榜首。“亲，有什么需要帮助你的吗?”经常网购的朋友都知道，这是淘宝“店小二”的客服用语。而在杭州，这种热情服务早已延展到政务领域，被创客们称为“店小二式服务”。2017年，杭州喊响了“最多跑一次”，把诸多事权部门统一到一个窗口办公，打破信息孤岛，实现数据共享，让老百姓少跑腿，让数据多跑路，这让不少创业者和投资者都感受到了便利。2020年，杭

州市提出加快营造市场化、法治化、国际化的一流营商环境。做强做优城市大脑，做深做细“移动办事之城”，运用区块链的理念和技术，探索打造“指尖上的行政服务中心”。继续实施高新技术企业培育三年行动计划、科技型初创企业培育计划等，加大创新主体培育力度。引导企业加大研发投入，扩大科技型企业研发费用补助范围。

城市人口增长是保持城市综合竞争力的先决条件，人口及人才是影响城市在全球城市体系中排名和推动城市国际化的最重要因素。比如：纽约提出要在未来20年中继续保持现有地位，首要条件是吸引人口；上海建设全球城市的研究表明，只有人口规模达到3000万~3200万人的时候，上海才有可能、有能力继续维持现有市场，保持城市综合竞争力。在保持一定人口数量的基础上，城市对人口的吸引力更为重要，因为一定条件下，城市的知名度、声誉和国际影响力和城市的城镇级别并不一定是正相关关系。国际上一些经济、人口总量不大的城市，因为具有良好的人口吸引力，也可以在全球城市体系当中发挥重要作用。在当今诸多城市面对人口老龄化挑战的背景下，抢抓先机，制定有效措施，特别是吸引更多的年轻高素质人口，对保持城市竞争力、推进国际化的发展至关重要。杭州始终坚持“人才资源是第一资源”“科学技术是第一生产力”的理念，不断推进人才和科技制度创新。杭州按照科教兴国战略、人才强国战略、创新驱动发展战略的精神和要求，吸引和培养了一批又一批创新人才、创新团队和创新型企业。早在2015年，杭州就出台“人才新政27条”，对人才引进培养、创业扶持和生活保证等方面的政策进行创新完善。各地人才政策纷纷加码：临安出台“四个600万”政策，滨江出台“5050计划”，余杭出台“人才新政十条”。这些政策几乎覆盖了创业创新人才最关心的人才评定、创业资助、融资渠道、产业转化、教育医疗、人才住房、居留落户、编制保障等各类问题和需求。2019年，杭州正式出台“人才生态37条”，就高峰人才引育、体制机制改革等方面，提出四大工程和七大计划，打造服务全省的人才高地、辐射全国的人才生态最优城市，最大限度激发人才活力共建杭州。2022年杭州人才引进落户政策：全日制本科及以上学历，在杭州缴纳一个月以上社保，且与用人单位签订劳动合同，可以申请人才引进落户。针对数字经济、生命健康、文化艺术、金融产业等，杭州明确了相关领域领军人才培养数量，如到 2022 年，要培育数字经济领军人才 100 名以上、创新创业人才团队 50 个以上、“数字工匠”1 万名以上。打造数字经济和制造业“双引擎”，深入实施全球引才“521”计划等各类引才引智计划，充分发挥院士工作站、院士岛等高层次人才创新平台作用，以更有力的举措加快引进顶尖科学家和领军人才。深入实施“三名工程”，引进和合作建设世界级一流科研院所，培养和集聚一批优秀人才。继续优化职称申报、博士后补贴申请、高层次人才购房补贴等人才服务，确保人才引得进、留得下、用得好。

在全国工商联发布的“2020 中国民营企业 500 强”榜单中，共有 120 家浙江企业入选榜单，杭州有 39 家企业入围，连续 19 次蝉联全国各城市第一位。杭州还不断优化创业创新环境，通过创业扶持资金、贷款贴息、科技金融等直接或间接手段鼓励和支持高校师生、海归创业者、科技工作者等在杭创业，为外来投资者提供投资咨询、投资促进、投资保障等一系列免费专项服务，对中小企业、新经济企业实施税收优惠、财政奖补等扶持政策，支持建立了许多众创空间、科技企业孵化器、特色小镇等。2016 年 11 月发布的《杭州市人才发展“十三五”规划》提出，到 2020 年把杭州打造成为全国领先的人才高地、科创中心。杭州在创新平台建设、创新主体培育、重大科技攻关等方面取得了丰硕成果，获批国家自主创新示范区，成功创建国家知识产权示范城市、小微企业创业创新基地示范城市。城西科创大走廊建设大步迈进，杭州高新区列入国家建设世界一流高科技园区计划，未来科技城和阿里巴巴入选国家首批双创示范基地。杭州成了一座“创新活力之城”。至 2021 年底，杭州国家高新技术企业有效数达 10222 家，人才、海外人才、互联网人才净流入率连续多年保持全国第一。2020 年，杭州已经迈进千万人口的特大城市之列。

和谐的政商环境，高效的政务服务，自然吸引了不少高层次人才和投资者，并逐渐形成了一个生命力旺盛、根植力强大的创新创业生态系统。杭州都市圈率先推进政府改革，在全国率先形成“四张清单一张网”（权力清单、责任清单、负面清单、专项资金清单、政府服务网）管理新模式。率先开展地方特色改革探索，特别是在国家级改革试点方面，形成跨境电商的“杭州经验”。

率先引领特色小镇培育新模式创新，在全省公布的两批79个升级特色小镇名单中，杭州都市圈占据40个席位，推动新常态下浙江发展保持中高速、结构迈向中高端。率先推进资源要素差别化配置改革，将海宁经验推广至都市圈城市等，构建杭州都市区协同创新共同体。优化杭州都市区通勤条件，形成了以通勤铁路、通勤公交、通勤快速公路等为支撑的交通设施网络。建立民营企业与政府部门在创新体系中的“全流程”参与和“双向互动”机制。构建创新资源共建共享机制，推动区域内大型科研仪器设备、重大科技基础设施、重大科学工程和科技信息资源等共享共用。建立中心城市与周边区域产业链的合理分工机制，发挥中心城市的高端要素集聚优势和周边区域的空间资源优势，通过市场主导、政府引导，在分工的基础上增进合作。推进杭州都市圈技术市场一体化建设，建立科技成果转化和交易信息服务平台，建立健全技术交易市场，完善信息共享、标准统一的技术交易服务体系。建立科技和人才创新机制，加快科技体制改革，转变政府科技管理职能，推广杭州高新区（滨江）科技体制综合改革试点，推进杭州人才管理改革试验区建设，保留高层次人才事业身份。杭州逐步成为国家自主创新示范区域。

7.1.2 名企、名校、民资共建创新创业生态圈

我国大致经历过四次创业浪潮。第一次是1978年党的十一届三中全会以后，由于改革开放的政策驱动，以城市边缘人群和农民创办乡镇企业为特征的“草根创业”。第二次是1992年邓小平南行以后，确立了市场经济主体地位，以体制内的精英人群下海经商为特征的精英创业，包括政府部门的政治精英以及科研部门的科研人员。第三次是进入21世纪，中国加入WTO以后，伴随着互联网技术和风险投资及资本市场的发展，以互联网新经济为特征的创业。2014年被称为中国“双创”的元年。国务院总理李克强在达沃斯论坛上提出要“大众创新、万众创业”。双创”主体多元化，“精英”创业联动创新，“草根”创业带动就业。与前三次创业浪潮相比，本轮创业浪潮中创业创新形成联动，创业主体更加多元，金融危机催发海归潮推动创业，体制内及企业内的精英离职引发创业浪潮，返乡农民工掀起新的草根创业浪潮，政府大力推进大学

生创业。多元的创业主体是实现大众创业、万众创新的基础，也是形成创业创新浪潮持久动力的重要保障。“十三五”规划把深入推进大众创业、万众创新列为实施创新驱动发展战略的重要任务，并提出把大众创业、万众创新融入发展各领域各环节，鼓励各类主体开发新技术、新产品、新业态、新模式，打造发展新引擎。“双创”关键在“创”，核心在“众”，“众创”“众包”“众筹”等新的商业模式、管理机制、投资模式创新相互交织，创新创业主体从“小众”走向“大众”，在更广范围内激发和调动亿万群众的创新创业积极性，让创新创业的理念深入民心。

创业生态系统主要由“创业者”、各类“资源”以及“政府支持与鼓励”三大部分组成。概括来说，就是创业主体、创业要素以及创业环境，三者构成了彼此依存、相互影响、共同发展的动态平衡系统。在创业生态中，作为创业主体的大企业，由于具备人才、技术、品牌、市场等优势，在推进大众创业、万众创新中具有举足轻重的地位。《2021 全球创业生态系统报告》对 280 个城市的超过 300 万家公司进行了调研和评估，并融入了对于当地政策以及创新组织的考量，从表现、融资、连接性、市场触达、学术、人才六个维度对创业生态系统分别给予评分，最终评选出前 100 个表现突出的创业生态系统，中国有 4 个城市入选全球前 30 位，杭州名列 25 位。全球创业观察（GEM）2018/2019 中国报告显示，中国创业环境的综合评价得分为 5.0 分，在 G20 经济体中排名第 6 位。中国技术创业的比例较低，为 2.66%，这一比例与排名靠前的澳大利亚（13.1%）、英国（11.27%）和日本（10.58%）等经济体仍有较大差距。

互联网创业拥有更广阔的创业平台、更活跃的风险投资、更公平的创业环境以及更年轻的创业者，互联网领域成为 21 世纪新一轮创业创新的主阵地。大数据、云计算和移动互联网的快速发展，使众创、众包、众筹等一批集众人之智、汇众人之财、齐众人之力的创意、创业、创造与投资的空间应运而生，让每个有创新创业愿望的人都拥有“用其智、得其利、创其富”的空间，让每个有梦想的人都拥有人生出彩的机会。在这批“创客”中，形成了联想系、阿里系、百度系、腾讯系、华为系等一系列“创业系”和“人才圈”。但如果从地域上来看，“杭州系”举足轻重，另外一个重要的地区则是“深圳系”。《2015—2016 年

BAT系创业报告》显示，阿里系创业公司已达到680多家，总估值达到1万亿元，B轮及以后融资占比为17.9%。报告提到，百度系、阿里系、腾讯系的创业项目数分别是321、680、429，其中阿里系最多，是百度系的2.12倍。

《财富》（中文版）评选出的“2015中国十大创业城市”中，杭州位居第五（前四位是上海、深圳、广州、北京）。杭州有大量的民间资本和相对开放的政治生态，成了“创客”们追逐的圣地。颐高创业园、杭州湾信息港、浙大科技园、滨江高新技术园……到处都能发现创业者们奋斗的身影，他们在各自的创业地图上寻找“第一桶金”，而以“互联网”“云计算”“电子信息”为关键词的创业，也让杭州这座城市越来越体现出一种新兴的创客气质。

阿里的存在，阿里系的诞生，都给杭州的创客贴上了厚厚的“互联网”标签。阿里的企业文化造就了一大批有狼性、乐于创业的人。蘑菇街、滴滴打车、丁香园、铜板街、同程旅游、易到用车、唱吧、珍爱网等互联网产品，其创始人均出自阿里校友。In App就是典型的互联网创业项目，作为国内最大的图片移动社交平台，成为2014年浙商创新创业大赛第1名和“年度之星”。成立于2002年的颐高创业园，2004年被评为省级科技企业孵化器，2011年升级为国家级科技企业孵化器，已成功服务1500多家高成长科技企业，主要包括电子信息、软件开发、文化创意等领域，电子商务也正在成为重点。

表7-1　阿里云计算IaaS市场份额

全球云计算IaaS市场				亚太云计算IaaS市场，2021			
排名	厂商	IaaS营收份额（美元，百万）	份额	排名	厂商	IaaS营收份额（美元，百万）	份额
1	亚马逊	35380	38.92%	1	阿里云	8465	25.53%
2	微软	19153	21.07%	2	亚马逊	5238	15.80%
3	阿里云	8679	9.55%	3	微软	4652	14.03%
4	谷歌云	6436	7.08%	4	华为云	3963	11.95%
5	华为云	4190	4.61%	5	腾讯云	2544	7.67%
6	腾讯云	2585	2.84%				
	全球	90894	100%		亚太	33161	100%

数据来源：Gartner，Market Share。

2022 年 4 月，国际权威研究机构 Gartner 发布 2021 年全球云计算 IaaS 市场份额数据（表 7-1），显示阿里云排名全球第三，连续六年实现份额增长，同时，阿里云排名长期位居亚太市场第一，份额达 25.53%。

杭州高校资源无法和北京、上海、南京等地相比，但数据显示，浙大毕业生的创业率排名全国第一。《2019 浙江大学校友创新创业蓝皮书》显示，2018 年 1 月 1 日到 2018 年 12 月 31 日，在上市公司担任创始人、实际控制人、董事长或总经理级别的 237 位浙大系企业家，管理或控制了 203 家主流上市公司（含 A 股/港股/美股等）。另有 200 多位校友管理或控制新三板企业 200 余家。这些上市公司总市值达数万亿元。浙大的创业氛围相当浓厚，创业的想象力无穷无尽。浙大商学院主要通过导师接待日、总裁圈对话、创业沙龙等方式，解决企业创业过程中遇到的困难，培养未来创业家，这便是浙大学生骨子里的“爱折腾”基因。浙大创业者以技术和电商为主，都有踏实求是肯吃苦的风格。社会创业是指个人、社会组织等在社会使命的激发下，追求创新、效率和社会效果，经济效益兼顾社会效益。浙江大学创业者创业的领域不局限于商业领域，更扩展到环保、助残等公益领域，通过社会创业，用创新创业手段解决重大社会问题和挑战。

浙大和阿里，像两根柱子，把整个杭州的创业氛围撑起来。阿里系很多时候也离不开浙大系的基础，浙大的文化也离不开杭州本身的浙商文化。比如，赛博要求创业者拥有全日制普通高校大专以上文凭，毕业 5 年内，50 平方米的办公用房拎包入住，租金由赛博先付给业主，半年核查一次，核查通过后会由政府补贴一部分，相比官办的创业园更能减轻大学生的创业负担。另外，这些创业企业成立半年之后，可以申报杭州市的大学生创业项目无偿资助，科技型企业还有雏鹰计划、青蓝计划以及其他的文化创意基金，能得到多项资金补助。有名牌大学，有标杆企业，资本活跃，这个城市就一定能火起来。杭州跟过去相比，创业者越来越多，市场开放度越来越高，创业更容易，有很多的风投进入，创业者不需要担很大风险。杭州创业孵化器内也提供融资服务等，和杭州联合银行、宁波银行合作，只要是园区内的企业，就可以给 20 万～50 万元的信用贷款，有配套的担保公司。杭州大力培育科技金融体系，加快形成以创投机构为核心，科技银行为支撑，包括天使基金、小额信贷公司、典当公司、保险公司等在内的创业资本供给机构。加快营造创新文化氛围，大力提倡创新教育，开展求异思维、敢于突破、善于创意的教育，形成城市的创新教育机制，建设国内一流的人才发展环境，改进科研人员薪酬和岗位管理制度，破除人才流动的体制机制障碍，建立健全与工作业绩紧密联系、充分体现人才价值、有利于激发人才活力和维护人才合法权益的激励保障机制，积极推进人才管理改革试验区建设。

位于杭州未来科技城的梦想小镇已成为无数创业者逐梦的热土。梦想小镇2014年10月中旬启动建设，2015年3月28日建成投用，核心区占地约3平方公里。整个小镇一分为三，即互联网村、天使村和创业集市。互联网村重点鼓励和支持互联网相关领域的创业，天使村着力构建支持企业创新创业的金融服务体系，创业集市则提供餐饮、人才公寓等创业所需。在梦想小镇创业服务中心，很多项目都在“云”上办理。入驻梦想小镇的企业只需要3至5个工作日就可以办完所有手续，还能享受一定的税收优惠。这里有全杭州网速最快的宽带和无线，快到令人身心愉悦。梦想小镇本身就是一个互联网产品。数据显示，梦想小镇集聚了910多个创业项目、金融机构620余家、管理资本1350亿元、创业人才近8700名，此外还有36氪、苏河汇、紫金港创客、500Startups、Plug&Play等一大批众创空间。

以阿里巴巴为代表的互联网经济不仅支撑了杭州数字经济的发展，而且代表了未来世界经济发展的趋势。2015年4月1日至2016年3月21日，阿里巴巴用8000名“小二”创造了年交易额3万亿元的体量，成功超越全球零售业老牌霸主沃尔玛，成为全世界最大的零售平台。到2020年，杭州高新技术产业产值突破10000亿元，创业创新空间达到2800万平方米。据尼尔森的数据显示，杭州电子商务在全国乃至全球已经具有较为广泛的影响力。目前，杭州集聚了全国超过三分之一的电子商务网站，在电子支付、云计算、快递、网络营销、信息技术、运营服务等领域，涌现出众多专业的电子商务服务商，其中包括全球最大的B2B电子商务平台、全球最大的网络零售交易平台和全球最大的电子支付平台。

7.1.3　江浙省会创新能力之比较

2019 年 12 月，中共中央、国务院印发的《长江三角洲区域一体化发展规划纲要》全文发布，规划到 2035 年，长三角一体化发展达到较高水平，整体达到全国领先水平，成为最具影响力和带动力的强劲活跃增长极。到 2025 年，研发投入强度达到 3% 以上，科技进步贡献率达到 65%，高技术产业产值占规模以上工业总产值比重达到 18%。区域协同创新体系基本形成，成为全国重要创新策源地。优势产业领域竞争力进一步增强，形成若干世界级产业集群。创新链与产业链深度融合，产业迈向中高端。江浙省会走“科创 + 产业”道路，促进创新链与产业链深度融合，打造产业升级版和实体经济发展高地。

学者用“深如玄武湖，活似钱塘江”来形容南京和杭州两地的精神文化特征①。南京具有良好的经济态势与深厚的文化底蕴，而杭州是民营投资最活跃的地区之一，二者各有所长。“品质”已成为新时期杭州发展的鲜明特征、强大动力和核心竞争力。

从经济层面来说，南京素有“苏二”称号，而杭州在浙江却是一支独大。以阿里为代表的浙江信息技术、互联网等新兴产业迅猛发展，在中国乃至全世界崛起。在阿里巴巴、海康威视、大华股份等公司的带领下，杭州在大众创业、万众创新等方面俨然成为全国创业创新中心。杭州涌现出阿里巴巴、海康威视、新华三集团等一批行业领军企业，还培育了蘑菇街、阿里云、蚂蚁金服等一大批科技型独角兽企业。大石化、建筑、钢铁和传统零售等产业，以前是南京的中流砥柱，但随着环保压力增大、新兴经济快速发展，对南京而言，既是压箱石，也在一定程度上掣肘了其发展。

世界城市发展历史证明，城市文化活力与综合实力表现出高度的相关性，国与国之间、城市与城市之间，最终竞争的核心是文化的竞争。城市空间是国际文化大都市的重要表现，城市空间整体地反映了城市的总体文化水平、历史演变、审美水平、价值取向、管控能力和市民素质。城市综合发展机遇与科技创新能力

① 傅白水. 双城记：“宁杭之争”谁执牛耳［J］. 浙江经济，2015（24）：56－57.

呈现明显的线性关系。

杭州注重文化软实力和科技创新能力建设。杭州围绕打造品质城市、品质产业、品质环境、品质生活，全力推动休闲、文化、创业三者高度融合、协调发展，走出了一条独具特色的科学发展之路。从城市品质来看，杭州先后获得联合国人居奖、全球最值得去的旅游城市、东方休闲之都、中国最佳商业城市、中国电子商务之都、中国动漫之都、全国文明城市等40多项国际和国家荣誉称号。但杭州教育短板效应也很突出，这与南京相差甚远。

2015年3月7日，国务院设立中国（杭州）跨境电子商务综合试验区。与上海自贸区相比，杭州跨境电子商务综合试验区有着无边界的优势。杭州市把跨境电商综试区建设成以“线上集成+跨境贸易+综合服务”为主要特征的全国跨境电子商务创业创新中心、服务中心和大数据中心。“双十一”“云栖大会”“无边界自贸区”和“世界互联网大会”，让杭州成了全国乃至世界的信息技术中心地带。

杭州将创新列为首位战略，全力构建创新平台、体制机制和专业服务，加快创新资源集聚，打造具有国际影响力的“互联网+”创业创新中心，将杭州城西科创大走廊打造为具有国际影响力的创新资源集聚高地、科技成果转化基地和特色高技术产业增长极。杭州结合浙江大学等知名高等院校、国家级高新区及开发区、省级产业集聚区、特色小镇等科技创新平台，重点发展依托基础科学的创新和基于工程技术的创新。杭州以阿里系、浙大系、海归系、浙商系为代表的“创业新四军”，激活了杭州的创业创新活力。杭州制定出台《关于发展众创空间推进大众创业万众创新的若干意见》，成立杭州市众创空间联盟及在杭高校众创联盟，引入英特尔创客空间等国际知名众创空间。

南京的信息通信、网络安全、智能制造、生态监测等领域成果，为把南京建设成为具有全球影响力创新名城提供了关键和强有力的支撑。2019年，南京市进入省科技型中小企业库的数量增长73.7%，新备案的新型研发机构74家，新增孵化集聚企业1900余家。《2019胡润全球独角兽榜》显示，南京共有12家独角兽企业上榜，数量居全国城市第5位、全球城市第7位。南京厚植“科创企业森林”，培育“专精特新”企业，培育市级以上“专精特新”中小企业1312家，市级制造业单项冠军企业 60 家，国家级、省级专精特新小巨人企业 2 家、83 家，国家级单项冠军企业 7 家。对初创期企业、中小型企业、高新技术企业以及瞪羚、独角兽等高成长性企业分类施策，打造大中小企业梯次并进的创新矩阵。建立 100 亿元的市级创投母基金和产业基金，出资 14 亿元与社会资本合作成立了近 30 支天使子基金等创新类基金，引入科技金融源头活水。深入实施“两落地一融合”工程（即科技成果项目落地、新型研发机构落地、校地融合发展），把基金建在新研机构，把职业经理嫁入新研机构，把人才创业、校友企业引入新研机构，把新产品市场应用等政策送至新研机构，推动特色学科群与产业创新群间的互动。2021 年，南京市委出台《关于新发展阶段全面建设创新名城的若干政策措施》，持续构建知识产权“一核两翼多平台”体系，连续 16 年向海内外发布《南京市知识产权保护状况》白皮书，连续 3 年举办紫金知识产权国际峰会。

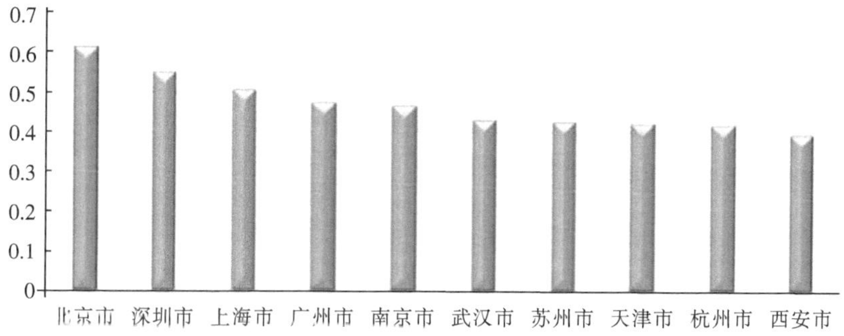

图 7-1　中国创新城市 TOP10 得分（2018 年）

资料来源：首都科技发展战略研究院《构建创新之城——中国创新城市 TOP10 的启示》。

根据《构建创新之城——中国创新城市 TOP10 的启示》，创新服务是提升城市创新能力的重要保证，人才是城市创新发展的基石，也是衡量创新资源的首要测试要素，创新创业是城市经济增长点。杭州、南京等城市基础研究经费占研发经费比重超过 10%，是全国平均水平的 2 倍，高端科研人才集聚，原始创新能力强，同时也是在集聚国内外创新创业人才方面表现突出的城市。南京、杭州等 15 个城市成为中国创新策源地城市。

7.1.4 杭州创新创业发展的启示

大众创业、万众创新是杭州经济活力之源，也是推进供给侧结构性改革的重要抓手。

首先，科技创新无疑是“杭商基因”的新传承。西子联合从电梯跨界到航空，娃哈哈开始做智能机器人，西湖电子从电子产品跨界新能源汽车，杭叉集团研发无人叉车。这些商业跨界和技术创新，正是驱动杭州创新发展的“杭商基因”。从一个企业到一个产业，再到一个新的经济增长点，创新在杭州演绎了很多奇迹。比如，海康威视已成为领先的安防产品及行业解决方案提供商，安恒信息是中国领先的信息安全产品和服务解决方案提供商。杭州科技开展“五员领创”，推进试验区建设，强化主体培育，优化创新生态，开展核心技术攻关行动，人才、资本、政策等高端要素叠加，科技创新的“雨林生态”逐渐形成。

其次，强化数字经济创新生态环境，充分调动创业创新主体的积极性。杭州在打造重大创新平台方面，加快推进杭州高新区和萧山临江高新区两大国家级高新区建设发展，积极推进城西科创大走廊和城东智造大走廊“两廊”建设。杭州未来科技城和阿里巴巴集团成为全国首批“双创示范基地”。蓬勃发展的互联网、物联网、电子商务等产业始终处于全国“第一方阵”，形成了具有国际竞争力的企业集群，集聚了阿里巴巴、网易、海康威视等一大批知名企业。围绕人工智能、先进装备制造、新材料等重点领域产业，努力突破关键领域技术和核心技术瓶颈，抢占关键技术制高点，释放巨大的创业创新潜力。在 2020 年度浙江省科学技术奖名单上，有 173 项创新项目来自杭州科创界，占全省的 57.5%。杭州获奖的 173 个项目中，近三成获奖项目集聚在杭州城西科创大走廊，共集聚获奖成果 83 项，占总数的 28%，创新策源地打造成效显著。

再次，弘扬创业创新文化，让人们在创造财富的过程中，更好地实现精神追求和自身价值。杭州的创业创新氛围好，培育鼓励探索、宽容失败和尊重人才、尊重创造的文化。杭州众创空间堪称全国的一道靓丽风景，2018 年就建设了国家级众创空间 35 家、省级众创空间 44 家，市级众创空间 106 家，各级孵化器

186 家，还在美国设立了硅谷孵化器，已对接服务海外高科技创业项目超过 200 个，形成已落地或有意向落地杭州的海外项目共 108 个，才云科技等 21 家高科技企业正式落地。2021 年全市 R&D 经费支出占 GDP 的 3.6%，新增省级及以上研发机构 200 家、省级重点企业研究院 7 家，新增雏鹰企业 800 家、省科型中小企业 2000 家、高新技术企业 1650 家，为科技助力杭州经济高质量发展和率先实现共同富裕提供了强劲内生动力①。在引导创新创业上，杭州发放“创新券”“服务券”等、打造“三名工程”（名校、名院、名所）、实施创新“人才新政 37 条”。杭州持续完善创新规划政策体系、创新主体培育体系、基础研发支撑体系、科技创新服务体系、引才引智体系、区域创新与合作体系。正是这些举措，让杭州快速跻身全国创业创新的“第一方阵”。杭州积极探索众创、众包、众扶、众筹的新模式，努力打造全省乃至全国创业创新的“策动源”和“新引擎”。

7.2　宁波协同创新的实践

“十二五”期间，杭州、宁波的高新技术产业产值仅为深圳的 1/4、苏州的 1/3、无锡的 2/3。杭甬两地吸引国际高端资源较少，杭州仅有浙江物产、浙江吉利控股 2 家本土世界 500 强企业，宁波的总部企业也主要集中在制造业和商贸服务业领域。面对长三角城市群“北强南弱”、竞争日益激烈的新态势，面对上海“五个中心”高能级平台建设形成的“虹吸效应”，宁波发展的差距不仅体现在经济总量和人均水平上，而且更多地体现在产业层次、资源利用效率和发展质量效益上。宁波 GDP 先后被大连、南京、武汉等同类城市超越，主要原因是在自主创新能力和科技发展水平等方面存在差距。2013 年 1 月，宁波市委作出关于强化创新驱动、加快经济转型发展的决定，将主题锁定在强化创新驱动上，提出到 2016 年，宁波市区域创新能力和人力资源竞争力明显增强，创新型经济发展水平大幅提升，率先进入国家创新型城市行列。

---

① 吴静. 杭州科技创新何以“大丰收”？[N]. 浙江日报，2021-06-16（01，05）.

“十三五”时期，浙江省增强杭州、宁波两大中心城市的极核功能，推进浙江加快转型发展、提升国际竞争力①。宁波以构建“两城三极一高地”（“两城”即新材料科技城和“天使之城”；“三极”即推动转型升级的经济增长极，支撑转型发展的创新驱动极，有利于创业创新的环境正能极；“一高地”即创新型人才高地）为抓手，加快破解科技投入产出不匹配、产学研用结合不紧密、科技评价体系不科学、科技创新体制机制不适应的发展瓶颈，不断提升单位面积产出率、全社会劳动生产率和单位资本投资效益。

7.2.1 宁波急起直追争创国家创新型城市

2013 年 9 月，在宁波市政协“加快创新驱动，推动经济转型发展”论坛上，与会者分析宁波创新存在的问题。从创新主体看，宁波许多企业创新精神不足、力度不够、方法不多。从产学研结合看，科技和产业结合度不高，科技与经济“两张皮”问题依然存在，产学研用结合不够紧密。从投入看，社会创新投入相对不足，科研经费投入不够。客观原因就是宁波科研基础薄弱，高校和科研院所较少。比如，临港工业占到宁波工业的 70% 以上，以成熟工艺为主，研发中心又多设在宁波以外。又比如，宁波的企业多为农民企业家创办，以传统产业为主，高新技术产业规模偏小。从创新环境看，公共服务体系创新支撑力不强，高校院所、人才资源相对较少，创新人才难引进、留不住。对宁波而言，创新驱动就是要最大限度地集聚优化创新要素，形成创新引领的现代产业体系、企业主体的技术创新体系、运行高效的创新生态体系。

宁波市以建设创新型城市为目标，大力实施创新驱动发展战略②。创新活力取决于创新环境的优劣，要加大科技投入，强化激励保障，培育创新文化，以更大的力度打造一流的创新环境。要实现这样的目标，营造促进创新的政策环境无疑是第一步。宁波建立了全市战略组织领导体系，强化整体指导和统筹协调，制

① 浙江省发展规划研究院课题组，傅金龙，朱李鸣. 增强杭州、宁波两大中心城市极核功能［J］. 浙江经济，2016（4）：41 -43.

② 蔡铁锋. 宁波提出力争到 2016 年建成国家创新型城市［EB/OL］.［2013 -01 -10］. http：//www.cnnb.com.cn.

定行动方案。各县（市）区和相关部门健全工作体系，制定完善相关配套政策和操作办法，强化政策和制度创新，形成全市上下共同推进创新发展的强大合力。同时，宁波积极加快政府职能转变，深化行政审批精简、融资服务创新、资源市场化配置等改革，强化创业创新服务功能，减少对微观创新活动的干预。在知识产权方面，宁波鼓励和支持通过转让、许可等多种方式促进知识产权的产业化、商用化，加大知识产权保护力度，严厉查处和打击各类知识产权违法行为，努力构筑区域知识产权保护体系。建立健全创新投入财政经费监督管理和绩效评价机制，完善相关部门预算和经费信息公开公示制度。

宁波市从健全工作协调推进机制、完善有利于创新的体制机制、大力促进金融与创新融合发展、加大财政税收扶持力度等多个方面着力构筑创新驱动政策和制度保障体系。宁波制定出台了关于推动科技金融创新发展的实施意见，开展国家科技与金融结合试点工作，建立政府引导的多元化创业创新风险投融资机制，设立科技成果转化引导基金，引导社会力量加大科技成果转化投入。宁波建立了市县两级联动的科技金融担保风险池，加大对科技金融的担保补贴力度。同时，鼓励政策性银行开展科技融资服务，支持商业银行成立科技支行，创新推广知识产权质押、股权质押、仓单质押等融资产品。支持组建面向中小微科技企业的科技金融担保机构，成立科技金融服务中心，建立“投、保、贷、中介服务”四位一体的科技金融服务体系。在财税政策上，宁波重点扶持企业技改、技术研发和平台建设，引导企业加大研发投入，提高财政资金引导效应，用足用好人才发展经费——重点用于海外引才、高层次人才引进、创新载体建设和人才奖励，切实落实企业技术研发费税前加计扣除政策，落实好国家出台的其他各项税收优惠政策，激励企业加大创新投入。在创业环境方面，设立宁波市企业管理创新奖，奖励在商业模式、管理制度、人才培养和品牌建设等方面取得突出成效的企业管理者；大力弘扬勇于创新、团结协作、无私奉献的创业精神，积极营造敢冒风险、尊重创造、宽容失败、公平竞争的创新文化；加强科学普及，提高全民科学素养，形成尊重知识、尊重人才、尊重创造的社会风尚。

创新的主引擎是科技。作为科技创新资源相对匮乏的产业城，宁波不断深化体制机制改革，持续扩大开放创新。《中共宁波市委 宁波市人民政府关于进一步强化科技创新推进国家创新型城市建设的意见》（甬党发〔2017〕3号）要求，围绕高水平全面建成小康社会、加快建设国际港口名城、打造东方文明之都、早日跻身全国大城市第一方队的目标定位和建设“一圈三中心”的决策部署，抓住“中国制造2025”试点示范城市、国家科技成果转移转化示范区建设的机遇，立足全面争创国家自主创新示范区的要求，把推进科技创新作为供给侧结构性改革、补齐发展短板的重要举措，加快推进以科技创新为核心的全面创新，培育新的发展动能，努力把宁波建设成为区域创新资源集聚能力强、创新创造创意成果多、科技创新生态好的全国一流产业技术创新中心，率先迈进国家创新型城市前列。宁波制定了一系列措施，持续推动科技创新和人才队伍建设，超常规推进“科技争投”，实施“智团创业”计划，支持科技人员、海外留学归国者、民营企业家以及“创二代”创业者、青年大学生等创办科技型小微企业。引导创新型领军企业建立企业科技创新团队，加快优势资源向骨干企业集聚，支持其与国内外名校院所共建高水平研发机构。支持高校院所面向产业发展需求建设高等技术研究院、工业技术研究院，鼓励企业、高校院所牵头合作共建产业技术研究院。统计数据显示，截至2020年，宁波全市企业在研项目近7500项，累计建设重点产业技术研究院69家，覆盖了宁波“246”万千亿级产业集群。推动以宁波国家高新区为核心载体的自主创新示范区核心区建设，打造民营经济转型先行区、创新驱动发展示范区、开放协同创新引领区、新兴产业发展集聚区、制造业升级样板区。面向“中国制造2025”主要发展领域，聚焦宁波重点细分领域发展的重大需求，整合产学研创新资源，鼓励企业、高校院所牵头合作共建产业协同创新中心、制造业创新中心。

自2008年以来，科技部、国家发改委先后支持78个城市（区）开展创新型城市建设。科技部和中国科学技术信息研究所构建了包括创新治理力、原始创新力、技术创新力、成果转化力和创新驱动力5个方面的监测评价指标体系，对国家创新型城市的创新能力进行监测和评价。2019—2021年国家创新型城市报告发现（表7-2），杭州、宁波等城市固定资产投资与地区生产总值之比低于60%。这些城市已摆脱投资依赖，走上科技创新驱动高质量发展之路。

表 7－2　国家创新型城市创新能力指数及其排序（2019—2021）

2019 年度			2020 年度			2021 年度		
排序	城市	创新指数	排序	城市	创新指数	排序	城市	创新指数
1	深圳	83.8	1	深圳	87.79	1	深圳	85.17
2	杭州	77.89	2	广州	78.46	2	杭州	78.82
3	广州	77.65	3	杭州	76.88	3	广州	78.02
4	南京	75.82	4	南京	75.48	4	南京	77.71
5	武汉	74.1	5	武汉	72.33	5	苏州	74.43
6	苏州	73.69	6	西安	71.61	6	武汉	73.75
7	西安	73.9	7	苏州	71.54	7	西安	71.83
8	长沙	71.17	8	长沙	70.18	8	长沙	69.75
9	厦门	70.01	9	成都	68.38	9	合肥	69.75
10	合肥	69.71	10	青岛	68.07	10	青岛	68.37
11	无锡	69.43	11	厦门	67.30	11	成都	68.37
12	青岛	69.25	12	无锡	67.02	12	厦门	67.97
13	成都	68.69	13	合肥	66.84	13	无锡	67.71
14	大连	66.09	14	济南	64.54	14	济南	64.27
15	昆明	64.53	15	宁波	62.64	15	宁波	64.08
16	常州	64.47	16	常州	61.42	16	常州	63.49
17	济南	3.78	17	大连	60.58	17	大连	62.45
18	沈阳	63.70	18	南昌	59.32	18	南昌	61.31
19	宁波	63.48	19	郑州	59.14	19	东莞	60.94
20	烟台	62.49	20	沈阳	59.11	20	沈阳	60.15

数据来源：根据中国科技信息研究所《国家创新型城市创新能力评价报告》整理。

7.2.2　企业变“要我创新”为“我要创新”

企业是市场主体，也是创新的主体。宁波有超百万户市场主体、蓬勃兴起的先进制造业产业集群，工业总产值和增加值双双排名浙江第一。作为制造业单项冠军之城，基础雄厚的产业经济就是创新的“主战场”。提升企业技术创新能力，是宁波高质量发展的应有之义。

2016年，宁波明确将建设创新型城市作为“十三五”发展的首要战略，到2020年全市科技创新实现跨越发展，率先进入国家创新型城市前列。中共宁波市委《关于深入实施人才和创新“栽树工程”加快建设高水平创新型城市的决定》提出：到2025年，初步建成高水平创新型城市；到2035年，建成高水平创新型城市，跻身全球重要创新城市行列。

近年来，宁波通过多种途径激发中小企业的创新活力，推动企业成为真正的创新主体。目前，宁波市全社会研发经费投入90%出自企业，80%以上国家科技计划项目由企业承担，高新技术企业占新上市公司的2/3以上。从总量上看，宁波尚未有产值过千亿元的制造业企业，也缺乏航母级企业作为产业支柱，尚难以形成世界级产业集群。但是从R&D经费投入强度来看，2010—2018年，宁波基本保持稳步增长，从1.66%提升至2.57%。从高新技术产业规模而言，宁波近年有明显提升，2019年高新技术产业增加值占规上工业增加值比重达到53.7%。自2016年来，工信部先后评选4批制造业单项冠军企业（产品），其中宁波共有39家（个）制造业单项冠军企业（产品），位居国内城市首位，也因此被视为制造业“隐形冠军”之城。比如，位于宁波国家高新区的均胜电子通过跨国并购实现了国际化，与国际汽车零部件巨头们同台竞技，其研发的汽车中控台人机界面已应用到保时捷、兰博基尼等跑车中。目前，均胜电子在全球拥有超过4000项汽车安全技术专利。从当前业务结构看，均胜电子有汽车安全、汽车电子、智能车联和功能件及总成四大业务。在相继揽入KSS与高田主要资产后，公司以均胜安全为主体，跻身全球第二大汽车安全系统供应商，目前约占全球市场份额的30%。子公司均联智行积极参与国际及国内行业标准的制定工作，还与百度、阿里、腾讯等32家机构共同制定了《基于车路协同的高等级自动驾驶数据交互内容》。该标准主要针对高等级自动驾驶中的车路协同典型应用场景，以及场景中的感知、决策、控制数据内容。欧琳是“宁波制造”到“宁波创造”的引领者之一。从创立伊始，欧琳就分批引进资深设计师、管理专家进行工艺指导和技术改进，不断完善企业的质量管理体系。迄今为止，欧琳荣获各类国家专利已近400项。知名厨电品牌方太集团用于研发的投入超过销售收入的 5%，拥有包括厨房电器领域顶尖专家在内的 200 余人研发团队。

宁波提出重点发展电子信息、新材料、医药生物及新能源等高新技术产业。尤其是新材料产业，涌现出韵升、博威合金、先锋新材料、科宁达等一批领军企业和中科院材料所、兵科院宁波分院等一批科研机构。石墨烯是目前人类已知材料中最薄、最硬、导电导热性能最强的一种新型纳米材料，在新能源、化工、电子、航空航天等领域有着广阔的应用前景。由于制备成本昂贵，石墨烯 2004 年问世以来未能实现产业化。中科院宁波材料所刘兆平团队成功破解了石墨烯产业化应用过程中品质与成本之间难以兼顾的难题，率先开发出一种全新的石墨烯剥离技术。中科院宁波材料所石墨烯技术团队突破了石墨烯薄膜连续卷对卷生长和转移技术，在国际上率先实现了 20 厘米宽幅千米级单层石墨烯薄膜的快速制备。宁波大力推进石墨烯材料研发和商业化应用，投入近 1 亿元财政资金支持 37 项石墨烯材料应用研发项目，在超级电容、动力电池、防腐涂料、改性橡塑等多个领域的应用研究取得成果。在“中国制造 2025”试点示范城市建设规划中，石墨烯材料产业是八大细分行业之一。宁波墨西科技有限公司于 2013 年底在国内率先建成了百吨级石墨烯示范生产线，2016 年实现石墨烯粉体低成本规模化生产，在产能、品质与成本等方面处于世界领先水平。宁波市人民政府办公厅印发《宁波市新型功能材料产业集群实施方案（2020—2025 年）》①，提出按照“一心五园多节点”空间布局，以新材料科技城为核心，统筹宁波杭州湾新区、余姚经济开发区、慈溪滨海经济开发区、宁波石化开发区（含北仑、大榭）、宁波（江北）高新技术产业园等工业集聚区与鄞州、奉化、象山等关键企业院所，重点打造新型金属功能材料、稀土功能材料、新型膜材料、高品质合成橡胶材料、石墨烯功能材料等五大领域。依托五大领域重点企业实现新型功能材料产业规模化、集群化、高端化发展，打造国内具有较强影响力的新型功能材料产业集群，力争到 2025 年产值

① 宁波市人民政府办公厅．关于印发宁波市新型功能材料产业集群实施方案（2020—2025 年）的通知（甬政办发〔2020〕46 号）［EB/OL］．［2020-09-03］．宁波市人民政府网．

突破1300亿元。

宁波在面向国家重大需求的领域，不断提高企业的技术创新能力。宁波伏尔肯科技股份有限公司瞄准重大装备大尺寸机械密封环这个细分市场，持续奋斗了几十年。伏尔肯大尺寸机械密封件表面做到了极致平整，放大到4个足球场的面积，高低起伏不超过1.6毫米。2019年，伏尔肯凭借此成果荣获中国机械工业科学技术奖一等奖。余姚天瑞精工机械生产的高端五轴机床达到国际领先水平。宁波围绕打造新材料、工业互联网、关键核心基础件三大科创高地，积极推进甬江实验室和国家级创新平台建设①。

政府以宁波市战略性新兴产业领导小组为主导，以新材料科技城为核心，联同宁波杭州湾新区、余姚经济开发区、慈溪滨海经济开发区、宁波石化开发区、宁波（江北）高新技术产业园等5个集群，成立新型功能材料工作领导小组，形成“1+5”组织领导体系，建立健全跨部门协调机制，保障生产要素对新型功能材料产业的优先有效供给，协调处置新型功能材料产业推进过程中的各类问题，探索“产业园区+创新孵化器+产业基金+产业联盟”一体化推进模式，建设集研究开发、检验检测、成果推广、创业孵化等功能于一体的产业集群公共服务综合体。宁波以企业为主体、市场为导向、产学研相结合的技术创新体系已基本建立，形成了一批具有自主知识产权、核心竞争力强的品牌产品和优势企业。截至2019年，宁波市有重点实验室96家，工程中心1488家，高新技术企业2149家，创新型初创企业17336家，高新技术产业增加值2142.88亿元，高新技术产业增加值占规上工业增加值比重53.7%。

宁波紧抓国家科技与金融结合试点机遇，按照创新创业阶段特征和企业成长规律，引导科技银行、担保、创投、保险等各类科技金融机构合作，打造财政资金与社会资金、直接融资与间接融资、股权融资与债权融资有机结合的科技投融资体系，构建满足不同需求的科技金融服务链。宁波设立了全国首支由政府主导的政策性天使投资引导基金，5年内基金总规模达到5亿元，以此引导和撬动社会资本参与创新型初创企业培育。宁波不仅给新兴高科技企业提供场地、租金和

① 翁云骞，王虎羽．宁波：加快建设高水平创新型城市［N］．浙江日报，2020-11-16（16）．

税收减免等优惠，还有专门机构帮助这些企业申报国家、省、市的各级专项补助，并提供配套资金。充分利用创业投资引导基金、天使投资引导基金、产业投资基金，积极鼓励社会资本参与产业项目投资，不断丰富投资主体和模式，加强集群区企业融资支持。发展科技信贷，建立健全银行资本与天使投资引导基金的投贷联动机制，通过引导基金的跟投，鼓励银行加快投贷联动机制研究，积极开展投贷联动试点。完善科技信贷风险池资金管理，争取在区县（市）设立子风险池资金“全覆盖”，建立政府引导、多方参与、市场化运作的科技企业信贷风险分担机制。将财政资金与信贷、股权资金充分结合，放大资金支持效应。利用风险补偿、融资担保等方式，积极和金融机构对接，强化集群内产业基础设施建设，鼓励银行等机构加大对集群内企业特别是民营企业的信贷支持。逐步建立多层次支持新兴产业集群发展的投融资体制。支持重点新材料企业开展产融结合试点，推广产业链融资等创新模式，推广应用股权质押、专利质押等创新型抵押质押担保方式，加强产业化资金保障。成立科技保险专营机构，面向创新型企业提供研发中断、产品研发责任、新产品试用、知识产权融资保险、知识产权侵权责任保险等险种。

7.2.3　大学和科研机构提供创新发展新动能

发展高科技、催生新产业，为提升所在地区、国家的竞争力做出贡献，是知识经济时代赋予现代大学不可推卸的历史使命。宁波大学园区作为宁波最重要的高校聚集区，也承担着这样的使命。宁波规划建设位于鄞州中心区的大学园区南区和环宁波大学的大学园区北区。其中，宁波大学园区南区有中外合作大学宁波诺丁汉大学，浙江大学宁波校区，应用型本科浙江万里学院，高职高专浙江医药高等专科学校、宁波城市职业技术学院、宁波卫生职业技术学院等 6 所不同层次、不同门类的学校。园区拥有从专科、本科、硕士研究生到博士研究生的完整人才培养体系。大学园区所在的鄞州区在综合实力、科技创新、绿色发展、新型城镇化质量、投资潜力等社会发展关键指标上都居全国前列（见表 7 - 3）。

表7－3　宁波区县（市）生产总值（单位：亿元）

区县（市）	2021 年	同比增加/%	2020 年	同比增加/%
鄞州区	2500.33	7.0	2266.1	2.4
北仑区	2382.5	8.0	2020.5	3.3
慈溪市	2379.17	8.4	2008.3	4.8
余姚市	1441.5	9.1	1220.7	5.1
海曙区	1400.63	9.2	1201.2	2.0
镇海区	1252.4	7.0	1030.1	2.9
奉化区	848.44	5.6	685.8	3.4
宁海县	840.1	8.8	722.5	3.4
江北区	829.33	10.1	666.7	3.4
象山县	669.76	8.3	563.0	1.6
宁波地区生产总值	14594.9	8.2	12408.7	3.3

数据来源：根据宁波市国民经济和社会发展统计公报整理。

大学园区形成知识外溢效应的基础在于其学科优势和人才培养优势。目前，宁波诺丁汉大学、浙江大学宁波校区、浙江万里学院等在科研力量、高层次人才培养方面已经具有相当的实力。宁波诺丁汉大学已与众多国内研究中心建立重要战略合作伙伴关系，学校目前已建立众多重要科研平台，如 AHRC 数字版权及知识产权研究中心、宁波诺丁汉大学新材料研究中心、宁波普惠金融研究中心等。浙江大学宁波校区是浙江大学与宁波市政府战略合作的办学机构，包含浙江大学软件学院、浙江大学工程师学院宁波分院、浙江大学宁波研究院、浙江大学宁波国际合作学院、浙江大学宁波理工学院 5 个办学主体。根据规划，浙江大学宁波校区重点围绕高端装备技术、新一代信息技术、能源环境、大湾区建设、生工食品等学科领域，着力构建世界一流的创新创业生态系统，努力建成宁波市创新人才聚集的新高地、浙江大学科技成果转化的新基地和创新科技发展的新引擎。大学园区的浙江万里学院、浙江医药高等专科学校、宁波城市职业技术学院、宁波卫生职业技术学院，也有一批优势特色学科。

表 7－4　中国城市创新竞争力一级、二级指标得分和排名情况

城市	创新竞争力		创新基础竞争力		创新环境竞争力		创新投入竞争力		创新产出竞争力		创新可持续发展竞争力	
	排名	得分	排名	得分	排名	得分	排名	得分	排名	得分	排名	得分
北京	1	70.0	2	82.4	1	68.0	1	82.6	2	61.9	1	54.9
上海	2	60.5	1	88.5	4	52.4	3	56.1	4	55.2	2	50.5
深圳	3	57.6	3	66.1	8	44.6	2	61.5	1	73.8	3	42.1
天津	4	46.4	4	62.2	11	41.8	6	49.5	16	42.6	6	36.0
广州	5	44.4	5	47.1	2	58.8	18	36.6	7	46.4	11	32.8
苏州	6	44.4	6	46.6	6	45.4	11	38.7	3	57.4	9	33.8
杭州	7	42.2	7	45.1	3	52.4	7	48.2	88	33.7	10	33.5
西安	8	38.0	27	22.6	7	45.1	4	54.3	13	43.9	29	24.2
宁波	9	37.2	11	35.9	12	40.6	9	40.9	110	32.3	5	36.3
武汉	10	36.7	9	37.9	5	48.6	20	33.9	23	41.1	43	22.1

数据来源：根据《中国城市创新竞争力发展报告（2018）》整理。

大学创新驱动型城区所在区域的大学拥有一流的学科专业，具有为社会经济服务的技术和人才条件，将成为城市创新竞争力的重要源泉（表 7－4）。斯坦福大学推动校企合作，鼓励教师和毕业生自主开创企业，“校企合作”“土地开发”“扶持创业”三大举措使高新技术产业围绕斯坦福大学集聚起来。硅谷的发展与斯坦福大学和加州大学伯克利分校的电子、艺术设计等一流学科直接相关，波士顿的创新区与麻省理工学院和哈佛大学的电子信息、互联网、软件、生物技术专业有关，北京中关村则与北大和清华的一流学科相关。宁波大学园区从资源总量来看，4 平方公里的区域，6 万多人的师生规模，与周围区域形成有效的知识外溢效应。城市创新优势不仅来源于本地物质资本和人力资本投入，而且依赖于邻近城市的知识溢出。物质资本投入、人力资本水平、对外贸易水平的显著空间溢出驱动着知识溢出和城市内生增长①。

① 殷德生，吴虹仪，金桩．创新网络、知识溢出与高质量一体化发展——来自长江三角洲城市群的证据［J］．上海经济研究，2019（11）：30－45．

宁波着力做深做透深水港优势文章，不断优化“拥江揽湖滨海”空间布局，建设现代化滨海大都市。促进港产城深度融合，通过培育高端航运服务业，发展集拼、仓储和加工等物流增值服务提升效益。加快发展航运金融、航运信息及其一系列专业服务，提升软实力，成为全球一流航运服务基地。抓好中国（宁波）跨境电子商务综合试验区建设，建设宁波与舟山自贸港区。加快建设新材料科创高地，北航宁波创新研究院正式落户北仑梅山，面向表面工程技术、大型金属增材制造装备技术、增材制造新材料技术等领域开展前沿技术研发及产业化。国科大宁波材料工程学院创建新型国际网络型科技创新人才培养模式，成为柔性吸纳国际高端人才施教、弹性实现国际化教学的国际一流材料工程学院。

宁波积极建设国家自主创新示范区和“246”万千亿级产业集群、甬江科创大走廊。2019 年 9 月，西北工业大学宁波研究院成立，建有柔性电子、智能芯片、无人航行、民用航天、卫星与大数据等 5 个技术研究中心，是浙江省首批高水平新型研发机构。研究院通过科技成果转移转化等方式，培育产业化项目 28 个，引进和孵化企业 18 家，2021 年园区产值超过 2 亿元。2020 年 4 月，诺丁汉大学卓越灯塔计划（宁波）创新研究院与浙江华瑞航空制造有限公司、深圳市百盛传动有限公司、宁波戴维医疗器械股份有限公司、宁波禾隆新材料股份有限公司等知名企业分别签订了科研合作协议，对标国际先进、瞄准世界科技前沿，在创新研究、成果转化、技术转移及人才培养等方面开展多层次合作，服务地方重大战略需求。宁波江北区集聚了大连理工大学宁波研究院、中科院计算所宁波创新中心、国电投宁波氢能研究院、阿里云宁波市工业互联网中心、浙江北斗数据中心、国科大宁波生命与健康产业研究院等一批科研平台院所。其中，大连理工大学宁波研究院已引进 13 支共计百余人的科研团队，聘任 3 位工程院院士，与宁波 11 家高新技术企业和 2 家行业协会签订合作协议，加速建设绿色精细化工与生物医药技术、高端装备与智能制造技术、新材料与成型技术、重大基础设施建设技术等 4 大创新中心。高校、科研机构的关键驱动因素，是因创新要素流动而形成的区域创新空间网络以及由此产生的知识溢出效应。区域高质量发展的根本驱动力是技术创新，而城市获取创新要素主要有两个途径：一是本地知识生产与积累，二是从其他城市获得技术转移和知识溢出。宁波降低创新要素跨区域流动的制度壁垒和交易成本，增强区域创新系统在创新协同等方面的空间关联效应。同时，通过深化产学研协同创新，全面提升创新策源能力、成果转换效力、特色产业实力和专业人才竞争力。宁波高校、科研机构与政府、企业构建政产学研协同创新重要载体，立足于技术创新策源地、海内外高端人才集聚地及产业高质量发展助推器使命定位，聚力科技创新大进步，做强赶超跨越新引擎，着力营造开放式协同创新生态。

7.3　浙江城市协同创新的启示

7.3.1　应进一步加快落实创新驱动发展战略

在经济步入新常态之后，沿海各省市都将创新驱动作为首要战略，在政策扶持、载体建设、机制创新、资金保障等方面给予重点支持。浙江全面实施创新驱动发展战略，加快建设创新型省份，开创创新创业发展新局面。在创新平台数量和国际化程度、科技设施和人才数量、高新技术产业集群规模以及企业研发实力等方面领跑全国。从浙江都市圈协同创新的经验来看，要实现经济高质量发展，应在加快建设一批科技城和高新园区的基础上，进一步发挥龙头企业在整合省内科技资源、引进国内外先进技术和科技人才等方面的作用。在研发机构建设、人才引进、标准制定等方面，继续向省级龙头企业研究院、高等院校和主导性企业倾斜。引导多元社会资本加入科技金融体系。鼓励和支持企业设立研发准备金，推进政府资助科研资金的分配模式改革，提高奖励、后补助、共享性补助、合同补贴、贷款贴息等资助方式的比例。完善高等学校、科研机构科技成果转化所获收益激励机制。探索建立间接经费使用负面清单，提高项目承担单位法人经费支配权，最大限度地发挥科技经费的使用效益。加快推进省内科技资源向高新区和产业集聚区集聚，加大对创业投资和国家级孵化器的扶持力度。引导集聚地方科技资源，构建关键领域技术攻关的协同机制。强化省产学研联合创新资金目标导向，建立健全产学研合作长效机制。依托国家科技重大专项和重大计划，加大省科技成果转化专项资金项目组织力度，集中力量推进重大产业技术研发和成果转化。

7.3.2 应进一步强化开放型经济平台建设

沿海省市是全国开放的前沿，在“一带一路”和自贸区经济的影响下，构建现代化、法治化、国际化的投资和营商环境，融入国际化产业分工高端领域。建设新发展格局，要结合自身外向型经济的发展特点和优势，进一步推动内陆开放型经济平台建设，实现更高层次的“走出去”和“引进来”。强省会都市区在战略规划、基础设施、产业对接、资源配置、体制机制等方面应融合共建和协同发展，鼓励光伏、钢铁、造船、水泥等产能相对过剩的企业到境外建设一批生产基地，带动装备、技术、资本及劳务输出。充分发挥互联互通优势，搭建面向“一带一路”沿线国家的跨境贸易电商服务平台，推进跨境电商产业园建设，支持企业在沿线节点城市或港口建立“海外仓”。东部沿海省市引进外资模式正由“给优惠政策”向“搭创业平台”转型，提高了贸易便利化水平。内陆省份要加快引入国际通用的行业规范、管理标准和营商规则，建立负面清单管理体系。要依托要素市场化改革，建设统一规范的公共资源交易平台，实现竞争性配置用地、能耗水耗等指标控制等。

7.3.3 应进一步深化科技创新体制机制改革

深化改革是东部省市再创新优势的主要动力。东部省市行政审批制度、国资管理体制、财税制度等深度体制机制改革，将释放更多改革红利。内陆省份应稳步推进都市区管理体制改革，探索提高地级市在要素整合、人事管理和财政支配等方面的权限，强化都市区内部产业平台的整合，推进组团发展。推进有条件强化的区域中心城市和中心城区的主板集聚辐射功能，建立创新基础设施共建共享机制，加快都市区内部智能交通、新一代信息网络和物流公共信息服务平台建设和互联互通。统筹都市区内部科技研发设施的开发应用，营造政产学研用协同创新机制。提升财政资金对创新发展的市场化配置比例和使用效力，特别重视科技融通金融的创新路径，促进保险资金、政策性金融等长期性资金参与创新项目投资。加快政府投融资平台的资产和负债重组，逐步向资本投资运营公司转型，通过项目股权转让和融资模式创新，做实做强融资平台，提高其资产经营效益和融资能力①。实行高新技术产业税收增量返还奖励政策，统筹用于科技创新和培育高新技术企业，扶持高新技术产业发展。支持企业在内部建立对外开放的创客工场等公共平台。在符合土地利用总体规划和城市总体规划的前提下，优先保障重大创新项目用地需求，保障现有各项政策优先支持创新创业体系构建。

7.3.4　应进一步营造创新生态系统

如果把创新生态系统的驱动因素分为政府力和市场力，则产生两种模式，即政府主导型的创新生态系统和市场主导型的创新生态系统。在中国情境下，政府对创新生态系统的构建发挥了很重要的作用。对杭州的创新创业生态体系进行分析后发现，杭州在创客人才、创投力量、政策支持等方面有着良好的基础和鲜明的特色。杭州市的“财政资助—政策担保—科技贷款—还贷周转—天使基金—引导基金—上市培育”科技型企业金融服务链，为创新创业提供了全方位的资金支持。杭州市也制定了包括人才政策、大学生创业政策、众创空间建设等一系列创新创业扶持政策。杭州拥有阿里系、浙大系、浙商新生代系和海归系等创新人才，这些创新人才给杭州创新创业生态体系带来了活力。杭州的企业是占绝对优势的创新主体，而中型企业又贡献了绝大部分的研发支出。

长三角各城市之间产业联系紧密，除了订单采购和设立异地子公司外，知识溢出、数字赋能、品牌输出、共享员工等成为跨区域产业协同的新方式。以浙江大学的知识溢出为例，2021 年浙江大学约有 200 项专利以转让、合作等方式与国内其他企业或科研院所共享，其中长三角地区承接了 3/4 的专利溢出②。G60 科创走廊九城联动，沿沪宁产业创新带协同发力，环太湖科创带加速崛起。各地之间的创新合作、资源共享、成果共用等方面取得长足发展，产业协同达到新的高

① 王一峰，朱李鸣．沿海五省（市）经济新举措对浙江的启示［J］．浙江经济，2015（07）：32－34．

② 明文彪．长三角一体化展现新作为——2021 年长三角一体化亮点盘点［J］．浙江经济，2021（12）：30－31．

度。浙江全区域的产业协作、资源共享，进一步强化了创新创业生态动能。

在当前推进“大众创业、万众创新”的社会氛围下，过度强调政府作用，忽视市场作用，生搬硬套所谓的成功模式，缺少对本地环境的深刻理解，不但难以孕育高质量的创业企业，还会丢失其优势，制造创业“泡沫”。政府作为生态系统的构建者，要基于优势资源做好顶层设计，吸引市场资源按市场机制运作创业生态系统，协调生态系统内的多个主体参与创业活动；通过为大学提供研发资金，促进大学的基础研究以及技术商业化；与企业合作建立行业教育中心或研发中心，为企业之间的交流搭建平台。高校作为生态系统的参与者，通过提供孵化项目，为企业提供相应的服务，促进新企业成长。从企业角度来讲，主导型企业为创业生态系统设立愿景及目标，制定并引领统一的规范，与合作伙伴建立网络关系；跟随型企业根据生态系统提供的机会（生态位）确定自身的定位及商业模式，避免企业的发展模式与主导型企业冲突，使其由创业生态系统边缘向中心转移。总之，政府应从提供公共服务、制定政策与执行政策等方面发挥作用，而不要过多干预市场。重点在培育创业生态系统主体的多样性、产业形态的多样性、企业规模的多样性上下功夫。支持高校院所面向产业发展需求建设高等技术研究院、工业技术研究院，鼓励企业、高校院所牵头合作共建产业技术研究院。建立科技人员双向流动机制，培育知识产权品牌机构，构建知识产权代理、培训咨询和法律服务等全链条服务体系。全社会营造创新文化氛围，加快构建尊重知识、崇尚创造、包容开放的创新文化。政产学基于“共生、共赢、共享”的理念推进创新创业生态系统发展，让其在各自利益最大化和促进生态繁荣之间达到平衡，让所有人的创造潜能充分释放出来，最大限度地解放和激发科技第一生产力。科技创新不能单打独斗，而需要从系统思维的高度改善科技创新生态，激发创新创造活力①。

① 陈劲. 不断改善科技创新生态［N］. 人民日报，2020－10－12（05）.

第8章 贵州生态旅游与大数据协同发展

过去，人们对于贵州都不自觉地陷入“天无三日晴，地无三尺平，人无三两银”的集体印象。贵州地处云贵高原，平均海拔1100米左右，森林覆盖率近60%，被誉为中国的“绿色走廊”。贵州拥有独具特色的喀斯特地貌，出露面积为10.91万平方公里，占贵州全省土地面积的61.9%。由于独特的地貌特征，贵州形成了著名的黄果树瀑布、马岭河峡谷、万峰林、织金洞、九洞天等自然景观。贵州是全国世界自然遗产数量最多的省份。从2007年到2018年，贵州荔波喀斯特、施秉喀斯特、梵净山相继被评为世界自然遗产。贵州有丰富的生物旅游资源，有18个国家级风景名胜区，仅次于浙江、湖南（浙江21个，湖南20个）。全省4A级以上旅游景区137个、省级以上旅游度假区37个、国家全域旅游示范区7个，传统村落、少数民族特色村寨数量均居全国第一。贵州地处亚欧大陆东部，在亚热带湿润季风气候下，冬无严寒，夏无酷暑，加之紫外线辐射低，纬度和海拔适宜，具有同纬度独特的气候地理优势。国家重点保护物种和典型生态系统类型保护率达到95%以上，绿水青山“底色”更加鲜亮。《中国生态旅游发展报告（2018）》从国家生态旅游示范区、国家级自然保护区、国家森林公园、国家地质公园、国家湿地公园、国家水利风景区、国家风景名胜区等七个生态资源维度进行评估，贵州省在七个生态资源维度总量上排名全国第10位。

贵州还是一个多民族的省份，少数民族人口占全省总人口的37.8%。全省

49个民族长期和睦相处，民族文化璀璨。贵州还有遵义会址等珍贵的红色旅游资源、完整地保存着600多年前汉族遗风的屯堡文化，以及阳明文化、山地文化、生态文化、“三线”文化等。贵州在全国率先完成全省域旅游资源大普查，全省共普查登记旅游资源82721处，新发现旅游资源51630处，全省有温泉（地热）单体297处，优良级资源超过80处，覆盖全省90%以上的区县。

表8－1　贵州省旅游资源类型及分布

序号	资源类别	数量(处)	基本类型
生态旅游资源	地文景观	19521	岩溶地貌，主要分布在梵净山、雷公山、乌蒙山等
	水域风光	8823	河段风光及瀑布，主要集中于清水江、舞阳河、乌江等
	生物景观	14254	古树（独树）、森林公园、原始森林，以印江县紫薇王、长顺银杏王等为代表
	天象与气候	271	以威宁避暑胜地、望漠天然大温室和中国天眼为代表
人文旅游资源	遗址遗迹	3235	古寺庙、古建筑
	建筑与设施	20598	以具少数民族特色的建筑群为主，以及高架桥梁建筑及全省索道等资源
	旅游商品	2061	主要为美食和装饰品类
	人文活动	2846	主要为少数民族节庆
特色旅游资源	乡村旅游	9013	主要为少数民族传统村落和农业园等
	红色旅游	1376	会议会址、革命遗址
	山地体育	424	山地户外运动资源、户外体育赛事
	康体养生	257	中医药及温泉养生资源等

数据来源：根据2016年贵州省旅游资源大普查数据整理所得。

从表8－1可见，优良的生态资源是贵州最大的发展优势和竞争优势。贵州作为国家生态文明试验区，应守住发展和生态两条底线，坚持生态优先、绿色发展，实现生态美、百姓富，把生态优势转化为发展优势、绿色经济优势。

8.1　贵州旅游产业化实践

2021年，习近平总书记视察贵州时指出“要丰富旅游生态和人文内涵，实现旅游业高质量发展”。贵州把大力推进旅游产业化作为高质量发展和扩大内需的重要支撑，奋力实现旅游综合实力、经济效益大提升。

刘德谦（2007）在考察《国民经济行业分类》和《中华人民共和国国民经济和社会发展统计公报》对旅游统计的基础上，认为旅游业已经不仅仅是简单的“基本单位”的行业，而是跨越了许多行业门类的“产业集群”①。旅游产业概念是随着旅游业态的发展和对旅游的认识而不断拓展内涵的。旅游业从早期的旅行社业、交通运输业和住宿业“三大支柱”，发展到包括旅游商品业、旅游景区业、旅行社业、旅游交通业、娱乐业和旅游饭店业的“六要素论”。而近年旅游要素又增加了“商养学闲情奇”等内容。在实践中，旅游行业是以“行、游、住、食、购、娱”为主要环节的行业链。旅游产业就是指旅游行业和为旅游行业提供物质、文化、信息、人力和智力服务的行业与部门。显然，旅游行业是从消费的角度定义，即与旅游消费相关的企业，属于一个产业群体。旅游产业不仅包括第三产业的许多行业和部门，而且还包括与旅游业密切相关、为旅游业提供物资或非物资供应和支撑的第一产业和第二产业的众多行业和部门。

产业化是指具有同一属性的企业或组织集合成一定的规模程度，以完成从量的集合到质的激变，真正成为国民经济的重要组成部分。从这个意义上讲，旅游产业化基本上是走“规模化、数量化”的道路。但是，旅游是一个以体验为核心的产业，需要建立满足游客需求和体验的高品质化、差异化的创意场景。旅游的核心就是追求差异化的兴奋点和体验奇观，要杜绝简单复制的工业产业化模式。旅游与其他产业融合的趋势日益明显，从原来的观光游，发展到休闲游、度假游，甚至农业旅游、工业旅游、医疗旅游、体育旅游等。

旅游产业化是以旅游直接相关行业（六要素）为龙头，融通相关产业协调发展，不断推进市场化、规模化、集约化、现代化、国际化和集聚化，最终形成具有竞争力的产业集群的过程。具体实践中，贵州旅游产业化是以旅游为导向，以“+旅游”为模式，激活自然生态的要素、气候环境的要素、历史文化的要素、产业生产的要素、流通消费的要素和创新创意的要素，形成以一产为基础、

① 刘德谦. 当前推动中国旅游研究的三个要点［J］. 旅游学刊，2007（03）：10-11.

二产为支撑、三产为亮点的三大产业协同发展的复合产业关系。

我国人均 GDP 超过 1 万美元，休闲消费成为重要旅游取向。在人才、资本和数据等要素的驱动下，旅游市场空前活跃。贵州更是迎来“互联网 + 旅游”“新交通 + 旅游”“新资源 + 旅游”等叠加“利好”，推进旅游产业化是贵州发展的必然选择①。“十四五”以来，贵州由旅游大省向旅游强省转变，全省围绕旅游进行大提质，大力推动旅游产业化。贵州旅游产业向资源保护得力、产品创新给力、旅游企业发力、市场开拓有力的新发展阶段迈进②。

8.1.1 用生态观引领旅游产业化发展

习近平总书记强调，贵州要守住发展和生态两条底线，因地制宜选择好发展产业，努力实现百姓富、生态美的有机统一。习近平生态文明思想的鲜明主题是努力实现人与自然和谐共生。我国生态文明建设的核心问题是，必须处理好绿水青山和金山银山的关系。特别是贵州要发挥生态优势，就要探索生态价值转化潜力和路径。加快旅游产业发展，有利于形成保护生态环境的最好的生产方式和消费方式，旅游可以唤起人们对自然生态的珍爱，更加自觉地成为生态环境保护的拥护者和实践者。贵州把发展生态旅游作为实施“大生态”战略的重要内涵，始终把“保护一方山水、传承一方文化、造福一方百姓、促进一方经济、推动一方发展”作为旅游业发展的出发点和落脚点。贵州编制了贵州生态旅游发展战略规划，选择有条件的地方开展绿色、低碳、资源循环型生态景区试点，探索建立生态文明旅游模式和旅游发展的贵州经验。从守住生态底线出发，把发展旅游业当作推进生态文明建设的重要载体。坚持旅游发展与生态环境同保护同规划。梵净山已成为贵州最具代表性的旅游目的地之一，梵净山国家级自然保护区管理局在发展旅游的同时做好生态环境保护，景区旅游人数严格控制在日最大承载量的 85%，分摊到每个小时是 1000 人以内，游客需在网上提前预约进入景区的时间段。按照“旅游 +”发展理念，江口县在梵净山脚下的亚木沟、江口云舍、寨

① 傅迎春．旅游产业化是贵州发展的必然选择［N］．中国旅游报，2015-07-03（04）．

② 冯文岗，马琨，郝瑞锋，等．贵州旅游产业化发展路径研究［J］．贵州商学院学报，2021，34（2）：1-10．

沙等地聚力打造升级版乡村旅游业态，探索梵净山生态旅游的“山上游、山下住，山上吸引力、山下生产力”新路径。梵净山 2021 年游客比 2019 年同期增长了 10.6 万人。

贵州充分挖掘以生态资源、气候环境等为核心的避暑旅游资源，最大限度地发挥气候生态旅游资源的品牌价值、经济社会价值，“旅游 + 气象”模式取得了明显成效（图 8 – 1），“中国避暑之都，爽爽的贵阳”“中国凉都六盘水”等气候品牌已全国知名，有“贵州屋脊”之称的阿西里西 · 韭菜坪景区，被评为“中国十大避暑名山”。“旅游 + 气候”带动了全省其他地区城市旅游气候品牌的创建，由省气象学会评估，授予威宁“贵州阳光城”、罗甸“贵州最佳避寒地”、花溪“一级气候养生地”、平塘“云上大塘 · 避暑茶乡”等一批气候旅游品牌，形成由避暑旅游辐射开来的全省生态旅游“集团化”品牌。

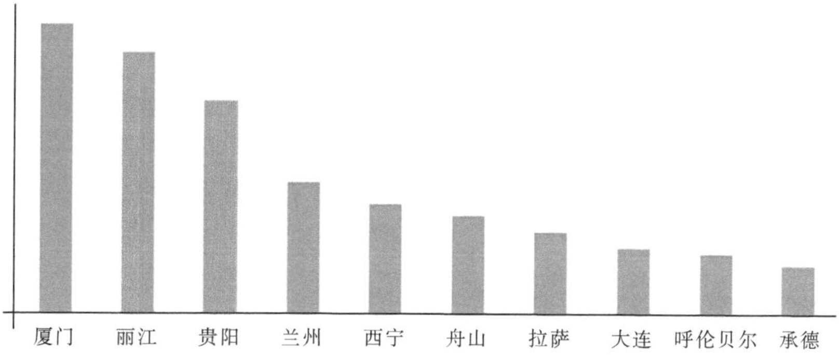

图 8–1　中国避暑游十大人气目的地（2019 年）

资料来源：中国旅游研究院和携程旅游大数据联合实验室共同发布的《2019 年中国避暑旅游预测报告》。

8. 1. 2　用资源观拓展旅游产业发展空间

贵州用“ + 旅游”的观念审视资源禀赋，把一切资源都看作可以转化利用的旅游资源，深化对无形资源、动态资源和软性资源的认知和把握。旅游业与其他产业最大的不同在于，它是海量的游客人群与海量的服务人群之间的交流和交汇。培育和形成更广泛的、共同发展和共生发展的良好的产业生态，是贵州旅游产业化的前景。

贵州以打造差异化、特色化旅游吸引物为核心，积极谋划优质景区景点、文商旅综合体、农文旅综合体、温泉养生、康养医养、避暑度假、乡村旅游等重点文化和旅游项目，着力打造“春赏花、夏避暑、秋风情、冬康养”的旅游业态，力求实现旅游产品供需平衡。坚持“文化旅游 + 多产业”深度融合的思路，谋划一批文化娱乐、文化创意演艺、旅游装备制造、文化旅游公共服务等重点文化旅游业态。加快建设长征国家文化公园贵州重点建设区、交旅融合发展区。打造红色旅游、研学旅游、体育旅游等旅游带。因地制宜推出温泉滑雪、生态康养、奇妙研学、民俗节庆等秋冬特色主题产品和精品线路。

大旅游时代的特征就是融合。贵州将构建文旅、体旅、商旅、农旅、林旅、茶旅一体化作为产业融合的重点，加快生成一批“快旅慢游”新业态。大力发展特色旅游，开发适应市场需求和消费升级的新业态。加快把独特的气候、优质的空气、道路交通等潜在资源开发成为有市场前景的避暑休闲、生态体验、养生度假和自驾游旅游精品。着力打造“度假康养到贵州”品牌，打造冬季阳光休闲旅游带。做大做强贵银、苗绣等特色旅游商品品牌。贵州不断延伸旅游产业链条，促进多产业融合发展，加快推进文旅产业由扩张数量、规模向提升品质、效益转变。挖掘多元民族文化、“知行合一”阳明文化、屯堡文化和红色旅游资源，不断把资源优势转化为产业优势、经济优势。

图 8-2　六枝三线建设博物馆

浙商投资 1.72 亿元在六枝特区建设三线记忆产业园消费集聚区，将六枝特区银壶社区洗煤厂原有的旧厂房进行加固修葺再利用，在保护工业遗产的基础上，修旧如旧建成三线主题博物馆（图 8 – 2），配建接待中心和碗形影院。六枝三线建设博物馆布展面积为 3230 平方米，配建接待中心和碗形影院。博物馆主要围绕全国三线建设背景、六枝三线建设历史、六枝三线建设精神、六枝的演变历程、大事记和英烈劳模，结合地方特色文化进行布展。博物馆现有实物展品 2500 余件，通过展品与展板结合，真实还原三线建设那段激情燃烧的岁月。

旅游产业是社会化程度最高的产业，既有龙头企业带动，也有各类中小企业跟上，甚至乡村旅游中的农户都会参与其中。旅游产业化是“强省会”的重要支撑，是高质量发展的重要载体。乌当区新堡布依族乡大力推动农文旅深度融合项目，高质量建设宜游“康养之乡”。以“体育 +”“文化 +”为抓手，围绕“食住行”完善配套服务设施，推出康体养生旅游线路，打造“两汤一群一走廊”旅游示范带，打造出“春赏花、夏避暑、秋摘果、冬吃庖汤”的休闲旅游格局，成为城市轻度假新地标。新堡布依族乡以乡村宜居宜游为目标，聚焦乡村建设提质，统一编制全乡 7 个村的空间布局、村寨发展、交通网络、产业布局、公共服务配套等规划；加大公共基础设施保障投入，深入推进农村“五治”工作，通过“点线面”和“量质效”的提升，推进打造乡村振兴集成示范区。新堡布依族乡聚焦乡村旅游提质，依靠庖汤、铁皮石斛药膳等美食，打造“寻味贵阳 · 工岗庖汤”综合性旅游体验街区；引进和培育一批精品民宿和酒店，提供房车旅游、帐篷酒店、主题酒店、温泉酒店等多样选择，让游客吃得安心、住得放心；实施环乡骑行道建设，形成全乡健康旅游圈层，逐步丰富旅游服务供给。新堡布依族乡聚焦旅游体验提质，打造马头、长坡、大寨乡村健康生活区田园风光，以“体育 +”为主题完成香纸沟体育公园建设，以民族文化为灵魂，建设香纸沟纸浆雕塑博物馆、枫香染体验基地。

自 2016 年“建设多彩贵州民族特色文化强省”和 2020 年“建设多彩贵州旅游强省”意见发布以来，贵州积极主动打造“双一流”旅游目的地，不断丰富旅游生态和人文内涵，让“绿水青山”颜值更高，让“金山银山”成色更足，让“山地公园省 · 多彩贵州风”品牌越来越响亮。2021 年全省旅游总收入达到

6642.16亿元，旅游及相关产业增加值突破1000亿元，游客人均花费突破1000元，跻身全国第一方阵。

8.1.3 用系统观提升旅游产业综合实力

旅游产业化体现为量的增长与质的提升并进式的发展模式，以消费拉动、科技驱动、制度创新为发展动力，推动旅游产业供给体系现代化、品质化和国际化。贵州将旅游工作重点从注重项目建设转到注重经营管理、优化服务、培育品牌、提升效益上来，深化实施市场主体培育行动、业态升级行动、服务质量提升行动、盘活闲置低效项目攻坚行动“四大行动”。在文旅“黄金十年”发展基础上，贵州按照打造旅游升级版，推进旅游产业化总体布局，加速构建“快旅慢游”服务体系，促进旅游市场供给由观光向体验转变，由浅层服务向深度服务转变，让游客坐下来细细品味“最美是贵州”。

贵州省委、省政府强化顶层设计，2020年12月底印发了《关于推动旅游业高质量发展加快旅游产业化建设多彩贵州旅游强省的意见》，专门成立旅游产业化专项组，省长任组长，各地建立相应工作机制，有力统筹各方力量齐抓共促旅游业发展。2021年6月7日，贵州省召开旅游产业化推进大会，发布了《关于加快推进旅游产业化奋力实现旅游大提质的实施意见》，明确了“两大提升”的总体目标和“四大行动”的工作任务。贵州“跟着问题走、跟着问题去”，按照“科学分类、精准施策”的原则，对市场主体、旅游项目等“优化存量、扩大增量、提升质量”提出一揽子有针对性的政策措施。制定《贵州省大力实施旅游市场主体培育行动方案》《贵州省大力实施盘活闲置低效旅游项目攻坚行动方案》，这是“旅游产业化的核心抓手”。编撰《贵州省金融支持旅游产业化政策汇编》，这是贵州“旅游产业化金融要素保障指引”[①]。贵州省级财政预算出资45亿元，成立“贵州省文化旅游产业投资基金”，重点投向文化旅游装备制造、红色旅游、文化旅游新业态、文化旅游景区、园区和街区建设运营、文化大数据、

① 王晓. 着力完善“四梁八柱”推进贵州旅游高质量、产业化发展［EB/OL］.［2021-06-07］. 多彩贵州网.

会展、演艺等产业项目。首批项目投资 3 亿元，储备项目 750 个。2021 年 1 月至 10 月累计完成投资 403.2 亿元，占全省投资完成总额的 45.41%。此外，贵州还借助文博会、山地旅游大会等重点活动契机，整合商业协会、中介机构的作用，广泛开展旅游项目推介、客商登门对接、企业对接会等活动。贵州已连续 15 年举办全省旅游产业发展大会，连续 5 年举办国际山地旅游暨户外运动大会，创新举办中国－东盟文化旅游交流周、中国丹寨非遗周、阳明文化旅游周等重大活动，为推动贵州“全域旅游全省抓”提供了强有力的平台支撑。贵州在核心业态、配套业态、关联业态上布局旅游产业，加快推进夜间文旅消费集聚区建设，打造“流光溢彩夜贵州”品牌，培育了青岩古镇、黄果树瀑布、铜仁中南门等新兴文化和旅游消费热点，促进旅游提质升级。

优化营商环境，健全服务标准，提升现代服务业质效。加强旅游市场监管，对侵犯游客合法权益的行为零容忍。2017 年至 2021 年，“多彩贵州满意旅游痛客行”活动连续举办 5 年，平台浏览量突破 1000 万人次，收获有重要价值的意见建议 2360 余条，真正把广大游客及社会公众变成贵州旅游服务质量提升的监督员，提高贵州旅游满意度和“回头率”。2021 年，贵州累计签约文旅项目 1198 个，引入旅游百强企业 11 家、优强企业 29 家，累计到位资金突破 800 亿元，全省旅游市场主体超过 12 万家。加快建设国际一流山地旅游目的地、国内一流度假康养目的地，打造颜值更高、气质更佳、品质更优的山地旅游强省和全域旅游示范省。

解决旅游产业化人才供给短板。2020 年 8 月，广州越秀股份公司联合万豪国际集团、百里杜鹃管理区及毕节职业技术学院在毕节市建设国内首家万豪酒店产教融合孵化中心。凭借杜鹃花国家森林公园成为生活休闲居所与避暑度假胜地的地理条件，由万豪国际集团负责运营，进行课程设置和师资培训。毕节职业技术学院负责酒店实训基地的生源导入和基础理论教学，并提供相应教学配套设施。四方合作的开发模式让项目满足定向需求。万豪国际集团与毕节职业技术学院联合招生，开展定制化理论教学，提供国际标准实训认证。万豪国际集团拥有完善且先进的国际化现代服务理念和培训体系，也将推动学员快速成长为服务行业高端专业人才。项目实施后，将进一步提升百里杜鹃的国际形象和旅游接待能力，每年还会为毕节培养超过1000名高素质服务型人才，提升当地文化旅游职业人才培养能力。项目模式成熟后，越秀地产将继续发挥综合业态优势，规划打造“文商旅+物业服务+养老护理”综合型产教融合实训基地，进一步扩大产教融合帮扶覆盖面，促进当地服务行业教育链、人才链与产业链、创新链的有机衔接，将全面提升当地文化旅游职业教育水平①。

8.2 贵安新区生态优先绿色发展

贵州省守牢生态、发展两条底线，利用清爽空气、凉爽天气的生态优势，把生态优势转化为产业优势和市场优势。对于贵州这个多山省份来说，可以供开发的平地很少，只有从贵阳到安顺比较特殊，即贵黄公路以南以及红枫湖以南一带，基本没有大山、大河阻断，具有发展大型新区的先天条件。2014年1月，国务院批复同意设立贵安新区，为第8个国家级新区，明确定位为：西部地区重要经济增长极、内陆开放型经济新高地、生态文明示范区。2014年2月19日，国家发改委印发《贵安新区总体方案》，要求到2020年基本建成功能完善、环境优美、幸福宜居、特色鲜明的国际化山水田园生态城市。2015年6月17日，习近平总书记视察新区时指示，新区的规划和建设，一定要高端化、绿色化、集约化，不能降格以求。要发挥贵安新区在黔中城市群发展中的带动作用，使新区既成为经济新高地，又成为统筹城乡发展的示范区。贵安新区区域范围涉及贵阳、安顺两市所辖4县（市、区）20个乡镇，规划控制面积1795平方公里，现状人口约100万（均为7普数据），其中常住人口约25.92万人。贵安新区的主建设区将位于老贵黄公路以南区域，地跨贵阳花溪、清镇和安顺平坝、西秀区四市县区，北抵红枫湖南岸。

贵安新区统筹绿水青山与金山银山，增强新区生态环境的吸引力和承载力，注重人与生态协调发展，构建山水林田湖“五景融合”的生态空间体系。

① 闵建华. 多业态协同帮扶：贵州首家国际酒店产教融合实训基地动工建设［EB/OL］.［2020-08-26］. 当代先锋网.

贵安新区编制实施生态文明建设规划，率先科学划定和严格管控水源、森林、滨湖湿地、基本农田、生态治理、风景名胜 6 个保护红线区与城镇开发边界，规划构建了“五区为底、八廊通联、山城相嵌、景观通贯”的生态绿地系统。围着山转、跟着水走、显山露水，新区实施“十河百湖千塘”“五区八廊百园”“绿色贵安三年会战”等工程，加快推进环城水系九峰湖、马场河至月亮湖联通、车田河河道综合治理工程开工建设。三年内完成造林绿化 15 万亩，2017 年、2020 年、2025 年分别实现绿地率 50%、60%、65%，实现所有裸露地块全部绿化。

贵安新区设立生态红线，把住“绿色门槛”，构建城市、建筑、道路、生态、文化“五位一体”城市风貌体系，在加快建设最具特色的一流城市新区上取得重大进展。按照“生态文明引领、区域板块联动、现代设施支撑、特色风貌彰显、美丽乡村辉映”的布局原则，规划在宏观空间结构构建上以尊重自然、顺应自然、探索山地新型城镇化发展路径为理念，在山地特色新型城镇化上创新示范，加强城市规划建设管理，优化城镇形态功能布局，让山水风光融入城市、文化特质融入城市、产业经济融入城市、市民农民融入城市，推进以城带乡，经营好美丽乡村，实现城乡良性互动发展。贵安新区创新“绿色制度”，启动了生态文明示范区建设并配套出台了生态环境负面清单等“1+9”制度，围绕“生态资源资产化、生态资产资本化、生态资本产业化”，加快建立生态环境保护政绩考核制度等系列制度与机制，实施“生态文明云工程”，提升了贵安新区生态文明建设的软实力。

贵安新区拥有良好的生态环境、人文条件和资源基础，“贵”在自然山水和民族文化的原始性和原真性。全区大部分处于红枫湖、花溪水库、松柏山水库和阿哈水库的上游汇水区。新区境内是全省 4A、5A 级风景区最集中的区域，并且大多处于开发的初始阶段，20 余处自然景观沿红枫湖－高峰山、邢江河、天台山－九龙山呈纵向条状分布。新区内还聚集着安顺屯堡文化和近百个非物质文化遗产，31 个文物保护单位，主要沿贵安古驿道呈横向带状集中分布。贵安新区将旅游主体大致分为山水风光、历史文脉、田园景观和休闲游憩四大类型。“红枫湖－邢江河文化生态带”，沿红枫湖汇水流域，将整个地区最具价值的生态、历史文化、风景资源串联起来，构建保护与发展有机协调的高端功能地区，注重民族文化传承、彰显地域文化特色。

绿色，不仅是贵安新区的城市本色，而且要成为贵安产业发展的底色。生态经济强调把人类经济活动看作整个地球生态系统的一个子系统，人类各种生产和消费活动互相依赖、不断运动、循环往返。从环境保护资金投入绝对数额看，贵州环境保护资金投入占全国环境保护资金投入的1%左右，居于全国平均水平之下。技术和创新成为贵州生态经济发展的一个重要制约因素。大数据产业对接贵州天然的自然环境、优越的自然条件，绿水青山对接高水平的数字经济产能。新区重点发展大数据引领的电子信息产业、高端装备制造、大健康新医药、文化旅游产业、现代服务业五大战略性新兴产业，加快绿色崛起。注重“绿色产业”的培育，引进了富士康、华为、高通、微软、IBM、三大通信运营商、浪潮等一批科技含量高的优强企业。

贵安新区成立以来，突出“贵”在生态、“安”在群众、“新”在产业、“特”在风貌、“活”在机制的理念，千方百计兴产业、强功能、做环境、聚人气、促创新、抓形象。获批创建国家大数据产业发展集聚区和国家绿色数据中心，开展国家首批双创示范基地试点、国家服务贸易创新发展试点、国家相对集中行政许可权试点、国家海绵城市建设试点等。地区生产总值从2012年的98亿元增长到2019年直管区生产总值的126.25亿元。“十三五”时期，贵安新区重点实施“4个1000亿投资”。与此同时，突出打造大数据创新中心、大健康中心、先进制造中心、绿色金融中心、商贸中心、旅游集散中心和双创中心等“七大中心”。到2020年，大数据创新中心达到全国规模最大，具有200万台服务器的储存能力①。

8.3 贵安新区大数据产业发展

作为我国首个国家大数据综合试验区的核心区，贵安新区深挖数据“钻石

① 贵安新区. 2020年贵安新区GDP力争达千亿［EB/OL］.［2016－06－13］. 多彩贵州网－贵州商报（贵阳）.

矿”，紧扣产业发展绿色化、集约化定位，走出了一条不同于其他国家级新区的发展新路。

基础设施方面，以“宽带贵安”示范工程为重要抓手，全面推进新区综合信息设施管网及大容量光纤骨干网建设。以电子信息产业园、大学城、生态新城行政中心为突破点，建成的商业楼宇、住宅建筑、公用设施全部实现“千兆进楼、百兆入户”的全光纤入网覆盖和无线 Wifi 热点全覆盖，逐步提速骨干传输网络，扩展出省互联网带宽，开展新区至重庆、成都骨干直联点互联专线通道建设，将贵安新区最终打造成为区域性关键网络节点。

贵安新区开发建设了 32 平方公里的电子信息产业园，并以电子信息产业园为核心，构建“贵安云谷”产业体系，加快布局大数据及关联产业如云计算、物联网、北斗导航等产业发展。贵安新区将以国家级大数据产业发展集聚试点示范区建设为总抓手，打造成为国家级数据资源中心、数据加工中心、数据服务中心以及数据交换枢纽（简称“三中心一枢纽”）。建设数据中心专用高速承载网络，实现和京、沪、粤、川、苏、浙等重点省份节点的高速全互联。加快建成信息容灾备份基地，打造数据资源中心。依托新区规模巨大的云计算数据中心，将贵安新区作为国家级数据容灾备份中心，开展跨区域、跨行业、跨部门的信息集聚。依托数据资源中心，在确保信息安全的基础上，开展数据加工处理，建设信息共享和数据开放平台，推动跨地区、跨部门数据的开发利用。加快建成云计算应用基地，打造数据服务中心。大数据集“云、管、端”全产业链的发展格局初步形成，聚集了一批具有较强市场竞争力的龙头骨干型企业，形成大数据产业集群。中国三大电信运营商、腾讯数据中心，华为、苹果等超大型数据中心陆续建成，白山云科技、数据宝等数据服务供应商快速成长，以大数据为引领的现代产业体系在贵安逐步形成。贵安新区打造新体制、高科技、开放性的新兴产业聚集区，努力走出一条环境友好、集约高效的绿色经济模式后发赶超之路。

在发展大数据产业的过程中，贵安新区不仅需要加快培育大数据产业新业态、新模式，营造良好的创新创业氛围，而且需要加快体制机制改革，不断扩大对外开放的力度。

表 8-2　2019 年中国重点城市大数据发展指数

城市	总指数		政用指数		商用指数		民用指数	
	得分	排名	得分	排名	得分	排名	得分	排名
深圳	84.40	1	27.62	2	24.55	1	32.24	1
广州	68.65	2	26.28	3	19.31	2	23.07	3
杭州	67.07	3	23.33	5	18.58	3	25.17	2
成都	60.85	4	26.24	4	17.50	4	17.11	8
南京	58.72	5	22.56	8	16.78	5	19.38	6
武汉	58.09	6	22.41	9	15.48	6	20.20	5
厦门	51.61	7	20.59	10	10.07	13	20.95	4
贵阳	50.13	8	31.26	1	9.19	18	9.68	18
长沙	46.99	9	22.92	7	12.14	8	11.93	14
青岛	46.73	10	23.31	6	9.42	17	14.01	10
宁波	46.30	11	20.02	11	8.11	22	18.17	7
济南	43.51	12	19.56	12	10.88	10	13.07	12
福州	39.92	13	17.29	16	10.27	12	12.37	13
南昌	39.83	14	18.53	14	10.50	11	10.80	16
西安	37.12	15	11.23	20	12.40	7	13.49	11

资料来源：《大数据蓝皮书：中国大数据发展报告 No. 4》。

肩负建设内陆开放型经济新高地的重任，贵安新区主动融入长江经济带，发挥比较优势，围绕增加大数据产品服务供给，加强与长江经济带内省市的联动，为长江流域省市提供更多大数据商用产品和服务，积极发展各种新业态，打造大数据全产业链、全治理链、全服务链“三链融合”创新发展的贵安模式，贵阳大数据发展挤入全国前列（表 8-2）。在积极推进对外平台的建设时，贵安新区还不断加强与周边区域的合作共享，中印 IT 产业园、瑞士产业园、韩国产业园、台湾产业园、浦东（贵安）产业园、中关村（贵安）科技园等平台建设加快。2017 年实际利用外资 10 亿美元以上，外贸进出口总额 100 亿美元以上。

从 2014 年开始到 2019 年，贵安新区已引进项目 355 个，其中 500 强企业 17 家，大数据类型企业 140 家，大数据产业规模达 376.1 亿元，形成了数据中心、电子信息制造、软件及信息服务三大产业集群的发展格局。2020 年，贵阳贵安数字经济增加值达 1649 亿元。2021 年，贵阳贵安软件和信息技术服务业的软件业务收入达到 240 亿元，电信业务总量完成 978 亿元，数字经济增加值突破 1800 亿元。贵州持续推动大数据与实体经济深度融合，产业数字化水平稳步提升①。数据显示，截至 2021 年底，贵州累计形成“大数据 + 实体经济”融合标杆项目 401 个、示范项目 4234 个，带动 8485 户企业开展融合工作，推动 2.3 万余家企业上云。

8.4　贵安新区政府推动创业创新生态体系建设

大数据作为信息技术产业的前沿领域，具备信息产业科技含量高、更新换代快的一般特征，企业需要不断适应市场，才能在产业发展的进程中立足。从这个角度看，电子信息产业园已有一批国内外知名企业及科技企业入驻，形成了大企业引领、中小企业支撑的创新发展环境，是企业适应市场的必然选择。

8.4.1　营造区域协调发展的制度环境

贵安新区立足国家级新区城市战略定位、经济产业结构布局和政产学研用协同发展的需要，以营造良好创新创业生态环境为基础，以提升创新创业能力为导向，按照市场主导、政府推动、顶层设计、专业高效的原则，加快实施创新驱动发展战略。贵安新区着力推动产业创新、开发模式创新、体制机制创新，补齐发展短板，在创新中打破先机，不断激活发展内生动力，不断释放新区发展红利。注重区域协同发展，推动贵安一体化进程，加快直管区与非直管区融合。新区积极探索建立与非直管区“规划联审联批、项目联报联建、跨行政区域基础设施联建共享、生态环境保护联防联治、违法建设联防联控”等创新机制。2020 年，省级层面积极推进贵阳贵安协同融合发展，紧扣“建城市、聚人气、广招商、兴产业”要求，加快构建“六个体系”，全力推动贵阳贵安协同融合发展实现大突

① 向定杰.“中国数谷”抢新机激活“数字生产力”[N]. 新华每日电讯，2022-02-28 (005).

破。“六个体系”涵盖城乡规划、基础设施、现代产业、公共服务、要素市场、环境保护。加快构建协同一体的城乡规划体系，以规划融合引领贵阳贵安协同融合发展。共同编制交通、产业、水资源、生态环境、人口等专项规划，统筹两地公共资源布局，打破行政区域界线，全面提升整体基本公共服务体系运行效率和服务水平。创新高效运行体制，实行“新区 + 乡镇”两级扁平化管理模式，获批成为全国相对集中行政许可权 8 个试点之一，成立行政审批局、市场监管局、综合执法局，机构设置不断优化。着力疏通行政壁垒、体制机制障碍和结构性梗阻，加速两地资源要素按市场规律高效流动配置。

共同打造一流营商环境，扎实推进“放管服”改革、工程建设项目审批制度改革、“最多跑一次”改革等工作，努力打造服务和效率高于周边、成本和负担低于周边的营商环境高地。作为国务院批准的相对集中行政许可权试点，贵安新区不断优化营商环境，对 13 家部门 269 项审批服务事项优化整合，开启“全项一窗受理”，试行“集成套餐服务”。率先在全省晒出“权力清单”，搭建基本建设项目集中审批平台，行政审批事项从 700 多项精简到 149 项，成为审批事项最少的国家级新区。推动技术市场一体化，共同建设科技创新服务体系、重大创新载体、高端创新平台，打造国家级高水平创新高地，实现贵阳贵安科技创新资源开放共享。坚决执行最严格的生态环境保护制度，不折不扣落实属地政府责任、部门监管责任和企业主体责任，以零容忍态度打击环境违法行为，全力守护好区域优美生态环境。

依托大数据创新优势，贵安新区大力推进规范制约权力的“数据铁笼”建设，初步搭建了新区项目建设“数据铁笼”监管平台，从项目招投标、审批、资金、建管等环节进行实时数据监管，建立六个运行机制，让权力在“阳光”下清晰、透明、规范运行。开通网上办事大厅，实现从“给群众端菜”向“让群众点菜”转变。积极探索制定支持民营经济加快发展的金融政策、财税政策、科技创新政策等若干新政策，建立民营经济创新发展试验区。推进城乡户籍、土地、产权、社保等系列配套制度改革，城镇居民养老保险和新型农村养老保险制度并轨。搭建安居平台，推行资源变资本、资金变股金、农民变市民和均等化、社区化、资产化“三变三化”的安置模式。

8.4.2　营造创新创业生态环境

为了进一步谋划好大数据产业，构建产学研用一体化的全产业链发展格局。依托花溪大学城、清镇职教城人才科研优势，结合电子信息产业园产业优势，大力发展“创客空间”“众创空间”“大数据产业孵化园”等设施。深入推进与北京、上海、成都、重庆、深圳等地区的合作力度，吸引领先的大数据应用研发创业团队、研究机构落户贵安，支持大数据创新创业资源汇聚。对于拥有实践经验的大数据管理者、大数据分析员等高端人才，按有关规定给予安家补贴、科技专项补贴等，促进大数据创新资源加速聚集。打造充满活力的“双创”生态。促进人力资源自由流动，加快推动贵阳贵安协同融合发展户籍制度改革，实现贵阳贵安户籍同城化管理，为两地人力资源快速流动创造条件。贵安新区围绕“建城市、聚人气、广招商、招大商”的目标，把城市建设的主战场放在花溪大学城，努力推动产学研融合发展，让老师住下来、学生留下来、双创干起来、城市美起来。贵安新区花溪大学城聚集了 15 余万学生，数据显示，近年来大学城相关院校与华为、NIIT、IBM 等合作，累计培训大数据人才达 1.2 万人。贵安新区还积极举办“一周一论坛、一月一赛事、一季一嘉年华、一年一大会”的创新创业活动交流平台，并在全国率先搭建首个跨地区省级双创交流平台。贵安新区建立了“高校苗圃期、双创加速期、产业放大期”三级孵化体系。“高校苗圃期”主要依托校内双创资源，匹配支持师生创业的政策资源，建立校办创客空间。“双创加速期”主要是从各高校遴选一批市场生存能力较强的“苗圃”企业入驻花溪大学城双创园。“产业放大期”则是通过前两期的孵化、加速后，优选一批运营 1 年以上，产业规模达 500 万元以上的优质企业，入驻贵安数字经济产业园。目前，已吸引包括树精英在内的 175 家企业入驻。在花溪大学城双创园内成立了为初创企业看病的“双创医院”，通过邀请一批各领域的专家，轮流“坐诊把脉”，帮助初创企业少走弯路。自 2018 年 8 月开业以来，已为 100 多个创业团队提供一站式综合诊断及服务。成立创客联盟总部基地和创客服务中心，建成大学生创业孵化园 7 家，入驻风投、天使、培训、创客孵化等服务型企业 50 余家，培育大学生创业企业 76 家，办理工商注册企业 530 家。支持设立贵安创客联盟、众创空间合作联盟等社会团体，支撑创新创业体系持续、快速、健康发展，培育形成新的经济增长点，努力把贵安新区建设成为“贵州创新驱动先行区，西部创客梦想实践地”。

贵安新区管委会还组织编制了《贵安新区加快发展众创空间推进大众创业万众创新三年行动计划（2015 年—2017 年）》，推动资本市场一体化，充分整合各类投资基金，大力发展绿色金融。加速推进众筹金融生态体系建设。以市场为导向，以创新为驱动，围绕已落户的大企业、大平台，新区提供土地、财税、金融、人才、奖励等多方面的扶持政策支持其开展产业研究、技术创新及相关研究院的开发建设。以大企业为引领，中小企业为支撑，组建产业联盟，支持中小企业开展配套产业研究及新领域的研发创新，对获批专利、进入中试阶段等科技成果给予一定资金支持。此外，新区管委会还设立了创新创业扶持基金、产业投资基金、天使投资引导基金等，引导各类风险投资机构加大对新区大数据企业的投资力度。新区管委会设立了每年不少于一亿元的大数据产业发展专项资金，用于支持大数据基础设施、云应用平台、增值服务、配套环境等领域发展，引导各类风险投资机构加大对新区大数据企业的投资力度，采取融资租赁、信托贷款、委托贷款、股权融资、债券融资、知识产权质押担保等方式，支持新区大数据产业发展。引导国内外优质创业资本、项目、技术、人才向新区聚集。

首届世界众筹大会在贵阳举办，全面深化贵阳与国内外众筹金融先进地区的交流合作，推动贵阳众筹金融产业规范、有序、跨越发展。贵阳积极促进众筹金融发展的措施制度化建设，制定出台相关优惠政策，包括资金支持、行政审批政策支持、项目建设等方面。世界众筹大会期间，贵阳市发改委联合贵阳多个市直部门，配合首届“全国大众创业、万众创新活动周”，组织贵阳“双创活动周”，与世界众筹大会相呼应，筛选一批本土优秀项目进行集中展示，从而吸引大批国内外众筹金融及互联网金融企业、交易场所配套金融服务业企业、交易所服务的实体经济企业入驻贵阳，形成众筹金融产业生态圈。目前，贵阳市发改委设立的星火现代服务业基金，对贵州海誉科技发展有限公司等一批公司进行扶持，培育、孵化了一批具有成长潜力的优质现代服务业企业，吸引资金、人才、技术等现代服务业要素向贵阳聚集。

8.5　大数据赋能旅游产业化的创新发展

在新冠肺炎疫情的影响下，旅游市场环境发生了深刻变革，旅行方式的转变改变了旅游体验的市场需求。安全、健康、亲情成为未来旅游需求的新方向。在旅游设施中，个人独立空间需求明显增大。游客对于参团游将会更加慎重，自驾游需求将得到进一步释放。由于共餐、共宿等集体行为会带来安全隐患，分餐型、自助餐将更受欢迎。随着首家无人酒店“菲住布渴”开业，机器人部分替代酒店员工的智慧酒店成为时尚，这种利用智能科技与物联网技术为用户提供自助入住的新型酒店，胜在体验感与新奇感①。更重大的改变，就是旅游体验的生产方式发生颠覆性变化，由真实场景体验转到虚拟空间体验。

由于旅游资源具备不可移动性，因此，旅游流的空间位移对区域交通系统有着高度依赖性②。截至 2019 年，我国高铁的最高运营时速达 350 km/h，高铁“时空压缩效应”极大缩减了游客出行时间，增强了旅游可达性。时间成本的压缩减小了出行阻力，为高铁沿线城市带来一批大规模的消费群体，使游客的出行需求得到满足。据有关研究，高铁沿线城市的可达性每提高 1%，其旅游人次将提高 1.02%③。高铁为游客实现“快进慢游”搭建了便捷的旅游交通网络。高铁开通带来的旅游要素通常优先向沿线大城市地区流动和聚集，外缘城市和地区旅游投资不足，对处于竞争劣势的旅游目的地仅起到“过道效应”。西北、西南地区经济发展和设施发展相对滞后，地区人口密度较小，而且还存在流出的问题，社会管理水平相对较低，少数民族文化系统较为脆弱，社会文化承载力较低。这些地区自然生态系统完整而脆弱，生态承载力有限，总体上属于社会敏感型和生

① 柳忠勤，党立倩. 疫情与旅游转型——访中国国土经济学会副理事长、北京第二外国语学院校长助理、中国文化和旅游产业研究院院长邹统钎［J］. 今日国土，2020（06）：6－11.

② 马勇，唐海燕. 交旅融合背景下高铁与旅游高质量协同发展研究［J］. 旅游学刊，2021，36（12）：10－12.

③ 邓涛涛，赵磊，马木兰. 长三角高速铁路网对城市旅游业发展的影响研究［J］. 经济管理，2016，38（1）：137－146.

态敏感型地区，高铁网络化水平低于区域旅游承载力水平。让游客“进得来”且“留得住”，一方面依赖于对地区旅游资源禀赋的开发利用，另一方面要不断优化旅游产品和服务。

对于当前游客消费偏好呈现虚拟化、多元化、体验型的结构性变化，传统旅游产品难以满足需求。在旅游业迈入高质量发展的新阶段，旅游市场将更加注重服务质量和效益。因此，不断丰富优质旅游产品的有效供给是提升旅游产业发展品质、推动旅游消费转型升级的必由之路。

中国文旅产业的发展目前处于向着现代服务业发展的过渡阶段。从游客旅游动机来看，人们逐渐从观光旅游模式向休闲旅游模式转变。旅游需求端较疫情之前有了明显的变化，人们的出游半径变短，周边的周末度假游、深度休闲游、近途康养游、网红打卡游、虚拟科技游兴起。在各类硬件高度成熟甚至趋于一致的情况下，提升细分软实力，展现个性化软硬件服务将成为旅游产业未来发展的趋势。

推动文旅产业、数字经济深入融合，加强体验消费、智能消费等多种服务模式，通过云计算、人工智能、5G 等科技手段改变旅游业产业格局和发展模式。由于疫情大环境，5G 技术升级使 VR、AR、3D、SG 技术在此次疫情中备受关注与考验。例如，博物馆受疫情影响全国关停，运用新技术把博物馆展览搬至线上，这就像给旅游产业升级提供了转换通道。开启“云旅游”大门后，“短视频 + 旅游”的组合可能孕育出新产品与新模式，游客从体验真实场所到沉浸虚拟空间，专业化的虚拟旅游空间将出现。

随着互联网发展，诞生了各种类型的虚拟网络交易平台，有以 OTA 为主的运营平台、定制类旅游平台、社交类旅游平台、行程规划类平台等。文化和旅游企业“上线”“上云”，与社交电商、网络直播、短视频等在线新经济结合，开展内容创作、产品展示、传播消费等环节合作，培育壮大文化和旅游消费新产品、新业态、新模式。依托 VR、AR 等科技开展智慧旅游，实现旅游新体验。全景故宫、数字敦煌等线上展示，为全国游客了解故宫、了解中国历史文化提供了极大便利，相关文创产品研发销售火爆。陕西旅游集团推出的“夜谭 · 白鹿原”科技光影秀等系列产品赢得较好口碑。通过网络直播、博主推荐等线上分销渠道，加强景区、酒店营销，成为旅游企业实现销售收入的重要途径①。人们对于特色文化、地域文化、怀旧文化的喜爱，使得购物中心逐渐由消费中心向社交中心、时尚中心转化，文旅商沉浸式体验消费场景愈发受到追捧。“此生必驾 318”带动了 318 国道沿线吃住行游购娱的全产业链发展。EDG 战队勇夺 2021 英雄联盟全球总决赛冠军，这场比赛 B 站直播峰值观看人数超 5 亿人，微博话题量超 10 亿，占据多条热搜榜首，基于庞大的粉丝群体，探索电竞 IP 与旅游的结合将成为新热点。

基于旅游遭遇疫情重创的现实，无论是头部旅游公司还是中小微企业，都在深挖市场潜力，用创新重塑竞争实力，提升行业发展韧性。在内容服务上，携程从交易平台升级为集内容与交易于一体的一站式旅游服务平台，打通了以短视频、直播、笔记攻略等方式触达用户的链路。在旅游产品上，同程艺龙（同程旅行）实施深耕下沉市场、打造 ITA（智能出行管家）平台两大核心战略，进行“一横一纵”策略双向布局。横向拓展产品、服务和技术能力，提升消费者旅行体验，针对旅行者的个性化旅行需求，先后推出了“旅行盲盒”、短途旅游 IP“48 小时”等个性化旅行产品；纵向赋能旅行产业链上下游，将线上化、数字化和智能化新技术不断延伸至更多旅行场景。

旅游企业开发运营过程中需要导入不同的资源，具体包括 IP 导入、运营服务资源导入、运营业态资源导入、项目运营团队与专家资源导入。打造特色旅游 IP，是持续运营的关键。打通营销、渠道、活动等资源的导入渠道，是招揽游客的关键。运营业态资源导入，是丰富业态资源和保证运营收入多样性的重点。比如，宋城演艺已经建成覆盖全国一线旅游休闲目的地的旅游演艺平台，“宋城千古情”已成为旅游演艺和创意产业代表性品牌，平台年客流量超过 3300 万人次，线上六间房拥有 29 万名签约主播，活跃用户已超 5600 万。安缦酒店进行了一系列度假休闲活动，体验酒店独特设计、贴心服务、娱乐项目。安缦坚持严谨、优雅、极致服务和简约设计，追求与自然文化遗产的和谐相处，营造安宁原生态的度假胜地。安缦员工与客户比例为 5∶1，为客户提供亲切、真诚、专属的服务，

① 吴丽云. 创新求变 推动旅企稳发展谋突破［N］. 中国旅游报，2021-08-11（003）.

培养了忠诚的客户，从而形成独特的核心竞争力。

旅游企业要跳出内部资源运营的逻辑，让“无预约，不旅游”常态化。在发展的同时不断尝试旅游平台的建设，景区、星级酒店、商户等发起建设自有的平台，如景区智慧管理平台、星级酒店管理平台等，还可通过战略合作等形式发起联盟、组织等平台，如酒店联盟、景区合作组织等。旅游目的地逐渐形成了一部分以实体为载体的平台系统，如旅游园区、特色小镇、旅游综合体、共享农庄等。

旅游需求的多样化和个性化逐渐改变着旅游行业的商业模式，行业内涌现出诸多解决旅游痛点、专注于打造差异化产品和提供特色服务的企业。基于 WebGL 的景区管理可视化系统，能满足景区数据多场景、动态性的特点，能对区域产生的海量数据进行呈现和分析，为文旅行业动态决策和区域管理提供有力帮助。旅游可视化管理系统对客流集中地点、事故多发区域进行重点监控，包括对景区人流量的统计管理，出入口人流量的统计管理，以及游客总量的实时统计，一旦发生超限，系统将自动发出警报。可视化系统强化区域资源和财产管理，将资源灵活调动起来，包括气象、水质、生物等自然资源，也可以对文物资源、建筑景观进行数字化监测。通过减少对门票经济的依赖，提升游客体验，平衡科学管理和保护文化资产，解决游客数量和资源承载之间的矛盾，实现经营模式转型并向着高质量方向发展。

《新旅游消费趋势报告 2019》显示，AI、AR、VR 等技术在旅游行业的应用对旅游消费产生了深刻影响，95% 的游客会在出行前浏览这类旅游内容。与文旅的良性互动与深度融合，拉近了科技与游客的距离，给游客带来更多层次的体验感，使游客不仅仅是旁观者，而是成为参与者，这种互动赋予了旅游更深层次的意义与价值。利用数字技术、VR、AR、AI 等科技形成的沉浸式场景将成为主题公园、博物馆、旅游景点的标配。如恒信东方受托承制的珠海横琴中医药科技创意博物馆，通过 VR、CG、互动装置、全息成像等技术实现中医药文化与高新科技融合，让游客从参观者转变为参与者，在深度互动中获得沉浸式体验，利用国际表达讲述中国故事，助力中医药文化走向世界。贵阳市文化和旅游局与马蜂窝、携程、美团等头部企业对接，马蜂窝公司国内总部落户白云区，注册设立马蜂窝之旅贵州国际旅行社有限公司等 3 家主体。“智游贵阳智能讲解”小程序使用突破 215.26 万人次，“一码游贵州”市级平台访问量突破 7119 万人次。

智慧旅游是现代信息技术融入旅游业并获得良好发展的显著产物。由于信息化技术的高速发展，现代旅游业已经不再拘泥于以往的游览观光，而是倾向于多方位的体验。智慧旅游是通过信息技术在旅游业中的应用，改变单向提供旅游资讯的方式，实现从旅游前、中、后所有资讯中获取信息，整合设计，让旅游者在旅游过程中获得因技术创新带来的便利与独特的旅游体验①。“文旅 + 科技”的融合给旅游消费增添了诸多亮点，它不仅可取得经济效益和社会效益，还能促进文化和科技成果的宣传与交流，以科技驱动文旅产业发展，在数字化创新的同时，不断丰富文旅产品，加快传统旅游业升级转型，带动新的产业链与消费增长点。自从“一部手机游云南”推出后，宁夏、甘肃、河南、青海、广西、湖北、贵州、上海等省份的“一机游”系列纷纷上线。手机游终端，可以查询出行线路，网上预订景区、酒店、旅行社导游，享受景区攻略、周边环境、交通天气、自主入园、景区航拍、智能找厕、投诉等服务，开启智慧化游玩的全新旅行。“一机游”模式基于数字技术、大数据、人工智能等科技，推动数字技术与文化旅游深度融合，通过紧密连接 G 端（政府侧）、B 端（企业侧）、C 端（用户侧），搭建起良性共赢的合作生态链，满足游客的体验和需求，创新游客在旅游中的体验，不断提升旅游质量和旅游服务品质，真正实现游客旅游体验自由自在。未来，在线旅游企业应继续深挖市场空间寻增量，从渠道向内容转化争存量，进一步拥抱前沿科技，强化枢纽功能，建设综合性或专业型的场景化平台。2022 年，旅游市场本地化、近程化特征将更加突出。万物皆可沉浸、皆可互动的体验时代已经到来，这为消费提供了新场景，为文旅发展提供了新动能。

8.6　贵州大数据与旅游产业化协同发展

贵州政府抓住新一代信息技术革命历史机遇，充分利用自身地质结构优良、

① 莫立坡. 发挥数字经济新优势促进旅游产业化［N］. 贵州日报，2021－10－27（009）.

气候凉爽以及供电成本较低的优势，把发展大数据存储的潜在优势变成了实际的产业优势，并且把大数据产业应用与自身经济和社会发展紧密结合起来，广泛应用在旅游、公共交通、政府高效监管等领域，使得大数据成为促进整个贵州经济和社会转型发展以及创新发展的引擎。贵州大数据产业发展能够更好地承担起为国家大数据产业及社会应用先行先试的示范作用，从而更好地获得国家的政策支持，进而形成一个产业发展和制度支撑互促互利的良性循环。

8.6.1 做强数据产业链，形成经济支持性产业

加快培育发展优质大数据企业、新业态、新模式。遴选一批与大数据技术相关的人工智能、5G、物联网、云计算、信息安全、区块链等新领域优质高成长企业，给予重点支持，形成特色产业集聚区。推动贵安新区大数据企业应用云服务创新生产经营管理方式，发展远程办公、线上服务、协同作业、预警监测、数据分析、数据标注等新产品、新模式、新业态。拓展大数据产业发展新空间，积极发展计算机视听觉、生物特征识别、复杂环境识别、智能决策控制、智能客服系统等产品和服务。加快推动大数据与工业深度融合。围绕新型化工、煤炭产业安全生产、军民融合、白酒、特色食品、服装、电子信息、有色产业、民族制药产业、战略性新兴产业等特色优势行业，发展智能制造。构建大数据和云计算融合，以及互联网和物联网技术融合，并且相互关联为一体的现代农业发展模式，大力推动大数据在产前、产品追溯和市场销售中的应用。

强化数据深加工，做大数据产业链。有效的市场和有为的政府是贵州大数据产业发展的制度基础。贵州大数据产业的创新发展和转型升级是一个连续的过程①。从空间溢出效应看，国家级大数据综合试验区建设有利于加速知识与信息技术跨区转移、流动以及扩散，对经济联系较紧密区域产生较强的创新示范效应②。数据是数字经济的核心要素，数据中心是数字经济的“底座”。从大数据

① 王谦，李天云. 贵州大数据产业的高质量发展：基于新结构经济学视角 [J]. 决策咨询，2020 (04)：62 -66.

② 徐林，侯林岐，程广斌. 国家级大数据综合试验区创新效应研究 [J/OL]. 科技进步与对策：1 -10. [2022 -05 -11]. http：//kns. cnki. net/kcms/detail/42. 1224. G3. 20220223. 1815. 009. html.

中心建设到数据要素跨域流通，是实现产业聚集、区域均衡发展的重要路径。数据分析与挖掘的能力直接决定了数据的应用推广程度和范围，是大数据产业的核心。数据流通提升数据的利用效率，是数据产业强链补短板的关键。从参与数据交易流通的主体来看，主要有地方指导的大数据交易中心，数据服务商，以及头部互联网企业建立的数据交易平台。特别是国内头部互联网企业在满足自身的数据需求之外，均逐步构建了自己的数据交易平台。头部互联网企业的数据交易平台不局限于简单数据集的供给，更关注由原始数据派生而来的各类衍生产品，通过逐步普及“云”的概念，变现其经济价值。比较有代表性的包括阿里云、腾讯云、百度云等。实现对数据的存储、收集、分析处理是数据产业链的初级产品，需要进入为客户提供数据分析、个性化定制解决方案、融合大数据的人工智能软硬件应用等高级阶段，进一步形成数据要素的市场活力。从政产学协同趋势来看，未来大数据交易中心、数据服务商及头部互联网平台与政府部门的合作或将更为密切。中国信通院数据显示，2020 年数字产业化规模约为 7. 5 万亿元，占数字经济比重约为 19. 1%，而产业数字化规模约为 31. 7 万亿元，占数字经济比重达 80. 9%。产业数字化指应用数字技术和数据资源为传统产业带来的产出增加和效率提升，是数字技术与实体经济的融合，包括智慧农业、智能制造、智能交通、智能物流、数字金融等融合型新产业、新模式、新业态。显然，产业数字化是数据产业发展的重中之重。从现实需求来看，疫情导致全社会经济活动向线上迁移，已经催生出产业资源在线调配、协同制造、产能共享、跨域协作的数字化生产新模式。在数据供求关系上，要培育多种类市场主体，以标准引领，为非数字原生企业数字化转型提供指导和综合解决方案。推动“东数西算”产业加快发展，充分发挥贵州省作为南方数据中心示范基地优势，有效承接东部算力需求，真正实现“东数西算、云网联动”。

8. 6. 2　推动旅游产业化融合发展，提高持续发展能力

牢固树立旅游产业链思维。旅游资源是不可移动的可持续的资源，但是旅游开发与保护不当就会造成不可复原的损失。政府对推动旅游产业化发展有着重要引导职能。要以文旅融合为导向，以产业链思维做产业，推动旅游产业高质量发

展。充分发挥贵州丰富多彩的文化资源和绿水青山的生态环境优势，科学规划旅游产业布局，做大以民族和山地为特色的文化旅游业，形成全域旅游发展新格局。坚持“大旅游”观念，构建“旅游＋多产业”融合发展产业链谱系和路径，推动旅游产品和服务迈向价值链高端。推动旅游产业化与新型工业化、新型城镇化、农业现代化协同发展，实现“产城农旅文”一体化，提高产业持续发展能力。依托红色文化、民族民间文化等资源，增强文化旅游的内在吸引力，持续提升“山地公园省·多彩贵州风”品牌影响力。实现旅游与城镇化、乡村振兴相融合。在城镇规划建设时要充分考虑旅游规划发展，把乡村旅游纳入美丽县城、美丽公路建设和城乡一体化发展的整体布局，以旅游目的地打造、公共基础服务设施建设、新产品业态培育、智慧旅游开发为重点来提升乡村旅游供给能力。大力发展世界名酒文化旅游带、国际天文科普旅游带、千里乌江滨河度假旅游带、长征红色文化旅游带、民族文化旅游带等特色文化旅游带，推动春、夏、秋、冬四季旅游均衡发展。大力发展具有独特历史或文化背景的工业旅游，构建“山地旅游＋地方特色”主体功能区。大力推动旅游业集群化发展，建设一批以大流量旅游景区为依托的现代服务业集聚区。大力发展夜间经济，打造“流光溢彩夜贵州”品牌，培育新兴文化旅游消费热点。高水平完善山地旅游服务设施，打造一批特色鲜明的国家级旅游休闲城市和街区。推进康旅、交旅、工旅、体旅同步快速发展，开发适应市场需求和消费升级的新业态。持之以恒推进“文明在行动·满意在贵州”活动，全面加强旅游市场监管，对旅游违规违法行为露头就打、决不护短、决不手软，不断提升贵州旅游的满意度和美誉度。① 形成文化产业和旅游产业集群的自组织力，推动贵州文化旅游长期可持续发展态势。

强化旅游产业要素的提升。充分挖掘贵州的本土特色饮食文化，壮大地方特色餐饮品牌。大力推动旅游商品及文化创意产品研发、生产、销售提档升级，开发推出“生态黔菜”。依托特色农产品，着力开发刺梨、石解、苦荞、银杏、鱼腥草等药食兼用品种，重点发展饮料、药膳、药酒、保健品等精深加工产品。引

① 王晓．展望“十四五”大力推动旅游产业化建设旅游强省战略部署［EB/OL］．［2020－12－11］．多彩贵州网．

进国内外知名酒店品牌和知名民宿连锁品牌，开发建设一批中高端酒店和精品民宿。坚持以快旅慢游为目标，持续提升景区景点通达性，增开旅游观光巴士、乡村旅游直通车等，打造自驾游精品线路，持续加大旅游集散中心、停车场建设，积极加快城乡登山步道、运动健身绿道等慢行系统建设，建设特色旅游服务驿站、观景台等配套服务设施。增加现有景区景点、线路优化、业态丰富、设施更新、环境整治、服务提升等，使现有旅游景区整体升级，打造旅游品牌新形象，形成旅游打卡地标。多元化发展业态，在景区景点内融合康养、度假、演艺、高端酒店等产业，激活消费升级。依托民族文化、移民文化、阳明文化、红色文化等文化资源，挖掘编演精品歌舞演艺产品、自媒体产品。依托文化与自然遗产建设文化旅游产业集聚区，依托特色村镇和红色资源建设文化旅游发展创新区，以此促进文旅集群企业良性竞争和协作发展。加大对极限运动、徒步健身等体旅融合产业发展支持力度，打造一系列独具贵州生态特色的体育赛事、体旅活动品牌。大力开发非遗文创、红色文创等旅游商品。加快发展银器、蜡染蜡画、刺绣、民族服装服饰、民族乐器、花画、编织、漆器等民族民间手工艺商品，打造以“贵银”为引领的旅游商品体系，形成贵州特色旅游商品品牌。开发生产体育运动装备、山地户外旅游运动与野营设备、旅游保健防护用品等山地旅游配套装备。继续办好国际山地旅游暨户外运动大会、全省旅发大会等重要活动，促进文旅开放合作，提升文旅国际影响力、吸引力。加快旅游业发展，实现大数据产业与旅游业同步发展，促进产业融合，形成产业新业态。

8.7　贵州生态旅游与大数据协同发展的启示

贵州坚守发展与生态两条底线，生态既是发展的竞争优势，也是发展的自然成本。贵州具有典型的山地经济特征，对发展工业既有不利的影响，也有有利的影响。由于没有平原，贵州没有大型工业企业和工业园区建设所需要的土地条件，难以形成工业发展所需要的集聚效应；农业发展水平较低，在很大程度上削弱了工业化的发展基础。由交通条件不便，物流成本非常高，也不利于企业在市场上以低成本参与竞争。过去，贵州由于经济发展滞后，缺乏相应的资金支持、理念支持、制度支持，以致全要素生产率低下。2012 年，贵州对科学技术投入财政经费 28.98 亿元，比 2011 年增长 33.7%，虽然年增长率较高，但科技投入经费还是很少。全要素生产率主要受技术进步和生产创新的影响。贵州拥有丰富的能源、矿产，能源与矿产资源组合良好，发展能源、原材料以及相关的加工业具有一定的有利条件，但是受环境因素制约较多。

贵州把生态保护放到优先位置，全力谱写生态与发展相互交融的和谐乐章。深入实施大生态战略行动，加快推进国家生态文明试验区建设，筑牢长江、珠江上游重要生态安全屏障，切实为人民群众提供更多优质生态产品和优美生态环境。但是，生态经济仅仅依靠市场，存在市场失灵问题。市场经济活动的主体是理性“经济人”，他们的活动准则是利益最大化。当生产和消费的成本外部化时，“经济人”没有保护环境的动机；当生态经济产生外部经济效益时，也无法计收报酬。技术是生态经济发展的关键。贵州借助大数据，大旅游成功实现了弯道超车。2010 年，贵州农村贫困人口 1521 万，占当年末贵州常住人口总数（3479 万）的比例高达 44%。到 2020 年，贵州全面脱贫，同步进入小康社会。

与世界同步进入大数据时代，政府规划先动。随着互联网、移动终端和数据感应器的出现，大数据资源正演变成不可或缺的战略资源，大数据产业已经成为新一轮信息技术革命和产业变革的制高点。2013 年，中国电信数据中心落户贵安新区，开启贵州发展大数据产业元年。同年，贵阳市政府与中关村管委会签订战略合作框架协议，加强“创新驱动、区域合作”，携手共建中关村贵阳科技园。2014 年 2 月，贵州省委、省政府做出了大力发展大数据产业的战略决策，并出台《关于加快大数据产业发展应用若干政策的意见》和《贵州省大数据产业发展应用规划纲要（2014—2020 年）》。2014 年 6 月，为加快推进大数据产业发展，贵州省成立大数据产业发展领导小组。2014 年 7 月，贵州省大数据产业发展领导小组办公室印发《关于加快大数据产业发展的实施意见》。2015 年 2 月，工业和信息化部批复同意贵州省创建“贵阳 · 贵安国家大数据产业发展试点示范区”，贵阳高新区正式启动总规划面积 14.24 平方公里的大数据产业园建设。贵阳高新区借助北京 · 贵阳创新驱动区域合作平台高位对接的重大机遇，融合外来创新动力和内生发展动力，依托大数据产业抢占创新制高点，全力打造经济发展升级版。政府强力推动部门数据资源整合、业务系统迁移、大数据应用。“政府带动、市场主体”的大数据生态正在逐步形成。贵州着力聚企业，大数据企业从 2013 年的不足 1000 家增加到 2019 年的 9500 余家；着力聚数据，在全国率先建成首个省级政府数据统筹交换共享平台“云上贵州”系统平台，汇聚 736 个政务应用系统、17204 个数据元目录；着力聚人才，吸引惠普、微软、加州大学伯克利分校等投资办学，数以万计的 IT 人才和工程师涌入贵州，引发“贵漂”热潮。

集聚创新要素搭建大数据产业平台。贵阳高新区以大平台集聚高端要素，借助京筑创新驱动区域合作契机，全力打造中关村贵阳科技园核心区、展示区、引领区，通过建设国际人才城、大数据应用展示中心、云计算中心、中科院创新园等一批高端平台，夯实区域内生发展动力，集聚了 100 多家骨干科研平台、40 多家科技服务机构、5 万余名优秀科研人才（其中两院院士 13 人，中央“千人计划”专家 6 人，创新创业核心团队 50 余个）。贵阳高新区以大园区推动发展大产业，按照高水平规划、高水平建设、高水平招商、高水平服务的总要求，全面提升园区总体规划，不断优化园区布局，为大数据产业项目落地创造良好条件。目前已形成了“一廊三园七中心”的空间布局体系和“一龙头三配套八平台”的大数据产业发展新格局，良好的大数据产业生态体系已初步形成。在深挖大数据发展“钻石矿”方面，贵州加快大数据与实体经济的融合，紧紧围绕数字产业化、产业数字化，实施“千企改造”“万企融合”行动，打响“数字经济”攻坚战；加快大数据与乡村振兴的融合，以大数据助力产业结构调整，加快建设数字乡村，发展农村电子商务，促进“山货出山”；加快大数据与服务民生的融合，利用大数据洞察民生需求、优化民生服务；加快大数据与社会治理的融合，建成覆盖省市县乡村五级的贵州网上办事大厅，实施“最多跑一次”“一次也不跑”清单，获批建设国家“互联网 + 政务服务试点示范省”。在广种大数据发展“智慧树”方面，贵阳高新区按照“四抓四促”的思路，采取引项目、搭平台、建通道、拓链条、促集聚等措施，加快数据中心、呼叫中心、云计算、高端制造、智慧城市建设，遵循云 – 端 – 网 – 应用 – 金融大数据的路径，进行大数据全产业链布局，以大数据引领转型升级。

坚持包容性发展，以大数据引领转型升级。纵观历史，凡是包容性发展的国家，都会保持长期的繁荣和稳定。德隆·阿西莫格鲁和詹姆斯·A. 罗宾逊研究了若干国家的兴衰之后发现，虽然经济制度对决定国家的贫穷或富裕极其重要，但决定国家经济制度的是政治和政治制度①。这个制度能够使大多数人摆脱贫困和走向富裕的前提是能够激励大多数人口参与经济和社会活动。贵阳高新区打破西部欠发达地区科技创新底气不足的传统思维，探索形成发展大数据产业的数据资源开放与市场交易机制、智慧城市治理模式机制、大众大数据创业孵化机制等三大创新机制，走出一条推动西部欠发达地区经济发展和生态改善的双赢之路。通过开放合作提升创新能力，深入推进与北京市、长三角、珠三角等区域的合作，通过开放来引进模式、引进技术、引进人才、引进理念，实现与先进发达地区的高位对接，推动大数据产业跨越式发展。密切与跨国公司、央企合作，瞄准大数据前沿技术和应用，引入外部从事大数据应用研发和运营的创业团队、研究机构、产业组织落户，提升大数据创新资源聚集度。实施开放的人才引进战略，实施“黔归人才计划”，通过“候鸟式工作模式”吸引高端人才，联合建设研究平台，培养高端人才，打造人才高地。通过大众创业挖掘发展潜力。贵阳高新区加快互联网基础设施建设和众创空间建设，为创客、极客等大众创业和依托互联网的新业态、新商业模式提供基础性支撑平台，围绕联创办公、创客智造、创客生活、创客学校“四创合一”功能定位，打造大数据创新创业示范城市。重点推进“播种吧”“启林创客空间”“互联网＋空间”“SNSOS 梦空间”等新型创业服务平台建设，大力培育朗码信息、博大智能终端、贵州天控、高新网用、翔明科技等本土互联网企业，重点支持新三线咖啡、创客 FLex 等创新创业孵化平台，举办创客沙龙、创客嘉年华、全球创客挑战赛等活动，建设冥想湖、筀蓝街等配套服务设施，营造良好的创新创业生态环境，激活科技创新能量，造就成千上万的大数据产业生力军。通过完善服务，激发市场活力。改革机构设置、法律规章和政府运行模式，实现政府数据开放和完善政府治理，从保证数据安全、防止数据垄断、加强法律创新方面强化政府管理。运用大数据改善政府管理，建设

① 德隆·阿西莫格鲁，詹姆斯·A. 罗宾逊. 国家为什么会失败［M］. 李增刚，译. 长沙：湖南科学技术出版社，2015.

“数据铁笼”，在全国率先实现政府数据资源的统一存储、集中管理、全面共享，“一网打尽”“一查到底”“一令通”“一键达”等公共管理和行政服务由理想成为现实，行政审批和行政服务平均办理时限由 22.6 个工作日缩短到 10.9 个工作日。

坚持以大数据走绿色开放发展之路。贵州选择大数据产业作为发展方向，并通过发挥比较优势和后发赶超优势，与科技创新密集区实现高位对接，迅速发展大数据产业，走出了一条符合实际的绿色发展路径。贵州从做大大数据发展“聚宝盆”、深挖大数据发展“钻石矿”、到广种大数据发展“智慧树”，实现了“弯道超车”。西部地区要牢固树立绿色发展、循环发展、低碳发展的理念，顺应人民群众对良好生态环境的期待，把保护生态放在更加重要的位置，加快推进生态文明建设。要保持发展定力，理性看待资源环境约束压力加大的经济发展新常态，坚定不移推动产业发展升级。西部既要大开发，更要大开放。各地政府要立足全球视野，积极主动作为，扩大开放合作水平，营造公平市场环境和良好创业环境，依托开放带动创新，实现与先进发达地区的高位对接，通过管理方式创新、商业模式创新聚集创新的理念、人才、资金、技术等要素，推动技术转移和科技成果转化，努力实现西部地区“后发赶超”。

坚持生态优先、数据赋能的旅游产业化发展之路。生态旅游具备显著的社会与环境的文化可持续性，可以推动旅游目的地生态与文化资源融合发展。贵州围绕旅游产业化发展目标，重点发展生态旅游，以可持续性发展原则及生态原理为导向，注重培育乡村休闲游、文化体验游等强调生活形态的产品种类，让近途旅游者欣赏、学习与体验自然生态，或者在和自然生态相关联的文化背景下欣赏其蕴含的多样化元素。实施核心产品带动策略，不断优化产品供给结构，注重提升生态旅游运营组织的生存和发展能力。坚持大数据赋能旅游产业站位，以智慧旅游理念构建“快旅慢游”新体系。深度研发智慧旅游相关产品，开发虚拟旅游体验产品，拓展智慧景区线上购票、无人检票、扫码入园、机器讲解、无人机安保等发展创新空间。完善高铁旅游产品开发，稳步提升高铁配套交通设施的通达度和覆盖范围。高铁站点与目的地景点间多数有着较大的空间距离，部分新建、在建高铁站与主城区距离较远，而高铁站点辐射区内的公共交通系统薄弱，游客往往需要花费较高换乘成本，严重影响游客体验满意度。由此要逐步完善高铁交通的换乘接驳服务，提升高铁与其他交通方式换乘便捷度。实施旅游经营主体培育专项行动，着力引进一批辐射带动力强的旅游龙头企业，以及品牌酒店、特色民宿、旅行社、演艺等专业性旅游企业，大力扶持本土旅游企业，支持优强旅游企业上市。

牢固树立旅游产业链思维，开展服务标准化行动。贵州以文旅融合为根本，以产业链思维做好旅游产业化。构建“旅游＋多产业”产业链谱系和路径，融合生态资源优势、大数据发展基础，加快发展以民族和山地为特色的文化旅游业。大力推动旅游业集聚发展，建设一批以大流量旅游景区为依托的现代服务业集聚区。高水平完善山地旅游服务设施，打造一批特色鲜明的国家级旅游休闲城市和街区。培育壮大旅游市场主体，紧紧围绕“食、住、行、游、购、娱”旅游六要素，制定实施山地特色旅游标准，推行山地旅游示范城镇、山地特色主题酒店和导游服务等重点领域管理，完善服务标准，推动旅游产品和服务迈向价值链高端。加强与知名旅游院校、著名旅游集团合作，重点引进一批会策划、懂经营、善营销的领军型、高层次旅游人才，提升旅游行业从业人员业务素质和服务水平。提高广大居民的好客意识和文明程度，营造全社会关注旅游服务质量、参与旅游服务质量提升的良好氛围。通过体制机制创新，促进“政产学”等要素集聚，全方位拓展合作广度和深度，共创共享旅游经济发展红利。

参考文献

[1] Marshall A. Principles of economics: An introductory volume [M]. 9th ed. London: Macmillan, 1961.

[2] Jaffe A B. Technological opportunity and spillovers of R&D: Evidence from firms' patents, profits, and market value [J]. American Economic Review, 1986, 76 (5): 984-1001.

[3] Schumpeter J A. The theory of economic development [M]. New York: Oxford University Press, 1961.

[4] Paul Krugman. Increasing returns and economic geography [J]. Journal of Political Economy, 1991, 99 (3): 483-499.

[5] Moore J F. Predators and prey——A new ecology of competition [J]. Harvard Business Review, 1993, 71 (3): 75-86.

[6] Arora A, Belenzon S, Patacconi A, et al. The changing structure of American innovation: Some cautionary remarks for economic growth [J]. Innovation Policy and the Economy, 2020, 20 (1): 39-93.

[7] Adams J D. Comparative localization of academic and industrial spillovers [J]. Journal of Economic Geography, 2002, 2 (3): 253-278.

[8] Frenken K, Oort F V, Verburg T. Related variety, unrelated variety and regional economic growth [J]. Regional Studies, 2007, 41 (5): 685-697.

[9] Porter M E. Competitive advantage [M]. New York: Free Press, 1985.

[10] Kim S J, Kim E M, Suh Y. The effect of service innovation on R&D activities and government support systems: The moderating role of government support systems in Korea [J]. Journal of Open Innovation Technology Market & Complexity, 2016, 2 (1): 1-13.

[11] Scott W. Richard institutions and organizations [M]. 2nd ed. London: Sage Publications, 2002.

[12] Ellison G, Glaeser E L. The geographic concentration of industry: Does natural advantage explain agglomeration? [J]. American Economic Review, 1999, 89 (2): 311-316.

[13] Audretsch D B, Belitski M. Towards an entrepreneurial ecosystem typology for regional economic development: The role of creative class and entrepreneurship [J]. Regional Studies, 2020, 55 (4): 735-756.

[14] Stam E, Van de Ven A. Entrepreneurial ecosystem elements [J]. Small Business Economics, 2019, 56 (2): 809-832.

[15] Antonio M P, Albino V, Carbonara N. External knowledge sources and proximity [J]. Knowledge Management, 2009, 13 (5): 301-318.

[16] Simonin B L. Ambiguity and the process of knowledge transfer in strategic alliances [J]. Strategic Management, 1999, 20 (7): 595-623.

[17] Cummings J L, Teng B S. Transferring R&D knowledge: The key factors affectlng knowledge transfer success [J]. Engineering and Technology Management, 2003, 20 (1): 39-68.

[18] Cohen W, Levinthal D. Absorptive capacity: A new perspective on learning and innovation [J]. Administrative Science Quarterly, 1990, 35 (1): 128-152.

[19] Bathelt H, Glückler J. Toward a Relational Economic Geography [J]. Economic Geography, 2003, 3 (2): 117-144.

[20] Asheim B T, Oughton C, Smith H L. Regional innovation systems: Theory, empirics and policy [J]. Regional Studies, 2011, 45 (7): 875-891.

[21] Morrison A. Gatekeepers of knowledge within industrial districts：Who they are, how they interact? [J]. Regional Study, 2008, 42 (6)：817 – 835.

[22] Miller R D J, Acs Z J. The campus as entrepreneurial ecosystem：The university of Chicago [J]. Small Business Economics, 2017, 49 (1)：75 – 95.

[23] Feldman M P, Kelley M R. Theex ante assessment of knowledge spillovers：Government R&D policy, economic incentives and private firm behavior [J]. Research Policy, 2006, 35 (10)：1509 – 1521.

[24] Perkmann M, Tartari V, McKelvey M, et al. Academic engagement and commercialisation：A review of the literature on university – industry Relations [J]. Research policy, 2013, 42 (2)：423 – 442.

[25] Marina Novelli, Birte Schmitz, Trisha Spencer. Networks, clusters and innovation in tourism：A UK experience [J]. Tourism Management, 2006, (6)：1141 – 1152.

[26] Dong Joon Kim, Hyun Jun Choi, Hwan Ki Cho, et al. A study on the development of the tourism industry of Post – COVID – 19 pandemic [J]. Korean Journal of Hospitality & Tourism, 2020, 29 (4)：129 – 144.

[27] Li H Y. Research on development strategy of tourism industry in the southern Sichuan economic zone [J]. Journal of Service Science and Management, 2018, 11 (1)：83 – 93.

[28] John F Wilson, Chris Corker, Joe Lane. Industrial clusters：Knowledge, innovation systems and sustainability in the UK [M]. Taylor and Francis, 2022.

[29] 吴勇. 基于产业集群理论的创新系统研究 [M]. 南京：东南大学出版社，2017.

[30] 张省，袭讯. 产学研协同创新知识溢出效应分析 [J]. 科技管理研究，2018，38 (06)：124 – 129.

[31] 符正平. 中小企业集群生成机制研究 [M]. 广州：中山大学出版社，2004.

[32] 石琳娜，石娟，顾新. 基于知识溢出的我国高技术企业自主创新能力提升

途径研究［J］. 软科学，2011，25（8）：27－30.
［33］陈劲. 协同创新［M］. 杭州：浙江大学出版社，2012.
［34］李砚忠，赵成伟. 产学研协同创新的发展变迁、实践价值与路径选择［J］. 科技中国，2021（01）：32－36.
［35］李恩璞. 国外发达国家产学研协同创新的主要模式及启示［J］. 天津科技，2022，49（01）：11－14.
［36］中国企业家调查系统，李兰，张泰，等. 新常态下的企业创新：现状、问题与对策——2015·中国企业家成长与发展专题调查报告［J］. 管理世界，2015（06）：22－33.
［37］常静，张士运. 北京地区企业技术创新与转移的特点、问题与对策研究——基于中德两国企业调研数据的比较［J］. 科技进步与对策，2015，32（21）：38－41.
［38］范柏乃，段忠贤，江蕾. 创新政策研究述评与展望［J］. 软科学，2012，26（11）：43－47.
［39］疏礼兵，胡赤弟. 面向区域产业发展的产学研协同创新实践经验与启示［J］. 未来与发展，2016，40（4）：62－66.
［40］李洁，朱佩枫，熊季霞. 江苏省产学研合作政策体系现状及政策创新研究［J］. 科技管理研究，2011，31（17）：49－52.
［41］蔡莉，彭秀青，Satish Nambisan，等. 创业生态系统研究回顾与展望［J］. 吉林大学社会科学学报，2016，56（1）：5－16，187.
［42］李腾，张钟元，郑飞. 创新生态系统：知识集成能力与反向知识溢出效应——基于295家高新技术企业的调查［J］. 企业经济，2022，41（07）：42－55.
［43］梁洪学. 激发释放企业家精神的制度环境——对企业家精神的再认识［J］. 学习与探索，2019（02）：137－142.
［44］毛良虎，李焕焕，刘然. 企业家精神的实证测度［J］. 统计与决策，2022，38（01）：163－169.
［45］陈劲，阳镇，尹西明. 新时代企业家精神的系统性转型：迈向共益型企业

家精神［J］. 清华管理评论，2020（Z2）：25－34.
［46］张莉，耿素娟，章刘成. 企业家精神、企业绩效与区域经济增长——基于新三板中小企业的微观考察［J］. 商业研究，2021（04）：39－47.
［47］王超. 高校创业教育体系研究：问题检视与未来展望［J］. 内蒙古社会科学，2021，42（06）：201－206.
［48］程智开. 欧美高校构建创业教育体系的基础与实践［N］. 中国社会科学报，2021－10－11（007）.
［49］陈劲，贾根良. 理解熊彼特：创新与经济发展的再思考［M］. 北京：清华大学出版社，2013.
［50］郑胜华，池仁勇. 核心企业合作能力、创新网络与产业协同演化机理研究［J］. 科研管理，2017，38（06）：28－42.
［51］傅家骥. 技术创新学［M］. 北京：清华大学出版社，1998.
［52］程跃，罗曼萧. 创新网络地理边界拓展对后发区域企业技术创新能力的影响研究［J］. 时代经贸，2022，19（07）：79－86.
［53］贾卫峰，楼旭明，党兴华，等. 基于知识匹配视角的技术创新网络中核心企业成长研究［J］. 管理学报，2018，15（03）：375－381.
［54］郑刚，邓宛如，王颂，等. 企业创新网络构建、演化与关键核心技术突破［J］. 科研管理，2022，43（07）：85－95.
［55］崔亚男. FDI 技术溢出对企业技术创新的影响［D］. 杭州：浙江大学，2022.
［56］谢懿，童立，冉戎. 行业异质性、社会责任与企业技术创新［J］. 重庆社会科学，2022（06）：59－78.
［57］房建奇. 企业家社会资本对科技型中小企业技术创新绩效作用机制研究［D］. 长春：吉林大学，2020.
［58］薛卫，雷家骕，易难. 关系资本、组织学习与研发联盟绩效关系的实证研究［J］. 中国工业经济，2010（4）：89－99.
［59］杨洪涛，吴想. 产学协同创新知识转移影响因素实证研究［J］. 科技进步与对策，2012，29（14）：117－121.

[60] 王山青，张省. 产学研协同创新知识溢出风险识别研究——国内32个典型案例的建模与分析（2010～2020）[J]. 中国高校科技，2022(Z1):109－114.

[61] 熊鸿军，曹如中. “政产学研用”合作创新网络知识溢出模型［J］. 上海电机学院学报，2021，24（05）：291－296.

[62] 何雄浪，王舒然. 产业集聚、知识溢出与中国区域经济增长［J］. 云南财经大学学报，2021，37（09）：15－30.

[63] 李达，林晓言. 社会资本对区域创新的影响——基于空间知识溢出的视角［J］. 统计与决策，2021，37（14）：62－65.

[64] 孙静林，穆荣平，张超. 创新生态系统价值共创：概念内涵、行为模式与动力机制［J/OL］. http：//kns. cnki. net/kcms/detail/42. 1224. G3. 20220726. 1031. 008. html.

[65] 辛冲，徐杨，吴怡雯. 创新生态系统合作模式对知识转移绩效的影响研究［J］. 研究与发展管理，2022，34（03）：54－65.

[66] 杜德斌，祝影. 全球科技创新中心：构成要素与创新生态系统［J］. 科学，2022，74（04）：6－10，4.

[67] 李琼，文婷. 西部地区经济增长要素的实证分析－以贵州省为例［J］. 经济问题，2011（4）：127－129.

[68] 原毅军，高康. 产业协同集聚、空间知识溢出与区域创新效率［J］. 科学学研究，2020，38（11）：1966－1975，2007.

[69] 易巍，龙小宁. 高校知识溢出对异质性企业创新的影响［J］. 经济管理，2021，43（7）：120－135.

[70] 何小刚. 生态文明新论［M］. 上海：上海社会科学院出版社，2016.

[71] 任松. 贵州少数民族地区乡村振兴与生态文明协同发展机制研究［D］. 贵阳：贵州财经大学，2022.

[72] 李琼，朱延福. 贵州省发展生态经济的战略研究［J］. 生态经济，2014，30（8）：105－110.

[73] 习近平生态文明思想研究中心. 深入学习贯彻习近平生态文明思想［N］. 人民日报，2022－08－18（010）.

[74] 戴维 ·尤里奇. 人力资源转型：为组织创造价值和达成成果 [M]. 李祖滨，孙晓平，译，北京：电子工业出版社，2015.

[75] 饶荣豪，段承瑶. 人力资源业务伙伴模式研究的知识结构与发展趋势——基于知识图谱的分析 [J]. 外国经济与管理，2017，39 (4)：98 - 116，128.

[76] 王春花. HRBP 工作实践探讨 [J]. 人力资源管理，2017 (08)：161 - 162.

[77] 高艺文. 基于 HRBP 模式的人力资源管理体系建设研究 [D]. 北京：对外经济贸易大学，2020.

[78] 刘松博，裴珊珊，梁爽. 我国 HRBP 胜任力研究 [J]. 中国人力资源开发，2016 (6)：34 - 39.

[79] 王学莲，阮文彪. 我国 HRBP 模式实施现状分析及对策建议 [J]. 河南科技大学学报（社会科学版），2018，36 (03)：89 - 94.

[80] 陈洪权，陈舒文. 人力资源部被“炸掉”之后——基于 HRBP 战略本土化转型思考 [J]. 中国人力资源开发，2015 (20)：16 - 21.

[81] 胡典旺，李开，邢小健. HR - BP 工作绩效：形成机理、影响因素及路径选择 [J]. 中国人力资源开发，2013 (17)：44 - 47.

[82] 秦浩明. HRBP 应用的载体和模式研究 [J]. 现代商贸工业，2019，40 (19)：68 - 70

[83] 王娟，刘伟，朱卫未. 企业家精神、营商环境与全要素生产率 [J]. 统计与决策，2021，(19)：166 - 170.

[84] 杨玉桢，刘哓梅，赵艳霞. 基于三螺旋模型的政产学协同创新效应研究——以高技术产业为例 [J]. 河北工业大学学报（社会科学版），2021，13 (04)：9 - 18.

[85] 陈延良，李德丽. 三螺旋理论视角下的政产学协同育人实践与模式构建 [J]. 黑龙江高教研究，2018 (08)：87 - 90.

[86] 王玉晗. 产学研合作中的政 - 产 - 学/研利益关系及其协调研究 [D]. 沈阳：东北大学，2016.

[87] 孙善学. 产教融合的理论内涵与实践要点 [J]. 中国职业技术教育，2017

(34)：90 -94.

[88] 柳友荣，项桂娥，王剑程. 应用型本科院校产教融合模式及其影响因素研究［J］. 中国高教研究，2015（5）：64 -68.

[89] 饶丽娟. 高校产教融合运营机制存在的盲区与突破［J］. 中国成人教育，2018（12）：45 -48.

[90] 袁靖宇. 高等教育：产教融合的历史观照与战略抉择［J］. 中国高教研究，2018（4）：55 -57.

[91] 宋志敏. 深化产教融合、校企合作的”双主导双主体四驱动"模式探析［J］. 高等职业教育（天津职业大学学报），2018，27（3）：36 -41.

[92] 宋克慧，田圣会，彭庆文. 应用型人才的知识、能力、素质结构及其培养［J］. 高等教育研究，2012，33（7）：94 -98.

[93] 刘士祺. 校企合作与产教融合异同论［J］. 高教学刊，2018（10）:191 -193.

[94] 姜大源. 高校要提升深度参与产教融合的能力［J］. 中国高等教育，2018（2）：23 -24.

[95] 马晓飞. 产业网络集成创新与政府作用的研究［M］. 北京：中国人民大学出版社，2015.

[96] 仇保兴，刘子馨. 小企业集群研究［M］. 上海：复旦大学出版社，1999.

[97] 王缉慈，等. 创新的空间：产业集群与区域发展（修订版）［M］. 北京：科学出版社，2019.

[98] 郑大为. 湖北省旅游产业化发展研究［D］. 武汉：华中师范大学，2008.

[99] 魏敏. 基于供求协同视角的中国旅游产业转型动力机制研究［J］. 北华大学学报（社会科学版），2018（1）：110 -115.

[100] 邓珍艳，龚丹娅，周海燕，等. 全域旅游视域下推进贵州旅游产业化的建议［J］. 贵州社会主义学院学报，2021（4）：94 -96.

[101] 冯文岗，马琨，郝瑞锋，等. 贵州旅游产业化发展路径研究［J］. 贵州商学院学报，2021，34（2）：1 -10.

[102] 杜仕荣. 贵州文化旅游产业集聚分析［J］. 贵阳市委党校学报，2018（5）：31 -37.

[103] 吕立，杨敏，刘光宗. 贵州大数据企业竞争力评价研究 [J]. 科技经济市场，2021 (6)：3 -5.

[104] 袁航. 大数据产业集群效应正凸显——贵州强化对大数据企业的招商力度 [J]. 当代贵州，2019 (20)：16 -17.

[105] 王谦，李天云. 贵州大数据产业的高质量发展：基于新结构经济学视角 [J]. 决策咨询，2020 (4)：62 -66.

[106] 李胜. 贵州推动大数据与实体经济深度融合研究 [J]. 贵州社会科学，2019 (8)：138 -144.

[107] 冯荣凯. 产业创新网络中的大企业知识溢出研究 [M]. 北京：经济管理出版社，2017.

[108] 黄显斌，陈黎明. 贵州省旅游业与大数据产业耦合发展研究 [J]. 全国流通经济，2021 (33)：132 -134.

[109] 赵越，苏鑫. 中国大数据产业创新系统协同演化机制——基于哈肯模型的实证分析 [J]. 技术经济与管理研究，2021 (3)：106 -111.

[110] 李桥兴，沈晓芳. 贵州省大数据产业的集聚演进及政府定位研究 [J]. 经济论坛，2019 (12)：60 -65.

图书在版编目（CIP）数据

基于知识溢出视域的政府、企业与大学协同创新 ：以旅游产业集聚区为例 / 翟玉胜，杨建，朱向梅著．-- 湘潭 ：湘潭大学出版社，2022.8
ISBN 978-7-5687-0824-1

Ⅰ．①基… Ⅱ．①翟… ②杨… ③朱… Ⅲ．①知识创新—研究—中国 Ⅳ．①G322.0

中国版本图书馆 CIP 数据核字（2022）第 128488 号

基于知识溢出视域的政府、企业与大学协同创新：以旅游产业集聚区为例

JIYU ZHISHI YICHU SHIYU DE ZHENGFU，QIYE YU DAXUE XIETONG CHUANGXIN:
YI LÜYOU CHANYE JIJUQU WEI LI

翟玉胜 杨建 朱向梅 著

责任编辑：王正杰
封面设计：李 平
出版发行：湘潭大学出版社
社　　址：湖南省湘潭大学工程训练大楼
电　　话：0731-58298960 0731-58298966（传真）
邮　　编：411105
网　　址：http://press.xtu.edu.cn/
印　　刷：长沙创峰印务有限公司
经　　销：湖南省新华书店
开　　本：710 mm×1000 mm 1/16
印　　张：15
字　　数：252 千字
版　　次：2022 年 8 月第 1 版
印　　次：2022 年 8 月第 1 次印刷
书　　号：ISBN 978-7-5687-0824-1
定　　价：68.00 元